U0286404

高职高专规划教材

施工项目管理 BIM 技术应用

张廷瑞　王晓翠　主编

中国建筑工业出版社

图书在版编目（CIP）数据

施工项目管理BIM技术应用 / 张廷瑞，王晓翠主编．— 北京：中国建筑工业出版社．2019.5（2024.11重印）
高职高专规划教材
ISBN 978-7-112-23558-2

Ⅰ．①施… Ⅱ．①张… ②王… Ⅲ．①建筑施工 — 项目管理 — 计算机辅助设计 — 应用软件 — 高等职业教育 — 教材 Ⅳ．① TU712.1-39

中国版本图书馆CIP数据核字（2019）第058979号

本书主要内容共分7个章节，其中包括工程概况，施工部署，施工方案，施工进度计划，BIM三维施工现场布置，施工准备与资源配置，进度、质量和安全管理。本书注重培养建筑施工与管理类技术人才，密切联系实际工程。

本书可作为建筑工程技术、建筑工程管理等专业教学用书，也可供工程一线的施工管理人员参考。

为便于本课程教学，作者自制免费课件资源，索取方式为邮箱：jckj@cabp.com.cn，电话：01058337285，建工书院网址：http://edu.cabplink.com。

责任编辑：朱首明　刘平平
责任设计：李志立
责任校对：芦欣甜

高职高专规划教材
施工项目管理BIM技术应用
张廷瑞　王晓翠　主编

*

中国建筑工业出版社出版、发行（北京海淀三里河路9号）
各地新华书店、建筑书店经销
北京建筑工业印刷厂制版
建工社（河北）印刷有限公司印刷

*

开本：787 × 1092毫米　1/16　印张：13¼　字数：278千字
2019年6月第一版　2024年11月第四次印刷
定价：**33.00**元（赠教师课件）
ISBN 978-7-112-23558-2
（33851）

《施工项目管理 BIM 技术应用》编写名单

张廷瑞　　浙江建设职业技术学院
王晓翠　　浙江建设职业技术学院
陈　耕　　重庆房地产职业学院
李　奇　　长沙职业技术学院
陆景荣　　梧州职业学院
陆盛武　　广西生态职业技术学院
欧阳和平　湖南水利水电职业技术学院
潘海泽　　西南石油大学土木工程与建筑学院
庞业涛　　重庆房地产职业学院
阮林中　　云南交通职业技术学院
邵海东　　甘肃建筑职业技术学院
吴　贝　　天津大学仁爱学院管理系
王小冰　　湖南工程职业技术学院
叶国仁　　兰州交通大学博文学院
张翠红　　新疆建设职业技术学院
张敬铭　　柳州铁道职业技术学院
张李英　　闽西职业技术学院
张小礼　　广西水利电力职业技术学院
周建春　　新疆工程学院

前　言

《施工项目管理BIM技术应用》是在建筑施工技术和BIM管理技术飞速发展的情况下，通过校企合作、工学结合的模式编写的一本供建筑工程技术与管理人员使用的系列规划教材。全书以注重培养施工管理能力、BIM技术应用能力，实现学者施工项目管理综合能力为出发点，注重知识的科学性、实用性，体现了基本理论与实践的相结合，对提高学者的学习兴趣和方便教学与实际应用提供了支持。

本书内容丰富，覆盖面广，引入了大量的施工项目管理的典型案例，易于学习、便于理解、突出实践性。使学生能系统地了解、熟悉、掌握施工项目管理BIM技术的基本应用。

本书主要是通过施工项目管理、BIM技术应用等理论学习，内容包括1　工程概况，2　施工部署，3　施工方案，4　施工进度计划，5　BIM三维施工现场布置，6　施工准备与资源配置，7　进度、质量和安全管理。

本书由张廷瑞、王晓翠主编，浙江工业大学崔钦淑主审。浙江建设职业技术学院的张廷瑞编写1、2、王晓翠编写3、毛玉红编写4、孔琳洁编写5、蒋莉编写6、郑晓编写7。全书由张廷瑞负责统稿。

本教材编写得到杭州品茗安控信息技术股份有限公司大力支持，在此表示感谢。编者参阅了有关文献资料，谨向这些文献的作者致以诚挚的谢意。由于时间仓促，书中难免有不足之处，敬请读者批评指正。

目　　录

1 工程概况

知识点：建筑施工组织设计的概念、建筑施工组织设计内容、工程建设概况、工程建筑设计概况、结构设计概况、设备设计概况、建筑节能设计概况、施工条件、施工特点分析等。

教学目标：通过工程概况的学习，使学生熟悉工程、掌握工程的施工特点，编制出具有针对性的施工方案，便于更好地对施工活动进行控制。

工程概况是指在工程项目的基本情况，以便投标报价和编制施工组织设计和施工方案时对工程有一个清晰了解，编制出合理、针对性的施工方案，编制工程概况时尽量简洁。工程概况主要内容包括：工程名称、规模、性质、用途、资金来源、投资额、开竣工日期、建设单位、设计单位、监理单位、施工单位、工程地点、工程总造价、施工条件、建筑面积、结构形式、图纸设计完成情况、承包合同等。

工程概况应包括工程主要情况、各专业设计简介和工程施工条件等。为了弥补文字叙述的不足，一般需绘制拟建工程的平面图、立面图、剖面简图等，图中主要说明轴线尺寸、总长、总宽、总高及层高等主要建筑尺寸；还应附以主要工程量一览表1-1说明主要工程的任务量。

1.1 工程概况

【引例1】 2009年10月1日起实行《建筑施工组织设计规范》GB/T 50502—2009中单位工程施工组织设计（Construction Organization Plan for Unit Project）：以单位（子单位）工程为主要对象编制的施工组织设计，对单位（子单位）工程的施工过程起指导和制约作用。单位工程施工组织设计应由施工单位技术负责人或技术负责人授权的技术人员审批。单位工程施工组织设计工程概况应包括工程主要情况、各专业设计简介和工程施工条件等；工程主要情况应包括工程名称、性质和地理位置；工程的建设、勘察、设计、监理和总承包等相关单位的情况；工程承包范围和分包工程范围；施工合同、招标文件或总承包单位对工程施工的重点要求；其他应说明的情况。

工程概况应包括工程主要情况、各专业设计简介和工程施工条件等。为了弥补文字叙述的不足，一般需绘制拟建工程的平面图、立面图、剖面简图等，图中主要说明轴线尺寸、总长、总宽、总高及层高等主要建筑尺寸；还应附以主要工程量一览表说明主要工程的任务量，见表 1-1。

主要工程量一览表　　表 1–1

序号	分部分项工程名称	单位	工程量	备注
1	灌注桩	m^3	568	工程量尽参考用
2	土石方	m^3	3000	
3	基础混凝土	m^3	300	
4	钢筋	t	800	
5	屋面防水	m^2	3000	
6	BHP 板墙	m^2	689	
7	墙面抹灰	m^2	16000	
8	JH801（外墙）涂料	m^2	15800	
9	钢窗	m^2	860	
10	…	…	…	

1.1.1　工程建设概况

工程建设概况是对拟建工程项目的主要特征的描述，一般应包括下列内容：工程名称、性质和地理位置；工程的建设、勘察、设计、监理和总承包等相关单位的情况；工程承包范围和分包工程范围；施工合同、招标文件或总承包单位对工程施工的重点要求；其他应说明的情况。这部分内容可根据实际情况列表说明，见表 1-2。

工程建设概况

工程建设概况一览表　　表 1–2

项目	具体内容（要求填写全称）	项目	具体内容（要求填写全称）
工程名称	×××	工程地址	×××
建设单位	×××	勘察单位	×××
设计单位	×××	监理单位	×××
质量监督部门	×××	总承包单位	×××
主要分包单位	×××	合同工期	×××
开工—竣工时间	×××—×××	总投资额	×××
工程用途	×××		

注：表格中单位一定要填写全称。

1.1.2　各专业设计概况

各专业设计概况应包括下列内容：建筑设计概况、结构设计概况、机电及设备安装专业设计概况等。

1. 建筑设计概况

应依据建设单位提供的建筑设计文件进行描述，包括拟建工程的建筑面积，平面形状和平面组合情况，层数、层高、总高度、总长度和总宽度等尺寸，建筑功能、建筑特点、建筑耐火、防水及节能要求等，并应简单描述工程的主要装修做法，可附图或列表1-3。

建筑设计概况一览表 **表1-3**

<table>
<tr><td colspan="2">占地面积</td><td colspan="2">500m²</td><td colspan="2">首层建筑面积</td><td>266.65m²</td><td colspan="3">总建筑面积</td><td colspan="2">3046.18m²</td></tr>
<tr><td rowspan="3">层数</td><td>地上</td><td colspan="2">13层</td><td rowspan="3">层高</td><td>首层</td><td>2.9m</td><td colspan="3">地上面积</td><td colspan="2">266.65m²</td></tr>
<tr><td>地下</td><td colspan="2">1层</td><td>标准层</td><td>2.9m</td><td colspan="3">地下面积</td><td colspan="2">1628m²</td></tr>
<tr><td colspan="3"></td><td>地下</td><td>5.3m</td><td colspan="5"></td></tr>
<tr><td rowspan="6">装饰</td><td>外墙</td><td colspan="10">外墙1：真石漆或涂料墙面1（部位：住宅外墙面）
砖墙、聚合物水泥防水砂浆、界面剂、保温砂浆、抗裂砂浆、弹性外墙涂料或真石漆；
外墙2：真石漆或涂料墙面2（部位：局部线条、阳台见立面）
钢筋混凝土、素水泥砂浆、水泥石灰砂浆、弹性外墙涂料或真石漆</td></tr>
<tr><td>楼地面</td><td colspan="10">（1）13厚1 ：1.5水泥砂浆；
（2）12厚1 ：2.5水泥砂浆底层 纯水泥浆一道；
（3）素水泥浆结合层一道（内掺建筑胶）；
（4）现浇钢筋混凝土板</td></tr>
<tr><td>墙面</td><td colspan="3">室内</td><td colspan="3">200mm厚或者100mm厚
加气混凝土砌块</td><td colspan="2">室外</td><td colspan="2">200mm厚
加气混凝土砌块</td></tr>
<tr><td>顶棚</td><td colspan="10">吸声板顶棚、腻子顶棚、防潮顶棚、涂料顶棚</td></tr>
<tr><td>楼梯</td><td colspan="10">楼梯栏杆、扶手均详见装修设计（或按《住宅建筑构造》11J930）</td></tr>
<tr><td>电梯厅</td><td>地面</td><td colspan="3">石材楼面</td><td>墙面</td><td colspan="2">面砖墙面</td><td colspan="2">顶棚</td><td>涂料顶棚</td></tr>
<tr><td rowspan="3">防潮层</td><td>地下</td><td colspan="10">底板采用细石混凝土，侧墙采用水泥砂浆防水，顶板采用蛭石</td></tr>
<tr><td>屋面</td><td colspan="10">屋面防水等级为1级，做法有底板防水、侧墙防水、顶板防水</td></tr>
<tr><td>厕浴间</td><td colspan="10">厕浴间和有防水要求的建筑地面必须设置防水隔离层；
楼层结构必须采用现浇混凝土或整块预制混凝土板，混凝土强度等级不应小于C20房间的楼板四周除门洞外应做混凝土翻边度不应小于200mm，宽同墙厚，混凝土强度等级不应小于C20</td></tr>
<tr><td colspan="2">保温节能</td><td colspan="10">本工程保温材料的燃烧性能为B1级；
建筑外遮阳形式为自遮阳</td></tr>
<tr><td colspan="2">其他需说明事项</td><td colspan="10">本套图纸已经设计单位认真核对，施工各方应在施工过程中认真个对各位专业相关图纸，发现错、漏、矛盾等情况应立即书面通知设计单位，不得擅自施工或改动</td></tr>
</table>

注：表内建筑设计概况是某工程概况，仅作为参考用。

2. 结构设计概况

建筑、结构设计概况

应依据建设单位提供的结构设计文件进行描述，包括结构形式、地基基础形式、结构安全等级、抗震设防类别、主要结构构件类型及要求等。具体描述基础构造特点及埋置深度，桩基础的根数及深度，主体结构的类型，墙、柱、梁、板的材料及截面尺寸，预制构件的类型、重量及安装位置，楼梯构造及形式等，可根据实际情况列表 1-4 说明。

结构设计概况一览表 **表 1-4**

<table>
<tr><td rowspan="4">地基基础</td><td>埋深</td><td>/</td><td>持力层</td><td>8-2 层
（粉细砂）</td><td>承载力标准值</td><td>1350kN
2000kN</td></tr>
<tr><td>桩基</td><td colspan="2">类型：ϕ400、ϕ500 预应力混凝土管桩</td><td>桩长：约 34m</td><td>桩径：400mm
500mm</td><td>间距：
500mm</td></tr>
<tr><td>箱、筏</td><td colspan="3">底板厚：B1 400mm；B2 300mm</td><td colspan="2">顶板厚：室内 180mm 厚，电梯基坑板底为 250mm</td></tr>
<tr><td>基础类型</td><td colspan="5">钻孔灌注桩基础</td></tr>
<tr><td rowspan="2">主体</td><td>结构形式</td><td colspan="5">框架剪力墙结构</td></tr>
<tr><td>主体结构尺寸</td><td>梁：250mm × 400mm
200mm × 300mm
300mm × 700mm
200mm × 550mm
200mm × 450mm</td><td>板厚：
180mm
250mm
330mm</td><td colspan="2">柱：400mm × 450mm
400mm × 400mm
400mm × 700mm</td><td>墙：150mm
200mm
250mm</td></tr>
<tr><td colspan="2">抗震设防等级</td><td colspan="3">3 级</td><td>人防等级</td><td>/</td></tr>
<tr><td colspan="2">钢筋</td><td colspan="5">HPB300、HRB335、HRB400</td></tr>
<tr><td colspan="2">特殊结构</td><td colspan="5"></td></tr>
<tr><td colspan="2">其他需说明事项</td><td colspan="5">1. 小于 240mm 的墙垛采用素混凝土浇筑；
2. 结构主体完工，砌体粉刷之前，应断中间验收，未经中间验收或验收不合格，不得进行下一道工序施工</td></tr>
</table>

注：表内结构设计概况是某工程的概况，仅作为参考用。

3. 机电及设备安装专业设计概况

安装专业设计概况

应依据建设单位提供的各相关专业设计文件进行描述，包括给水、排水及采暖系统、通风与空调系统、电气系统、智能化系统、电梯等各个专业系统的做法要求，可根据实际情况列表 1-5 说明。

设备安装概况一览表 **表 1-5**

<table>
<tr><td rowspan="3">给水</td><td>冷水</td><td>最高日生活用水量：6.00m^3/ 天；生产用水量为 20m^3/ 天</td><td rowspan="3">排水</td><td>雨水</td><td>本工程设计说明只提供了计算公式，未明确计算暴雨强度和区域雨水量</td></tr>
<tr><td>热水</td><td>—</td><td>污水</td><td>最高日排水量为 6.00m^3/ 天</td></tr>
<tr><td>消防水</td><td>室外消火栓用水量为 30L/s，室内消火栓水量为 25L/s。本工程厂房无自动喷淋用水量</td><td></td><td></td></tr>
<tr><td rowspan="2">强电</td><td>高压</td><td>本工程厂房无高压配电</td><td rowspan="2">弱电</td><td>电视</td><td>—</td></tr>
<tr><td>低压</td><td>动力、照明配电电压为 380/220V 50HZ，三相四线制</td><td>电话</td><td>—</td></tr>
</table>

续表

<table>
<tr><td rowspan="3">强
电</td><td>接地</td><td>本工程接地体采用室外人工接地线25×4热镀锌扁钢，埋深0.8m</td><td rowspan="3">弱
电</td><td>安全监控</td><td>—</td></tr>
<tr><td>防雷</td><td>本工程按三类防雷建筑物设置防雷保护措施，屋顶采用ϕ12热镀锌圆钢作闪接带</td><td>楼宇自控</td><td>—</td></tr>
<tr><td></td><td></td><td>综合布线</td><td>—</td></tr>
<tr><td colspan="2">空调系统</td><td colspan="4">厂房车间内走道及无外窗房间设置机械排烟系统，每个防烟分区的面积不大于50m^2</td></tr>
<tr><td colspan="2">采暖系统</td><td colspan="4">工程地处云南省无采暖系统</td></tr>
<tr><td colspan="2">通风系统</td><td colspan="4">厂房车间无外窗房间设置机械通风系统，系统通风量按单人新风量不小于30立方米/小时。其余房间设置机械排风系统，自然进风，公共卫生间、仓库系统通风量按换气次数不小于6次/小时，配电室、发电机房、水泵房系统通风量按换气次数不小于8次/小时</td></tr>
<tr><td colspan="2">电梯</td><td colspan="4">工程厂房无电梯</td></tr>
</table>

注：表内建筑设计概况是某工程概况，仅作为参考用。

4. 建筑节能设计概况

应依据建设单位提供的各相关专业设计文件进行描述，包括墙体节能工程、幕墙节能工程、门窗节能工程、屋面节能工程、地面节能工程、采暖节能工程、通风与空调节能工程、空调与采暖系统冷热源及管网节能工程、配电与照明节能工程、监测与控制节能工程等，根据实际工程情况列表1-6说明。

建筑节能设计概况

建筑节能设计概况表　　表1-6

<table>
<tr><td colspan="3">居住建筑部分</td><td colspan="2">气候：夏热冬冷
HDD18≤200</td><td colspan="3">外遮阳形式：自遮阳</td></tr>
<tr><td colspan="2">计算方法</td><td colspan="2">符合规定性指标</td><td rowspan="3">外门窗材料</td><td colspan="3">框料：断热铝合金</td></tr>
<tr><td rowspan="8">外
窗
朝
向</td><td rowspan="3">南
向</td><td>窗墙面积比</td><td>0.35</td><td colspan="3">玻璃：热反射镀膜玻璃Low-E中空玻璃</td></tr>
<tr><td>传热系数
kW/（m^2·K）</td><td>2.20</td><td colspan="3">气密性：不低于《建筑外门窗气密、水密、抗风压性能分级及检测方法》GB/T 7106—2008，6级要求</td></tr>
<tr><td>遮阳系数S_c</td><td>0.29</td><td rowspan="2">平屋面</td><td colspan="2">传热系数W/（m^2·K）</td><td>0.50</td></tr>
<tr><td rowspan="4">北
向</td><td>窗墙面积比</td><td>0.24</td><td colspan="2">热惰性指标</td><td>4.10</td></tr>
<tr><td rowspan="3">传热系数
kW/（m^2·K）</td><td rowspan="3">2.20</td><td rowspan="4">外墙</td><td rowspan="4">各朝向热惰性指标</td><td>南</td><td>3.39</td></tr>
<tr><td>北</td><td>3.27</td></tr>
<tr><td>东</td><td>3.36</td></tr>
<tr><td>遮阳系数S_c</td><td>0.29</td><td>西</td><td>3.25</td></tr>
</table>

续表

<table>
<tr><td rowspan="7">主要节能措施</td><td>外墙</td><td>保温形式</td><td>内保温</td><td colspan="2">保温材料种类</td><td>砂浆</td><td>选用厚度（mm）</td><td>35</td></tr>
<tr><td>屋面</td><td colspan="2">保温材料种类</td><td>挤塑聚苯板 1</td><td colspan="3"></td><td>60</td></tr>
<tr><td rowspan="3">外窗</td><td colspan="2">窗框型材</td><td colspan="5">断热金属材料</td></tr>
<tr><td colspan="2">窗玻璃材料</td><td>Low-E 中空</td><td colspan="2">中空空气层（mm）</td><td colspan="2">12A</td></tr>
<tr><td colspan="2">密玻璃厚度</td><td>6（mm）</td><td colspan="2">气密性等级</td><td colspan="2">6 级</td></tr>
<tr><td rowspan="2">架空楼板</td><td colspan="2">保温材料种类</td><td colspan="2">膨胀玻化微珠</td><td rowspan="2">选用厚度（mm）</td><td colspan="2">20</td></tr>
<tr><td colspan="2">外墙材料种类</td><td colspan="2">B06 加气混凝土砌块</td><td colspan="2">200</td></tr>
</table>

注：表内节能设计概况是某工程的概况，仅作为参考用。

1.1.3 工程施工条件

工程主要施工条件应包括下列内容：项目建设地点气象状况；工程施工区域地形和工程水文地质状况；工程施工区域地上、地下管线及相邻的地上、地下建（构）筑物情况；与工程施工有关的道路、河流等状况；当地建筑材料、设备供应和交通运输等服务能力状况；当地供电、供水、供热和通信能力状况；其他与施工有关的主要因素。

施工条件

1.1.4 BIM 可视化工程简介

以 BIM 为核心的三维制图正快速地替代传统的 CAD 二维制图，借助 BIM 可视化的特点，运用精确建模、碰撞检测、虚拟漫游等方式，实现虚拟空间同比例的真实工程。

BIM 可视化工程简介

1. BIM 可视化内容

（1）可视化交底

设计人员可以通过模型实现向施工方的可视化设计交底，能够让施工方清楚了解设计意图，了解设计中的每一个细节。我国工人文化水平有限，通常在建造复杂的工程向工人技术交底时往往难以让工人理解技术要求，但通过模型就可以直观而形象的让工人知道自己将要完成的部分是什么样，有哪些技术要求。采用三维可视化三维模型，可以让施工人员更容易理解施工节点做法，施工过程中减少错误的出现，有利于确保工程质量。

三维可视化在施工现场的应用更加广泛，不仅能用来方案设计，与业主交流，而且也能够在工程初期给施工人员直观显现项目竣工后的场景，降低了读图的难度，BIM 三维视图如图 1-1 所示。

（2）施工模拟

在施工前，利用三维模型，对关键工序进行施工模拟，实行工程施工流程的预先建造仿真，采用虚拟建造平台，比如采用施工模拟平台、VR 虚拟场景平台，来论证施工的可行性，确保了施工过程中的可靠性和准确性。

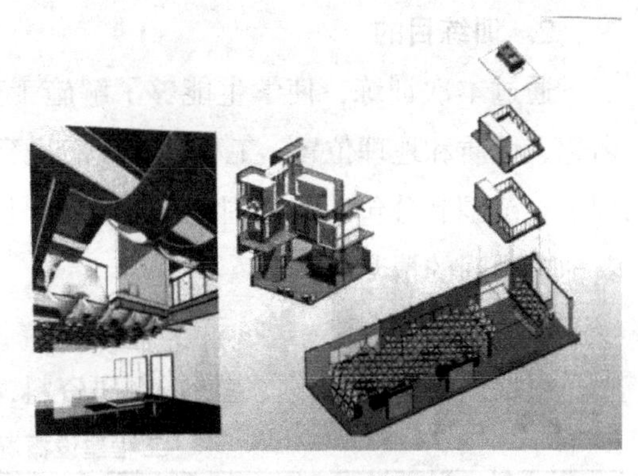

图 1-1 BIM 三维视图

2. BIM 应用的特点、亮点、应用效益和创新

（1）BIM 可视化特点、亮点

1）优化项目施工组织部署。通过 BIM 施工策划软件实现项目的精细化部署，合理对项目施工段分区，以最优的施工组织部署达成项目工期进度的要求。

2）细化各施工阶段平面布置。对项目施工各阶段总平面精细部署，通过三维可视化功能，优化各类临施位置，确保施工可行性的同时，实现施工现场合理且规范的布置。

3）实现 4D 进度模拟。配合 Project、BIM 等软件通过应用 4D 进度模拟功能展示关键施工进度节点，确保达成施工进度目标。

（2）BIM 在场区布置方面主要用途

在三维场布软件中设置分阶段（土方阶段、桩基阶段、基础及地下室阶段、主体阶段、装修阶段）场地布置，把各阶段的二维总平面图转换成三维总平面图。

知识延伸：中国尊项目所有 BIM 专职和参与人员超过 200 人，在不同的应用领域培养了一批有 BIM 实践经验，同时又具备专业能力的工程师。原则上，项目 BIM 人员需要是专业工程师出身，本身具备专业知识后再学习 BIM 技术和理念，用于解决实际问题。这些员工并不局限于专职 BIM 管理人员，更多的是业务部门的骨干。这样的培养方式，真正培养出一批掌握 BIM 与专业应用的复合型人才，而不只是一些少数会操作 BIM 软件的操作人员。

1.2 工程概况实训

1.2.1 工程建设概况实训

1. 实训背景

每一项建设工程从立项到竣工需要一定的周期，在这个周期内形成很多工程文件。调研某一实际在建工程项目，了解在建工程项目建设概况，识读项目建筑施工图纸、结构施工图纸、设备安装施工图、建筑节能施工图，了解施工合同以及相关建设文件。

建筑施工组织实训
（交底、工程概况）

2. 训练目的

通过本次训练，使学生能够了解施工项目情况，通过对企业的调研，具体了解工程名称、性质和地理位置；工程的建设、勘察、设计、监理和总承包等相关单位的情况；工程承包范围和分包工程范围；施工合同、招标文件或总承包单位对工程施工的重点要求；其他应说明的情况。

3. 训练任务

根据调研的情况，收集所需调研资料，完成表 1-7 中空白处的填写。

工程建设概况一览表　　表 1-7

工程名称		工程地址	
建设单位		勘察单位	
设计单位		监理单位	
质量监督部门		总承包单位	
主要分包单位		建设工期	
合同工期		总投资额	
工程用途			

4. 训练成果

根据训练任务要求，完成工程建设概况表格的填写，以电子版或打印稿形式，提交完成的成果。

1.2.2 建筑设计概况实训

1. 实训背景

建筑设计概况实训

阅读指导教师提供的建筑设计图纸，一套建筑设计图一般包括总平面图、平面图、立面图、剖面图和构造详图等。表示建筑物的内部布置情况、外部形状以及装修、构造、材料做法、施工要求等。在这些图纸中一般应包括建筑名称、建设地点、建设单位、建筑面积、建筑基底面积、建筑工程等级、设计使用年限、建筑层数和建筑高度、防火设计建筑分类和耐火等级、人防工程防护等级、屋面防水等级、地下室防水等级、抗震设防烈度等，以及能反映建筑规模的主要技术经济指标，如住宅的套型和套数（包括每套的建筑面积、使用面积、阳台建筑面积。房间的使用面积可在平面图中标注）、旅馆的客房间数和床位数、医院的门诊人次和住院部的床位数、车库的停车泊位数等。

2. 训练目的

通过本次训练，使学生能够通过阅读图纸获得图纸中的信息，从而熟悉图纸，完成对图纸的识读，为接下来的编制施工方案和施工创造很好的条件，还可以发现图纸中的缺陷、错误，减少施工的危害、返工，完成对工程的施工的管理工作。

3. 训练任务

根据实训背景中提供的建筑设计图纸，结合建筑设计概况具体要求，完成表 1-8 的填写。

建筑设计概况表　　　　表 1-8

<table>
<tr><td colspan="2">占地面积</td><td colspan="2"></td><td colspan="3">首层建筑面积</td><td colspan="2"></td><td colspan="3">总建筑面积</td><td colspan="2"></td></tr>
<tr><td rowspan="3">层数</td><td>地上</td><td colspan="2"></td><td rowspan="3">层高</td><td colspan="2">首层</td><td colspan="2"></td><td colspan="3">地上面积</td><td colspan="2"></td></tr>
<tr><td>地下</td><td colspan="2"></td><td colspan="2">标准层</td><td colspan="2"></td><td colspan="3">地下面积</td><td colspan="2"></td></tr>
<tr><td>裙房</td><td colspan="2"></td><td colspan="2">地下</td><td colspan="2"></td><td colspan="5"></td></tr>
<tr><td rowspan="6">主要装饰</td><td>外墙</td><td colspan="12"></td></tr>
<tr><td>楼地面</td><td colspan="12"></td></tr>
<tr><td>墙面</td><td colspan="3">室内</td><td colspan="4"></td><td colspan="2">室外</td><td colspan="3"></td></tr>
<tr><td>顶棚</td><td colspan="12"></td></tr>
<tr><td>楼梯</td><td colspan="12"></td></tr>
<tr><td>电梯厅</td><td>地面</td><td colspan="3"></td><td colspan="2">墙面</td><td colspan="2"></td><td colspan="3">顶棚</td><td></td></tr>
<tr><td rowspan="5">防水</td><td>地下</td><td colspan="12"></td></tr>
<tr><td>屋面</td><td colspan="12"></td></tr>
<tr><td>厕浴间</td><td colspan="12"></td></tr>
<tr><td>阳台</td><td colspan="12"></td></tr>
<tr><td>雨篷</td><td colspan="12"></td></tr>
<tr><td colspan="2">建筑耐火</td><td colspan="12"></td></tr>
<tr><td colspan="2">保温节能</td><td colspan="12"></td></tr>
<tr><td colspan="2">绿化</td><td colspan="12"></td></tr>
<tr><td colspan="2">其他需说明事项</td><td colspan="12"></td></tr>
<tr><td rowspan="6">装饰做法</td><td>外墙</td><td colspan="12"></td></tr>
<tr><td>楼地面</td><td colspan="12"></td></tr>
<tr><td>墙面</td><td colspan="3">室内</td><td colspan="4"></td><td colspan="2">室外</td><td colspan="3"></td></tr>
<tr><td>顶棚</td><td colspan="12"></td></tr>
<tr><td>楼梯</td><td colspan="12"></td></tr>
<tr><td>电梯厅</td><td>地面</td><td colspan="3"></td><td colspan="2">墙面</td><td colspan="2"></td><td colspan="3">顶棚</td><td></td></tr>
<tr><td rowspan="5">防水做法</td><td>地下</td><td colspan="12"></td></tr>
<tr><td>屋面</td><td colspan="12"></td></tr>
<tr><td>厕浴间</td><td colspan="12"></td></tr>
<tr><td>阳台</td><td colspan="12"></td></tr>
<tr><td>雨篷</td><td colspan="12"></td></tr>
<tr><td>门窗</td><td>樘数、材料</td><td colspan="2">门</td><td colspan="5"></td><td>窗</td><td colspan="4"></td></tr>
<tr><td colspan="2">保温节能</td><td colspan="12"></td></tr>
<tr><td colspan="2">绿色施工</td><td colspan="12"></td></tr>
<tr><td colspan="2">其他需说明事项</td><td colspan="12"></td></tr>
</table>

4. 训练成果

根据训练任务要求，完成此工程建筑设计概况表格的编写，以电子版或打印稿形式，提交完成的成果。

1.2.3 结构设计概况实训

1. 实训背景

建筑结构是房屋建筑的骨架，该骨架由若干基本构件通过一定连接方式构成整体，能安全可靠地承受并传递各种荷载和间接作用。阅读配套图纸结构设计图纸部分，一般一套结构图包括结构形式、地基基础形式、结构安全等级、抗震设防类别、主要结构构件类型及要求等。具体描述基础构造特点及埋置深度，桩基础的根数及深度，主体结构的类型，墙、柱、梁、板的材料及截面尺寸，预制构件的类型、重量及安装位置，楼梯构造及形式等。

2. 训练目的

通过本次训练，使学生能够通过阅读图纸获得图纸中的信息，从而熟悉图纸，完成对图纸的识读，为接下来的施工打下良好的基础，还可以发现图纸中的缺陷、错误，减少施工的危害、返工，完成对工程的施工的管理工作。

3. 训练任务

根据实训背景中提供的某工程的全套楼图纸，结合结构设计概况以及部分结构施工图，根据任务具体要求，完成结构设计概况如表 1-9 表格的填写。

4. 训练成果

根据训练任务要求，完成某工程结构设计概况表格的编写，以电子版或打印稿形式，提交完成的成果。

结构设计概况表　　表 1-9

<table>
<tr><td rowspan="4">地基基础</td><td colspan="2">埋深</td><td></td><td colspan="3">持力层土质</td><td></td><td>承载力标准值</td><td></td></tr>
<tr><td rowspan="3">基础类型</td><td>桩基</td><td colspan="4">类型：</td><td>桩长：</td><td>桩径：</td><td>间距：</td></tr>
<tr><td>箱、筏</td><td colspan="5">底板厚：</td><td colspan="2">顶板厚：</td></tr>
<tr><td>独立基础</td><td colspan="7"></td></tr>
<tr><td rowspan="4">主体</td><td colspan="2">结构形式</td><td colspan="7"></td></tr>
<tr><td colspan="2">屋面结构类型</td><td colspan="7"></td></tr>
<tr><td colspan="2" rowspan="2">主体结构尺寸</td><td colspan="3">梁：</td><td colspan="2">板：</td><td>柱：</td><td>墙：</td></tr>
<tr><td colspan="5">楼梯：</td><td></td><td></td></tr>
<tr><td colspan="3">抗震设防等级</td><td colspan="2"></td><td colspan="2">设计年限</td><td></td><td>耐火等级</td><td></td></tr>
</table>

续表

混凝土强度等级及抗渗要求	基础		墙		垫层	
	梁		板		地下室	
	柱		楼梯		屋面	
钢筋						
特殊结构						
其他需说明事项						

思考题与习题

1．根据《建筑施工组织设计规范》GB/T 50502—2009 熟悉单位工程施工组织设计的内容有哪些？

2．施工组织设计编制依据应包括有哪些内容？

3.《建设工程安全生产管理条例》中规定：对哪些达到一定规模的危险性较大的分部（分项）工程编制专项施工方案？

4．参观实际工程，查阅、收集实际工程的单位施工组织设计，指出设计中存在的问题。

5．工程概况包含哪些内容？各个工程概况重要的参考的依据是什么？

2 施工部署

知识点：工程施工目标、进度安排、施工流水段、工程施工的重点和难点、分包工程施工单位的选择、现场施工管理组织形式等。

教学目标：通过施工部署的学习使学生了解工程项目施工质量、进度、成本、安全、文明施工等目标，掌握流水施工的原理，熟悉现场施工管理组织形式，并能够根据施工项目特点针对性进行管理，实现所有的确定的目标。

施工部署是对整个工程全局作出的统筹规划和全面安排，其主要解决影响全局的重大战略问题。施工部署由于建设项目的性质、规模和客观条件不同，其内容和侧重点会有所不同。一般应包括以下内容：

对施工总平面进行合理的分片分区安排，简要说明施工流向或施工顺序，对各片区的主要人员及机械设备进行配置，对各片区的主要施工方法和施工工艺进行简要说明，对应工期安排和场地布置等。专项施工方案中的施工部署是对专项工程范围内的施工安排，根据工程性质、规模和实际条件不同，其内容和侧重点会有所不同。一般应包括以下内容：对专项工程施工范围进行合理的分区段安排，简要说明施工流向、施工顺序；对主要人员及机械设备进行配置；施工流程及主要技术方案概述；对应工期安排等。

2.1 施工项目工程管理目标

【引例1】 某工程根据招标文件的各项要求，施工单位通过施工现场场地踏勘了解建筑物的建筑情况和位置状况，针对本工程为高层建筑，位于市区繁华地段，施工场地相对狭小等存在的客观原因，结合以往施工经验，特确定以下部署原则：

（1）根据本工程既定的质量目标和施工工期目标，结合本工程实际特点，进行施工阶段分解，确定各阶段部署目标。

（2）加强施工过程中的动态管理，针对各工序和环节，合理安排劳动力和施工准备的投入在确保每道工序工程质量的前提下，立足抢时间，争速度，科学地组织流水施工及交叉施工，严格遵守各项规章制度，严肃确定施工调度工作，有计划、有步骤、有目标的严格合理分配班组施工任务，严格控制关键工序的施工工期，确保按期、优质、高效地完成工程施工任务。

工程施工目标应根据施工合同、招标文件以及本单位对工程管理目标的要求确定，包括进度、质量、安全、环境和成本等目标。各目标是一个相互关联的整体，它们之间既存在着矛盾，又存在着统一。进行工程项目管理时，必须充分考虑工程项目各施工目标之间的对立统一关系，注意统筹兼顾，合理确定进度、质量、安全、环境和成本等目标，防止发生盲目追求单一目标而冲击或干扰其他目标的现象。

施工部署 - 施工项目工程管理目标

2.1.1 工期目标

根据施工合同文件要求，对项目进行精心策划合理安排，满足合同所确定的总工期要求，确保××日历天内达到竣工要求，并确定计划开工时间××年××月××日，竣工时间×××年××月××日。

在保证质量、安全、文明施工的前提下，根据施工单位管理能力、技术水平和拟投入的机械设备、物资、劳动力等状况，采取必要的施工技术和安全技术措施，确保整个工程按期全面竣工交验。在组织施工时对该工程施工组织机构设置、施工劳动力、材料、机械组织、施工质量保证措施、主要部位施工措施、安全、文明、环保措施、现场总平面布置、工期计划、工期保证措施、主要管理人员及劳动力安排、主要机具安排计划、成品保护和工程保修工作的管理措施和承诺等诸多因素尽可能充分考虑，突出工程施工的科学性、可行性及高效性。是确保工程优质、低耗、安全、文明、高效地完成全部施工任务的重要经济技术文件。保证工期目标技术保证措施有：

（1）编制合理详细的进度计划；

（2）制定合理的专项施工技术方案；

（3）根据施工方案的作业面布置和施工班组的配置；

（4）做好施工测量、图纸会审、技术指导服务等工作；

（5）施工过程中及时发现影响进度的因素、做好协调工作。

2.1.2 质量目标

质量就是企业的生命，是衡量一个企业是否具有竞争力的表现。施工企业本着质量第一、顾客满意的管理方针。在施工中，切实按照综合管理标准进行全面的质量管理，达到规定质量目标。

质量的目标：工程质量等级达到合同和相关验收规范的标准，确保验收合格。达到省（市）优良的标准。一次性验收合格率达到100%。

为实现质量目标，必须坚强企业质量管理，常采用的质量管理措施有：

（1）熟悉设计图纸，掌握施工设计要求，严格按设计要求施工；

（2）全面贯彻执行国家部以及地方的强制性标准有关施工的验收规范；

（3）推行全面质量管理，建立质量质保体系，加强各级人员岗位责任，严格执行各级审图和交底制度，加强技术交底工作；

（4）针对性地编制好施工组织设计和专项施工方案；

（5）严格执行材料的检验制度，各种进场的材料要有出厂证明，并按规定对需要复试的材料进行复试；

（6）做好样板工程，以样板间指导施工；

（7）做好成品保护，要尽可能地做到工序合理安排，采取必要的措施对成品加以保护。

2.1.3 安全和文明施工目标

1. 安全施工

安全和文明施工是施工企业管理工作的一个重要组成部分，是企业安全生产的基本保证，体现着企业的综合管理水平，文明的施工环境是实现职工安全生产的基础，也是施工项目在施工过程中科学地组织安全生产，规范化、标准化管理现场，使施工现场按现代化施工的要求保持良好的施工环境和施工秩序，这是施工企业的一项基础性的管理工作。

一般来讲，安全管理目标主要体现在以下几个方面：杜绝重伤死亡事故和杜绝灾害恶性事故，杜绝人身死亡事故，杜绝重大机械设备事故，杜绝重大火灾事故，杜绝重大环境污染事故，杜绝重大垮（坍）塌事故；避免和严格控制一般安全事故，一般年负伤频率小于等于3‰，施工现场达标保证合格率100%。

2. 文明施工：争创省级文明工地，保证创市级文明工地。

为保证安全生产和文明施工目标实现，采取的保证措施有：

（1）建立健全安全体系，成立安全领导小组，设置专职安全员；

（2）编制临电施工组织设计及重要安全措施，进行安全技术交底，建立安全教育制度，树立“安全第一、预防为主”的思想；

（3）安全设施按照规定设置；

（4）特种岗位必须持证上岗，重要设备如塔式起重机等施工机械由专人操作和正常维修，专人指挥，设备按期保养；

（5）现场消防各种材料堆放整齐，道路要畅通；

（6）现场文明施工严格执行施工现场平面管理制度；

（7）堆放大宗材料、半成品、机具设备必须整齐；

（8）工地食堂卫生管理要符合有关规定要求；

（9）生活区、办公区要按文明工地标准设置，加强组织和宣传。

2.1.4 环境保护目标

施工单位施工过程中严格执行环境保护相关规定，落实环保措施，保护生态环境，在工程施工期间，对噪声、振动、废水、废气和固体废弃物进行全面控制，尽量减少这些污染排放所造成的影响。文明施工、保护文物、保护市政设施和绿化。建设过程中环保、水保措施执行到位，工程环保、水保验收合格率100%。

环境保护采取的保证措施有：

（1）在施工范围内，对城市绿化严格按法规执行；

（2）做到施工场地硬化，要定期向地面洒水，采用遮盖防护措施，防止粉尘对空气的污染；

（3）临时运输道路经常洒水湿润，减少道路扬尘；

（4）采取措施降低施工现场、机械作业时和车辆运输时产生的噪声；

（5）施工及生活废水的排放遵循清污分流、雨污分流的原则；

（6）施工中保护现场植被和耕地的完好，避免因施工造成植被破坏。

2.1.5 成本管理目标

建筑工程的成本计算，指的是施工项目的全过程中所发生的全部施工费用支出的总和，包括直接成本和间接成本。任何企业和项目部都想用最低的成本获得最高的回报，所以成本控制所要解决的问题就是如何在保证安全、质量、进度、环境影响等因素的前提下，以最低的成本来完成预期的目标。

成本管理措施：

（1）施工准备阶段的成本管理措施

施工准备阶段的成本管理是事前管理，这个阶段成本控制工作是非常重要的一个阶段，将直接决定工程总的成本支出。

（2）项目实施过程中的成本管理措施

施工阶段的成本管理是整个成本管理的关键阶段，此阶段成本管理是动态的，因为施工过程受条件影响比较大，具有不可预测性，影响施工的内外因素较多，因此在实际环境发生变化后，各种计划都应及时进行相应调整，使施工成本始终处于可控状态。

（3）工程竣工阶段的成本管理措施

竣工验收阶段的成本管理实际中往往被忽视。一旦进入竣工收尾阶段，要么赶工期、使工程提前完工，要么工期拖延很久，致使收尾工作拖延很久，各种管理费在内的费用增加很多。

2.2 施工组织

2.2.1 施工进度安排与空间组织

1. 施工顺序应符合工序逻辑关系

（1）确定施工顺序

确定单位工程的施工展开程序和开竣工日期，它一方面要满足上级规定的投产或投入使用的要求，另外也要遵循一般的施工程序，如先地下后地上、先深后浅、先主体后围护、先结构后装饰等。

（2）施工区段划分

建立工程的指挥系统，划分各施工单位的工程任务和施工区段，明确主攻项目和辅助项目的相互关系，明确土建施工、结构安装、设备安装等各项工作的相互配合等。

（3）明确施工准备工作的规划

如土地征用、居民迁移、障碍物清除、“三通一平”的分期施工任务及期限、测量控制网的建立、新材料和新技术的使用、重要建筑机械和机具的申请和订货生产等。

（4）施工工艺关系要求

施工顺序除应符合工序逻辑关系外，还应考虑施工工艺的要求。一般施工顺序如：施工准备→测量放线→土方开挖→地下室垫层及砖胎模→底板防水层→地下室底板→地下室墙板及地下室柱→一层梁板→一层柱→……→内外墙砌筑→内外墙粉刷→屋面、楼地面→门窗、涂料→外围工程→扫尾、清理→竣工验收。

2. 施工流水段划分结合工程具体情况

单位工程施工阶段的划分一般包括地基基础、主体结构、装饰装修和机电设备安装四个阶段，施工流水段应结合工程具体情况分阶段进行划分。划分时主要应考虑流水段的工程量大小、数目多少和段界位置，前两者主要是满足施工组织方面的要求，后者主要是满足施工技术方面的要求。

3. 工程展开程序

根据建设项目总目标的要求，确定工程分期分批施工的合理展开程序。

一些大型工业企业项目都是由许多工厂或车间组成的，在确定施工展开程序时，应主要考虑以下几点：

（1）施工项目分批建设

在保证工期的前提下，实行分期分批建设，既可使各具体项目迅速建成，尽早投入使用，又可在全局上实现施工的连续性和均衡性，减少暂设工程数量，降低工程成本。至于分几期施工，各期工程包含哪些项目，应当根据业主要求、生产工艺的特点、工程规模大小和施工难易程度、资金、技术资源情况由施工单位与业主共同研究决定。按照各工程项目的重要程度，应优先安排的工程项目是：

1）按生产工艺要求，须先期投入生产或起主导作用的工程项目；

2）工程量大、施工难度大、工期长的项目；

3）运输系统、动力系统。如厂区内外道路、铁路和变电站等；

4）生产上需先期使用的机修、车床、办公楼及部分家属宿舍等；

5）供施工使用的工程项目。如采砂（石）场、木材加工厂、各种构件加工厂等施工附属设施及其他为施工服务的临时设施。

对小型企业或大型企业的某一系统，由于工期较短或生产工艺要求，可不必分期分批建设；亦可先建生产厂房，然后边生产边施工。

（2）遵循施工程序

所有工程项目均应按照先地下、后地上；先深后浅；先干线后支线的原则进行安排。如地下管线和修筑道路的程序，应该先铺设管线，后在管线上修筑道路。

（3）要考虑季节对施工的影响

例如大规模土方工程和深基础施工，最好避开雨季。寒冷地区入冬以后最好封闭房屋并转入室内作业和安装设备。

2.2.2 分包施工单位选择及管理

1. 工程分包分为专业工程分包和劳务作业分包

工程分包应遵守有关法律、法规的规定，禁止转包或肢解分包。承包人需要将专业工程进行分包的，可以与发包人协商并在专用合同条款中约定，没有约定的，须经发包人批准同意。承包人不得将工程主体、关键性工作分包给第三人。除专用合同条款另有约定外，未经发包人同意，承包人不得将工程的其他部分或工作分包给第三人。分包人的资格能力应与其分包工程的标准和规模相适应。本公司负责本次招标范围内的土建工程、装饰、给水排水工程、电气工程等安装工程。甲方指定分包项目包括：中水设备、室外工程等。

2. 主要分包工程施工单位的管理措施

（1）分包工程施工单位进入现场施工必须提交由业主确认为指定分包商的证明文件，并填妥“指定分包商情况登记表”。

（2）分包工程施工单位在所分包工程的施工质量过程控制中应提供本分包工程的质量、计划编制书和施工过程的质量监控要点。

（3）分包工程的进度控制要点

1）编制本分包工程施工进度计划。

2）执行月报制度，按月向总包单位报告本分包工程的执行情况，并提交月度施工作业计划和各种资源与进度配合调度状况。

3）参加有关分包工作协调会议，做好协调照管工作。

（4）签订本分包工程的安全协议书，完善和健全安全管理各种台账，做好有关安全、消防、现场标准化管理等工作。

【观察思考】

施工部署是在充分了解工程情况、施工条件和建设要求的基础上，对整个建设工程进行全面安排和解决工程施工中的重大问题的方案，是编制施工进度计划的前提。请你试着通过各种途径，了解一些工程项目为了实现预期目标而采取怎样的施工部署？

2.3　施工管理组织形式

【引例2】

某工程现场组织机构和专业技术力量配备如下：

为确保优质、高速完成本工程，公司将派遣一批具有现代管理知识和曾施工过类似工程的管理人员进入现场。项目经理部将成为一支充满活力、专业配套完备、具有全面管理能力的领导班子和核心集体，他们将严格执行公司颁布的《项目管理手册》《质量保证手册》，进行规范化、系统化、科学化的全面管理。

本工程由具有住建部二级资质并有同类工程经历的同志担任项目经理，统一指挥、组织协调全面工作，对本工程质量、安全、工期、成本全面负责。由具有工程师职称及有同类工程经历的同志担任项目总工程师，全面负责工程施工的技术、质量工作。

项目部设置七个部室：技术部、工程部、经营部、财务部、行政保卫部、物资设备部、机电安装部，其中技术部下设专业工程测量工程师、工程技术人员、工程档案管理人员等。

项目经理部是公司授权对本工程全权管理的常设现场管理机构。各分包根据工程需要进场、撤场，在工期安排上服从项目经理部统一安排，在技术质量上接受项目经理部领导。项目经理为项目经理部的总负责人，项目经理将拥有公司授予的在总经理领导下的代表公司对该项目实施策划与组织的全部权力，其签署的有关该项目的文件均为有效，并由公司承担经济法律责任。

项目经理部组织形式是指施工项目组织管理中处于管理层次，管理跨度，部门设置和上下级的关系结构的类型，项目经理部的组织形式多样，随着社会生产力水平的提高和科学技术的发展，不断地产生新的结构。这里介绍几种典型的项目经理部的基本组织形式。

2.3.1　直线制施工管理组织

1. 直线制概念与特征

直线制组织形式是组织中各种职位按垂直系统直线排列的，权力系统自上而下形成直线控制，统一指挥，下级只接受唯一上级的指令。

2. 直线制施工管理组织机构

项目部无专门职能部门。这种组织形式的特点是组织机构简单，权力集中、权责分明、决策迅速、隶属关系明确。实行没有职能部门的“个人管理”，项目经理负责整个工程项目组织、协调和指导工作，项目经理要具有较广的知识面和较强的技能。

施工部署 - 直线制施工管理组织

直线制现场施工管理组织构成如图 2-1 所示，从命令源来讲，每个施工班组只有一个负责人，是一元化领导。

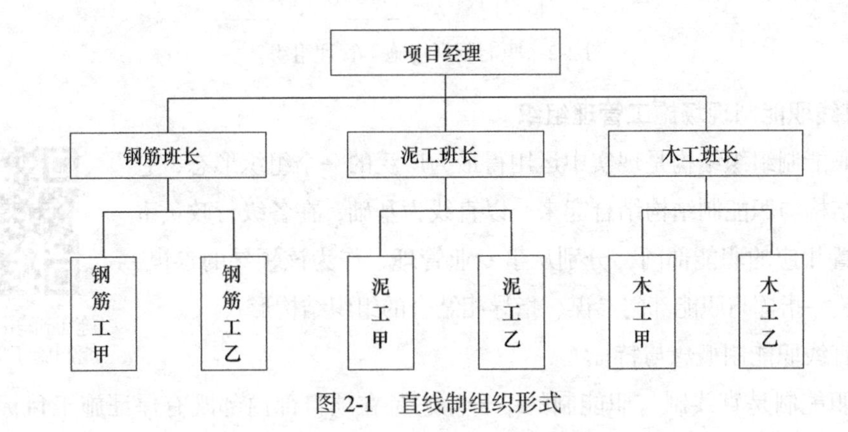

图 2-1 直线制组织形式

直线制管理形式适用于项目规模小、技术简单、协作关系较少的工程。

2.3.2 职能制现场施工管理组织

1. 职能制概念与特征

职能制组织形式强调专业分工，是以职能作为划分部门的基础，把相应的管理职责和权力交给职能部门，各职能部门在本职能范围内有权直接指挥下级。

施工部署 - 职能制施工管理组织

这种组织形式的特点是专业分工强，目标控制分工明确，能充分发挥职能机构的专业管理作用及专业人才的作用，有利于项目的专业技术问题的解决。缺点是由于项目部人员受职能部门与项目部门的多重领导，存在着政出多门的弊端，对于上级存在矛盾的指令难以适从；各职能部门之间信息共享程度低，难以协调。

2. 职能制施工管理组织机构

职能制现场施工管理组织构成如图 2-2 所示，从命令源来讲，系多元化领导，易造成职责不清，协调工作多等弊端。

职能制管理形式适用于专业性较强，不涉及众多部门的施工项目。

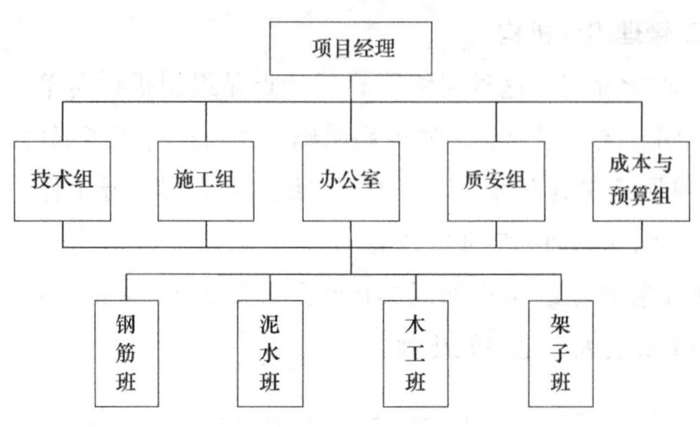

图 2-2　职能制现场施工管理组织

3. 直线职能制现场施工管理组织

直线职能制组织结构是现实中运用得最为广泛的一个组织形态，它把直线制结构与职能制结构结合起来，以直线为基础，在各级行政负责人之下设置相应的职能部门，分别从事专业管理，作为该领导的参谋，实行主管统一指挥与职能部门参谋、指导相结合的组织结构形式。

施工部署 - 直线职能制施工管理组织

（1）直线职能制概念与特征

直线职能制是直线制与职能制的结合。它是在项目部内部既有保证施工目标实现的直线部门，也有按专业分工设置的职能部门；但职能部门在这里的作用是作为项目经理的参谋和助手，它不能对下级部门发布命令。这种组织结构形式吸取了直线制和职能制的优点：一方面，各级主管有相应的参谋机构作为助手，以充分发挥其专业管理的作用；另一方面，每一级管理机构又保持了集中统一的指挥。但在实际工作中，直线职能制有过多强调直线指挥，而对参谋职权注意不够的倾向。

（2）直线职能制施工管理组织机构

直线职能制现场施工管理组织构成如图 2-3 所示，从命令源来讲，由于各职能部门并不能直接向施工班组发布命令，所以仍然属于一元化领导。

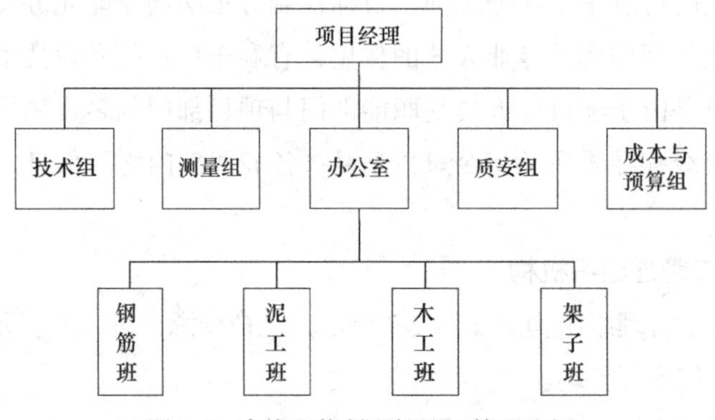

图 2-3　直线职能制现场施工管理组织

4. 矩阵制现场施工管理组织

矩阵制组织形式是现代大型工程管理中广泛应用的一种新型组织形式，它吸取了职能制和直线制各自的优点，是在直线职能制垂直形态组织系统的基础上，再增加一种横向的领导系统，力求使多个项目与各职能部门有机地结合。它将各职能部门的专业人员组织在一个项目部内，既可充分发挥职能部门的纵向优势又能发挥项目部的横向优势，使决策问题集中管理，工作效率高，有利于解决复杂难题，有利于工程管理人员专业业务能力的培养和提高。它要求从高层管理的角度明确项目经济的责任与权力，以及各职能部门的作用。它是为了某项目临时组建的半松散型组织，项目人员不独立于职能部门之外，项目结束后，便回到各原职能部门，有利于项目部的动态管理和优化组织。

（1）矩阵制概念与特征

施工部署 - 矩阵制施工管理组织

矩阵制组织形式的特征如下：

1）按照职能原则和项目原则结合起来建立的项目管理组织，既能发挥职能部门的纵向优势又能发挥项目组织的横向优势，多个项目组织的横向系统与职能部门的纵向系统形成了矩阵结构。

2）企业专业职能部门是相对长期稳定的，项目管理组织是临时性的。职能部门负责人对项目组织中本单位人员负有组织调配、业务指导、业绩考察责任。项目经理在各职能部门的支持下，将参与本项目组织的人员在横向上有效地组织在一起，为实现项目目标协同工作，项目经理对其有权控制和使用，在必要时可对其进行调换或辞退。

3）矩阵中的成员接受原单位负责人和项目经理的双重领导，可根据需要和可能为一个或多个项目服务，并可在项目之间调配，充分发挥专业人员的作用。

矩阵制项目组织的结合部多，组织内部的人际关系、业务关系、沟通渠道等都较复杂，容易造成信息量膨胀，引起信息流不畅或失真，需要依靠有力的组织措施和规章制度规范管理。

（2）矩阵制施工管理组织机构

矩阵制式项目组织构成如图 2-4 所示，从命令源来讲，属于二元化领导。

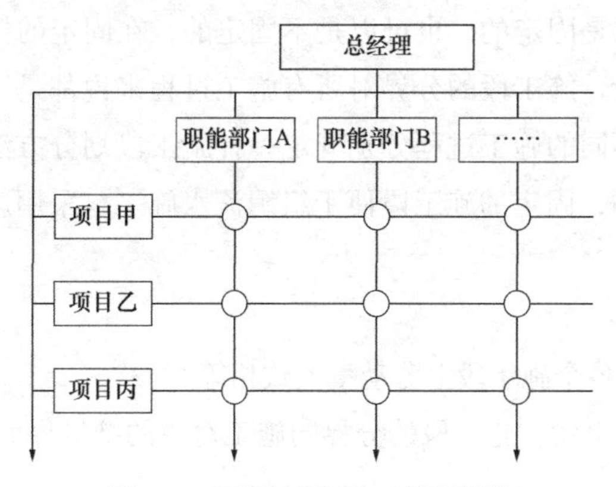

图 2-4 矩阵制现场施工管理组织

对于那些大型、复杂的施工项目，需要多部门、多技术、多工种配合施工，在不同施工阶段，对不同人员有不同的数量和搭配需求，宜采用矩阵制组织形式。

2.4　施工段及 BIM 施工顺序

2.4.1　施工段划分

1. 施工段划分的目的

由于建筑产品生产的单件性，可以说它不适合于组织流水作业，但是建筑产品体型庞大，又为流水组织施工提供了空间的条件，可以把一个体型庞大的建筑产品划分成若干个施工段、施工层的批量产品，使其满足流水施工的基本要求，在保证质量的前提下，是不同工种的专业工作队在不同的工作面上进行作业以充分的利用空间，使其按流水施工的规则，集中人力、物力，迅速、依次、连续地完成各段任务，为相邻专业的队伍尽早地提供工作面，达到缩短工期的目的。如图 2-5 所示。

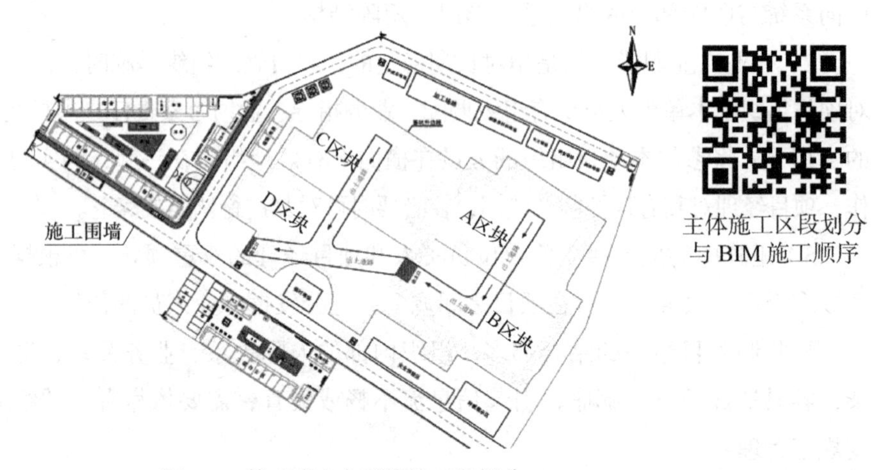

图 2-5　某工程土方开挖施工段划分

2. 划分流水施工段的原则

施工段的划分可以是固定的，也可以是不固定的，在固定的情况下，所有的施工过程的采用相同的施工段，施工段的分界对所有施工过程来说都是固定不变的。在不固定施工段的情况下，以不同的施工过程分别规定一种施工段划分方法，施工段的划分对不同的施工过程是不同的，固定的施工段便于组织流水施工，采用广泛。而不固定的施工段，则采用较少。

施工段划分的原则：

（1）专业工作队在各个施工段上劳动量大致相等。

（2）从结构整体性出发，施工段的分界同施工对象的结构界面（伸缩缝、沉降缝等）尽可能的一致。

（3）为充分发挥工人、主导机械的效率，保证每个施工段有足够的工作面且符合劳动组合的要求。

（4）尽量保证施工段数与施工过程数相互适应，施工段的数目应满足合理的流水施工组织的要求及 $m \geqslant n$，以保证各专业工作队连续施工。

（5）对多层的建筑施工段时各层段之和，各层应有相等的段数和上下垂直对应的分界线，以保证专业工作队在施工段和施工层之间进行有节奏、均衡连续的流水施工。

2.4.2 地下施工段及 BIM 施工顺序

基础及地下室的工程施工顺序，高层建筑基础大的为深基础且含地下室，除在特殊情况下采用的逆作法施工外，通常都采用自下而上的施工顺序。即：桩基础→挖土→清槽→验槽→桩顶处理→垫层→防水层→保护层→承台梁板施工→放线→施工缝处理→墙柱施工→梁板→外墙防水→保护层→回填土。

施工中要注意防水工程和承台梁大体积混凝土浇筑及深基坑支护结构的施工，防止水化热对大气环境产生的不良影响，并保证基坑支护结构的安全。

在施工阶段中实现动态、集成和可视化的 4D 施工管理。将建筑物及施工现场 3D 模型与施工进度相链接，并与施工资源和场地布置信息集成一体，建立 4D 施工信息模型。实现建设项目施工阶段工程进度、人力、材料、设备、成本和场地布置的动态集成管理及施工过程的可视化模拟。实现项目各参与方协同工作。

在建造时随时随地都可以非常直观快速地知道计划是什么样的，实际进展是怎么样的。这样通过 BIM 技术结合施工方案、施工模拟和现场视频监测，大大减少建筑质量问题、安全问题，减少返工和整改。 如图 2-6 所示的某工程地下室施工顺序。

图 2-6 某工程地下室施工顺序

2.4.3 主体施工段及 BIM 施工顺序

主体阶段与结构体系，施工方法有着密切的关系，应视工程具体情况合理选择。

比如主体为现浇钢筋混凝土剪力墙，因施工方法不同，有不同的施工顺序：

（1）采用大模板工艺，分段流水施工，施工速度快，结构整体性，抗震性好。标准层施工顺序为：弹线→绑扎钢筋→支墙模板→浇筑墙身混凝土→拆墙模板→养护→支楼板模板→绑扎楼板的钢筋→浇筑楼板的混凝土。随着楼层的施工，电梯井、楼梯等部位也逐层的插入施工。

（2）采用滑模施工工艺，滑模板和液压系统安装调试工艺顺序为：抄平放线→安装提升架和围圈→支撑一侧模板→绑墙体钢筋→支另一层模板→液压系统安装→检查调试→按照操作平台→安装支撑承杆→滑升模板→安装悬吊脚手架。如图 2-7 所示。

在项目的施工阶段可以把大量的工程相关信息（如构件和设备的技术参数、供方信息、状态信息）录入到信息模型中，可在运营过程中随时更新，通过对这些信息快速准确的筛选调阅，能为项目的后期运营带来很大便利。实现开工前的虚拟施工，实现虚拟施工是在计算机上执行建造过程，虚拟模型可在实际建造之前对工程项目的功能及可建造性等潜在问题进行预测，包括施工方法实验、施工过程模拟及施工方案优化等。

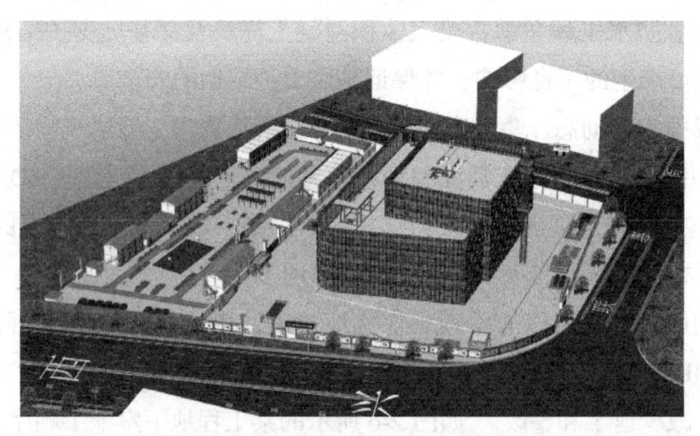

图 2-7　某工程主体结构施工顺序

2.4.4　装饰工程施工段及 BIM 施工顺序

装饰工程施工顺序应工程具体情况不同，差异比较大。

室内装饰工程的施工顺序：结构表面处理→隔墙砌筑→立门窗框→管道安装→墙面抹灰→墙面装饰面层→吊顶→地面→安装门窗扇→灯具洁具安装→调试→清理等。

室外装饰的顺序是结构表面处理→弹线→贴面砖→清理。

2.4.5　安装工程施工段及 BIM 施工顺序

1. 电气工程与基础施工的配合

基础施工期间，电气施工人员应与土建施工人员密切配合，预埋好电气进户线的管路，因为电气施工图中强、弱电的电缆进户位置、标高、穿墙留洞等内容有的未注明在土建施工图中，因此施工人员就应该将以上内容随土建施工一起预留在建筑中，有的工程将基础主筋作为防雷工程的接地极，对这部分施工时就应该配合土建施工人员将基础主筋焊接牢固，并标明钢筋编号引致防雷主引下线，同时做好隐蔽检查记录，签字应齐全、及时，并注明钢筋的截面、编号、防腐等内容。

2. 电气工程与主体工程的配合

当图纸要求管路暗敷设在主体内时，就应该配合土建人员做好以下工作：

（1）按平面位置确定好配电箱的位置，然后按管路走向确定敷设位置。应沿最近的路径进行施工，安装图纸标出的配管截面将管路敷设在墙体内，现浇混凝土墙体内敷设时一般应把管子绑扎在钢筋里侧，这样可以减小管与盒连接时的弯曲。当敷设的钢管与钢筋有冲突时，可将竖直钢筋沿墙面左右弯曲，横向钢筋上下弯曲。

（2）配电箱处的引上、引下管，敷设时应按配管的多少，按主次管路依次横向排好，位置应准确，随着钢筋绑扎时，在钢筋网中间与配电箱箱体连接敷设一次到位。如箱体不能与土建同时施工时，应用比箱体高的简易木箱套预埋在墙体内，配电箱引上管敷设至木箱套上部一平齐，待拆下木箱套再安装配电箱箱体。

（3）利用柱子主筋做防雷引下线时，应根据图纸要求及时地与主体工程敷设到位，每遇到钢筋接头时，都需要焊接而且保证其编号自上而下保持不变直至屋面。

（4）建筑电气安装工程除和土建工程有密切关系需要协调配合外，还和其他安装工程，如给水排水工程，采暖、通风工程等有着密切联系，施工前应做好图纸会审工作，避免发生安装位置的冲突。管路互相平行或交叉安装时，要保证满足对安全距离的要求，不能满足时，应采取保护措施。

3. BIM与三维管线综合应用

随着社会的进步，建筑市场对建筑的安全性、智能化、舒适性和节能等要求逐步提高，三维管线综合错综复杂，而机电管线安装空间也越来越紧张。为了达到合理布置管线的目的，传统使用二维软件（如CAD）绘制机电综合图纸，并辅以局部的剖面图的方式来解决机电管线综合的问题。由于传统的管线综合存在先天的局限性，不能完全保证其管线布局的合理性。采用目前较新的BIM技术，可以大幅度提高管线综合的效率。

基于BIM技术的三维管线综合，即将施工的土建和机电设备管线进行三维建模，并采用BIM技术中具有可视化模型及碰撞检测功能，对现有信息模型进行碰撞检查，直观地发现管线排布问题，及时调整，从而减少实际施工中不必要的返工，提高了消防工程安装的一次成功率，从而达到工程对净高及施工质量的高要求。

专业人员结合工程进行建筑结构和设备建模，机电专业人员根据各专业图纸（暖通、给水排水、电气）找到项目中复杂节点，确定初步管线排布方案，并进行三维建模。

2.4.6 BIM施工段设置

针对HIBIM工程不能切分施工段问题，用户可以根据实际需要在5D中进行土建与安装施工段切分。

操作步骤:

步骤 1：单击“施工段设置”进入施工段切分页面，如图 2-8 所示。

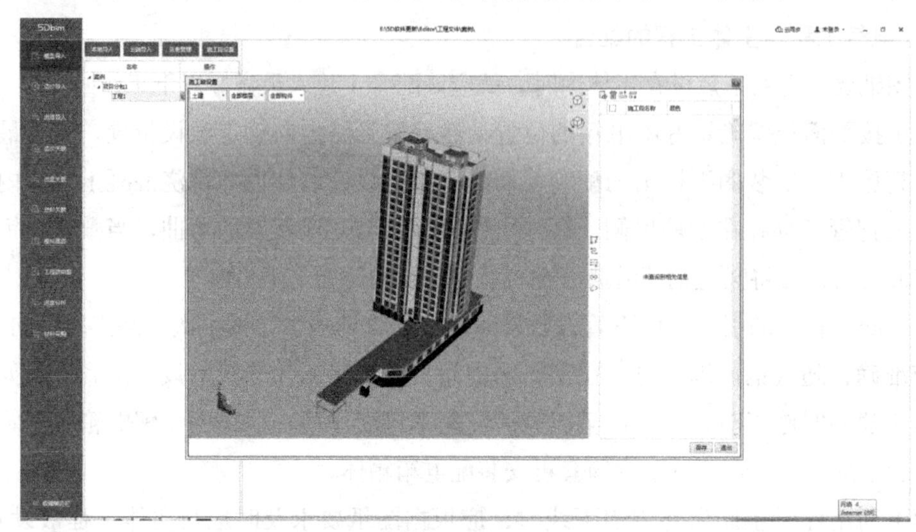

图 2-8　某施工段设置图

步骤 2：选择需要划分施工段的专业、楼层与构件，点击新建施工段，选中新建好的施工段，选择矩形绘制或者自由绘制施工段。对于绘制错误的施工段可以点击删除，然后重新绘制，如图 2-9 所示。

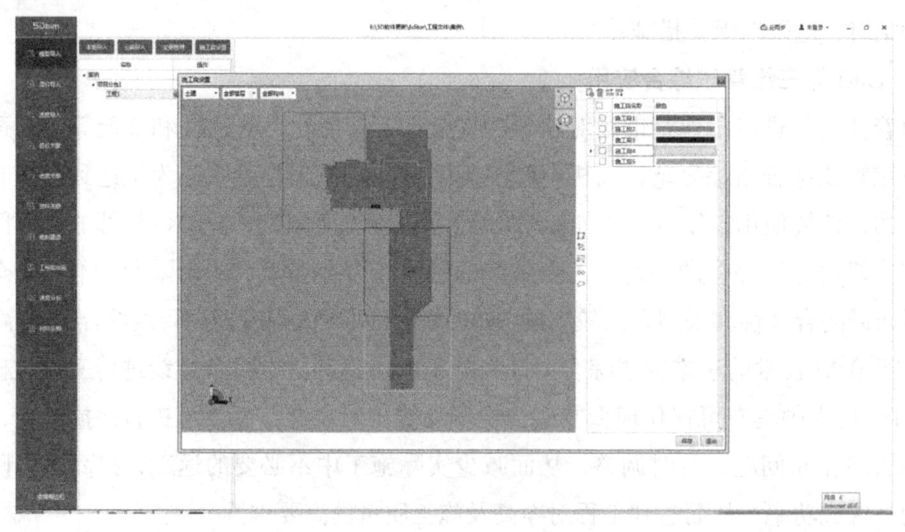

图 2-9　各专业施工段设置图

步骤 3：点击保存完成施工段绘制。

操作时注意点:

施工段的切分是按照新建的施工段顺序来进行的，对于柱等不可切分的构件会整体归入施工段顺序靠前的施工段。

关联命令是用于已经划分过施工段模型进行变更后，新增构件的施工段切分，首先手动选择构件，再选择需要关联的施工段，最后点击命令，完成施工段关联操作。手动选择相关的构件点击命令，可以取消构件与施工段的关联，取消关联的构件与未切分施工段的构件都会在未分区中显示。

2.5 施工部署实训

2.5.1 施工目标编制

1. 实训背景

进行工程项目管理时，必须充分考虑工程项目各施工目标之间的对立统一关系，注意统筹兼顾，合理确定进度、质量、安全、环境和成本等目标，防止发生盲目追求单一目标而冲击或干扰其他目标的现象。

调研学生所处附近一实际在建工程项目，了解在建工程项目设计图纸；招标文件及答疑纪要；国家和行业颁布的有关现行施工规范及标准；本企业编制的作业指导书和施工方法。工程施工目标应根据施工合同、招标文件以及本单位对工程管理目标的要求确定，包括进度、质量、安全、环境和成本等目标。

施工部署 - 施工目标编制

2. 训练目的

通过本次训练，使学生能够通过熟悉图纸，熟悉招标文件以及国家和行业颁布的有关现行施工规范及标准，并能熟知本企业的施工方法以及应对复杂环境处理措施。明确施工的进度、质量、安全、环境和成本等目标。

3. 训练任务

根据调研情况完成实际工程施工的进度、质量、安全、环境和成本等目标编制。

4. 训练成果

根据训练任务要求，完成施工的进度、质量、安全、环境和成本等目标的表格编制，见表 2-1。以电子版或打印稿形式，提交完成的成果。

合同各项目标 表 2-1

目标	具体目标内容
合同工期	
质量目标	
安全目标	
环境目标	
成本目标	
文明施工目标	
绿色施工目标	

2.5.2 BIM 施工流程

1. 实训背景

根据实训某工程的设计文件，现场提供工程施工条件以及存在的施工难度，施工按正常顺序即基础工程、主体结构、装饰工程、安装工程四个阶段。主体完成后各层装修、水、电工程可交叉施工。施工过程大致包括挖土方、±0.000 以上钢筋混凝土框架工程、钢筋混凝土、基础工程、回填土、框架内外墙砌筑工程、室内外抹灰、室内地坪、门扇安装、楼地面工程、屋面防水、门窗框安装、竣工验收。

2. 训练目的

通过本次训练，使学生能够了解本工程分为哪些施工段，每个施工段有哪些施工过程，每个施工过程的前后关系，对于施工管理工作有着非常重要的作用。

3. 训练任务

根据实训背景提到的施工过程，按实际的先后施工顺序用画流程图方式写出来。如图 2-10 施工顺序流程图所示，要求学生补齐后面的流程。

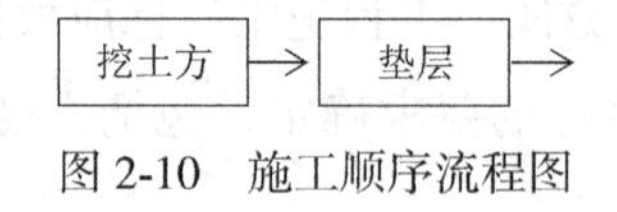

图 2-10　施工顺序流程图

4. 训练成果

根据训练任务要求，完成某工程施工流程的编写，以电子版或打印稿形式，提交完成的成果。

2.5.3 项目组织管理机构

1. 实训背景

通常项目经理接受本公司法人代表的委托，代表本公司承担所有合同要约，并授权处理合同未及事宜以及负责劳动力组织、工程进度计划编制和管理及材料机械设备的计划进场等相关工作。项目部设技术负责人负责工程技术、安全生产、质量管理等相关工作。根据项目部分工，建立项目部管理人员专人负责制，并通过专人负责逐级下延，直至施工班组。一般来讲工程项目管理组织机构包含项目管理项目经理、项目工程师以及各专业施工员、质检员、安全员、材料员、预算员等直接管理施工班组的材料、质量、安全、文明施工等。

施工部署 - 项目管理机构实训

项目常见组织结构形式包含有直线制组织结构、职能制组织结构、直线职能制组织结构、事业部制组织结构、矩阵制组织结构。

2. 训练目的

通过本次训练，使学生了解项目组织管理机构人员配比，熟悉项目机构人员职能，掌握项目组织管理机构形式。

3. 训练任务

根据实训背景项目组织管理机构中项目部人员情况，选择一种组织机构形式，并用流程图的形式画出来。

4. 训练成果

根据训练任务要求，完成项目组织管理机构流程图，以电子版或打印稿形式，提交完成的成果。

思考题与习题

1. 工程概况编制应包括哪几个方面？它们应具体描述哪些内容？能否举例说明？
2. 什么是施工部署？施工部署应解决哪些问题？
3. 施工部署中的进度安排和空间组织应符合哪些规定？
4. 简述施工准备工作流程。
5. 现场施工管理组织形式有哪些？它们的特点和适用范围如何？
6. 项目经理部的工作岗位有哪些？它们的岗位职责是什么？

3 施工方案

知识点：建筑施工流程及顺序、施工方法和施工机械选择、流水施工组织。

教学目标：通过施工方案的学习，使学生掌握建筑施工流程及顺序，掌握施工方法和施工机械选择，掌握建筑流水施工组织，编制出具有针对性的施工方案，便于更好地对施工活动进行控制。

施工方案的选择是单位工程施工组织设计的重要环节，是决定整个工程施工全局的关键。施工方案选择的科学与否，不仅影响到施工进度的安排和施工平面布置图的布置，而且将直接影响到工程的施工效率、施工质量、施工安全、工期和技术经济效果，因此必须引起足够的重视。为此必须在若干个初步方案的基础上进行认真分析比较，力求选择出施工上可行、技术上先进、经济上合理、安全上可靠的施工方案。

3.1 施工方案选择

【引例1】 施工方案是施工单位进行施工组织的纲领性技术文件，是工程施工阶段保证安全、质量、进度、职业健康与环境保护等满足合同要求、保障企业自身利益的管理文件。施工技术方案的编制应根据工程现场的实际情况，结合工程的特点，经充分的技术分析，进行特殊过程以及重点难点的识别，确定需要编制的施工技术方案。施工技术方案中选择的施工方法应具有先进性、可行性与经济性，并尽量选择那些经过试验、检验过的方法。

在选择施工方案时应着重研究以下四个方面的内容：确定施工起点流向，确定各分部分项工程施工顺序，确定流水施工组织，选择主要分部分项工程的施工方法和适用的施工机械。

3.1.1 确定施工起点流向

施工起点流向是指拟建工程在平面或竖向空间上施工开始的部位和开展的方向。这主要取决于生产需要，缩短工期、保证施工质量和确保施工安全等要求。一般来说，对单层建筑物，只要按其工段、跨间分区分段地确定平面上的施工起点流向；对多层、高层建筑物，除了确定每层平面上的施工起点流向外，还要确定其层间或单元竖向空间上的施工起点流向，如室内抹灰工程是采用水平向下、垂直向下，还是水平向上、垂直向上的施工起点流向。

确定施工起点流向，要涉及一系列施工过程的开展和进程，应考虑以下几个因素：

（1）生产工艺流程。生产工艺流程是确定施工起点流向的基本因素，也是关键因素。因此，从生产工艺上考虑，影响其他工段试车投产的工段应先施工。如B车间生产的产品受A车间生产的产品的影响，A车间分为三个施工段（AⅠ、AⅡ、AⅢ段），且AⅡ段的生产要受AⅠ段的约束，AⅢ段的生产要受AⅡ段的约束。故其施工起点流向应从A车间的工段开始，A车间施工完后，再进行B车间的施工，即AⅠ→AⅡ→AⅢ→B，如图3-1所示。

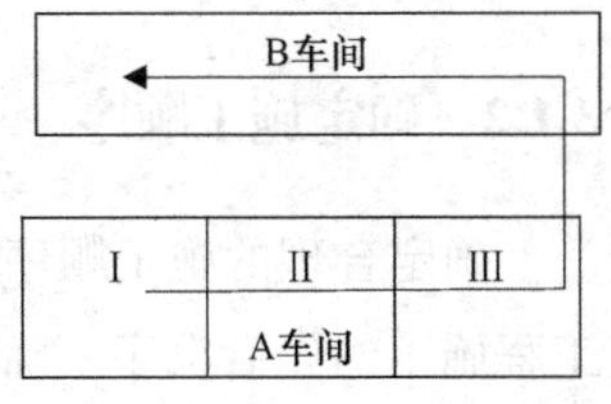

图3-1 施工起点流向示意图

（2）建设单位对生产和使用的需要。一般应考虑建设单位对生产和使用要求急的工段或部位先施工。如某职业技术学院项目建设的施工起点流向示意图如图3-2所示。

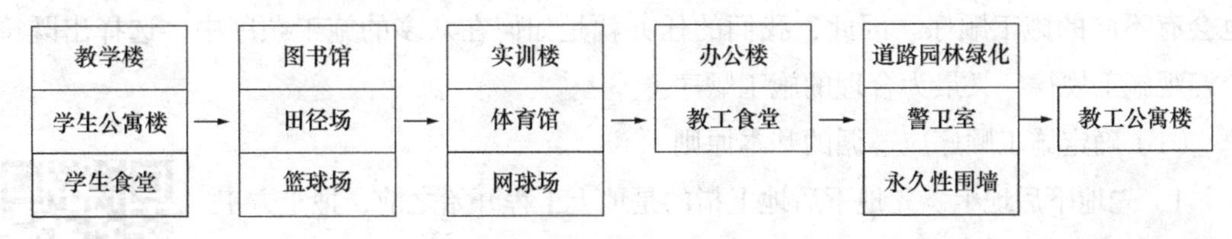

图3-2 施工起点流向示意图

确定施工起点流向

（3）施工的繁简程度。一般对工程规模大、建筑结构复杂、技术要求高、施工进度慢、工期长的工段或部位先施工。如高层现浇钢筋混凝土结构房屋，主楼部分应先施工，附房部分后施工。

（4）房屋高低层或高低跨。当有房屋高低层或高低跨并列时，应从高低层或高低跨并列处开始，如在高低跨并列的装配式钢筋混凝土单层工业厂房结构安装中，柱子的吊装应从高低跨并列处开始；屋面防水层施工应按先高后低方向施工，同一屋面则由檐口向屋脊方向施工；基础有深浅时，应按先深后浅的顺序进行施工。

（5）现场施工条件和施工方案。施工现场场地的大小，施工道路布置，施工方案所采用的施工方法和选用施工机械的不同，是确定施工起点流向的主要因素。如土方工程施工中，边开挖边外运余土，在保证施工质量的前提条件下，一般施工起点应确定在离道路远的部位，由远及近地展开施工；柱子吊装采用滑行法还是旋转法，决定了吊装机械的开行路线及结构吊装的施工流向；挖土机械可选用正铲、反铲、拉铲、抓铲挖土机等，这些挖土施工机械本身工作原理、开行路线、布置位置，便决定了土方工程施工的施工起点流向。

（6）分部工程特点及其相互关系。根据不同分部工程及其相关关系，施工起点流向在确定时也不尽相同。如基础工程由施工机械和施工方法决定其平面、竖向空间的施工起点流向；主体工程一般均采用自下而上的施工起点流向；装饰工程竖向空间的施工起点流向较复杂，室外装饰一般采用自上而下的施工起点流向，室内装饰可采用自上而下、自下向上或自中而下、再自上而中的施工起点流向，同一楼层中可采用楼地面→顶棚→墙面和顶棚→墙面→楼地面两种施工起点流向。

3.1.2 确定施工顺序

确定合理的施工顺序是选择施工方案必须考虑的主要问题。施工顺序是指分部分项工程施工的先后次序。确定施工顺序既是为了按照客观的施工规律组织施工和解决工种之间的合理搭接问题，也是编制施工进度计划的需要，在保证施工质量和确保施工安全的前提下，充分利用空间，争取时间，以达到缩短施工工期的目的。

在实际工程中施工中，施工顺序可以有多种。不仅不同类型建筑物的建造过程，有着不同的施工顺序;而且在同一类型的建筑物建造近程中，甚至同一幢房屋的建造过程中，也会有不同的施工顺序。因此，我们的任务就是如何在众多的施工顺序中，选择出既符合客观施工规律，又最为合理的施工顺序。

（1）确定施工顺序应遵循的基本原则

1）先地下后地上。先地下后地上指的是地上工程开始之前，把土方工程和基础工程全部完成或基本完成。从施工工艺的角度考虑，必须先地下后地上，地下工程施工时应做到先深后浅，以免对地上部分施工生产产生干扰，既给施工带来不便，又会造成浪费，影响施工质量和施工安全。

确定施工顺序的原则和要求

2）先主体后围护。先主体后围护指的是在多层及高层现浇钢筋混凝土结构房屋和装配式钢筋混凝土单层工业厂房施工中，先进行主体结构施工，后完成围护工程。同时，主体结构与围护工程在总的施工顺序上要合理搭接，一般来说，多层现浇钢筋混凝土结构房屋以少搭接为宜，而高层现浇钢筋混凝土结构房屋则应尽量搭接施工，以缩短施工工期；而在装配式钢筋混凝土单层工业厂房施工中，主体结构与围护工程一般不搭接。

3）先结构后装饰。先结构后装饰指的是先进行结构施工，后进行装饰施工，是针对一般情况而言，有时为了缩短施工工期，在保证施工质量和确保施工安全的前提条件下，也可以有部分合理的搭接。随着新的结构体系的涌现、建筑施工技术的发展和建筑工业化水平的提高，某些结构的构件就是结构与装饰同时在工厂中完成，如大板结构建筑。

4）先土建后设备。先土建后设备指的是在一般情况下，土建施工应先于水暖煤卫电等建筑设备的施工。但它们之间更多的是穿插配合关系，尤其在装饰施工阶段，要从保证施工质量、确保施工安全、降低施工成本的角度出发，正确处理好相应之间的配合关系。

以上原则可概括为“四先四后”原则，在特殊情况，并不是一成不变的，如在冬期施工之前，应尽可能完成土建和围护工程，以利于施工中的防寒和室内作业的开展，从而达到改善工人的劳动环境，缩短施工工期的目的；又如在一些重型工业厂房施工中，就可能要先进行设备的施工，后进行土建施工。因此，随着新的结构体系的涌现，建筑施工技术的发展、建筑工业化水平和建筑业企业经营管理水平的提高，以上原则也在进一步的发展完善之中。

（2）确定施工顺序应符合的基本要求

在确定施工顺序过程中，应遵守上述基本原则，还应符合以下基本要求：

1）必须符合施工工艺的要求。建筑物在建造过程中，各分部分项工程之间存在着一定的工艺顺序关系。这种顺序关系随着建筑物结构和构造的不同而变化，在确定施工顺序时，应注意分析建筑建造过程中各分部分项工程之间的工艺关系，施工顺序的确定不能违背工艺关系。如基础工程未做完，其上部结构就不能进行；土方工程完成后，才能进行垫层施工；墙体砌完后，才能进行抹灰施工；钢筋混凝土构件必须在支模、绑扎钢筋工作完成后，才能浇筑混凝土；现浇钢筋混凝土房屋施工中，主体结构全部完成或部分完成后，再做围护工程。

2）必须与施工方法协调一致。确定施工顺序，必须考虑选用的施工方法，施工方法不同施工顺序就可能不同。如在装配式钢筋混凝土单层工业厂房施工中，采用分件吊装法，则施工顺序是先吊柱、再吊梁，最后吊一个节间的屋架及屋面板等;采用综合吊装法，则施工顺序为第一个节间全部构件吊完后，再依次吊装下一个节间，直至全部吊完。

3）必须考虑施工组织的要求。工程施工可以采用不同的施工组织方式，确定施工顺序必须考虑施工组织的要求。如有地下室的高层建筑，其地下室地面工程可以安排在地下室顶板施工前进行，也可以安排在地下室顶板施工后进行。从施工组织方面考虑，前者施工较方便，上部空间宽敞，可以利用吊装机械直接将地面施工用的材料吊到地下室；而后者，地面材料运输和施工就比较困难。

4）必须考虑施工质量的要求。安排施工顺序时，要以能保证施工质量为前提条件，影响施工质量时，要重新安排施工顺序或采取必要技术组织措施。如屋面防水层施工，必须等找平层干燥后才能进行，否则将影响防水工程施工质量；室内装饰施工，做面层时须待中层干燥后才能进行；楼梯抹灰安排在上一层的装饰工程全部完成后进行。

5）必须考虑当地的气候条件。确定施工顺序，必须与当地的气候条件结合起来。如在雨期和冬期施工到来之前，应尽量先做基础、主体工程和室外工程，为室内施工创造条件；在冬期施工时，可先安装门窗玻璃，再做室内楼地面、顶棚、墙抹灰施工，这样安排施工有利于改善工人的劳动环境，有利于保证抹灰工程施工质量。

6）必须考虑安全施工的要求。确定施工顺序如要主体交叉、平行搭接施工时，必须考虑施工安全问题。如同一竖向上下空间层上进行不同的施工过程，一定要注意施工安全的要求；在多层砌体结构民用房屋主体结构施工时，只有完成二个楼层板的施工后，才允许底层进行其他施工过程的操作，同时要有其他必要的安全保证措施。

确定分部分项工程施工顺序必须符合以上六方面的基本要求，有时互相之间存在着矛盾，因此必须综合考虑，这样才能确定出科学、合理、经济、安全的施工顺序。

（3）多层砌体结构民用房屋的施工顺序

多层砌体结构民用房屋的施工，按照房屋结构各部位不同的施工特点，一般可分为基础工程、主体工程、屋面及装饰工程三个施工阶段。如某六层砌体结构房屋施工顺序，如图3-3所示。

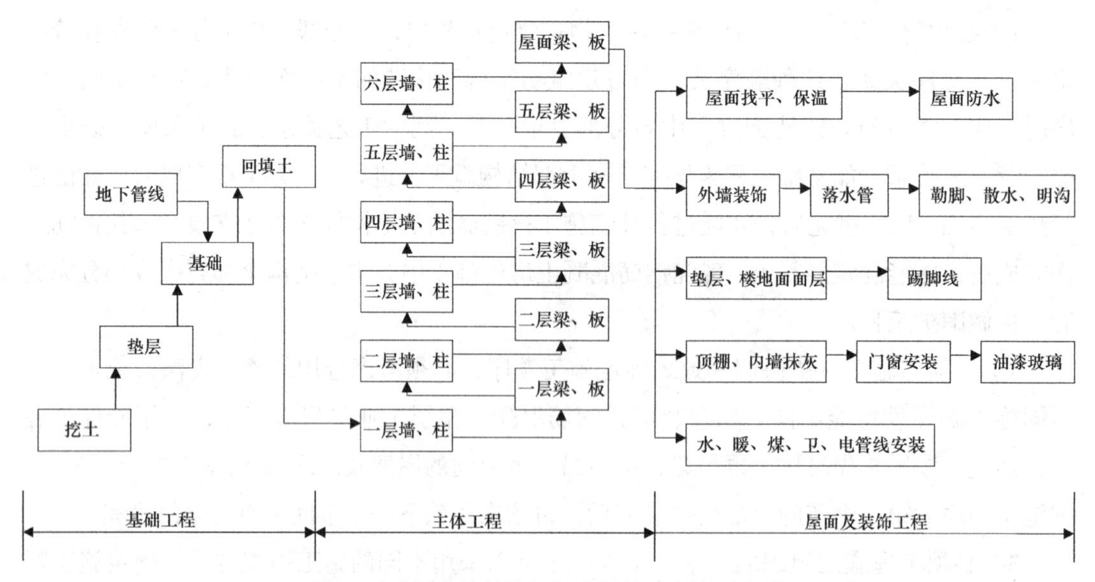

图3-3　多层砌体结构民用房屋施工顺序示意图

1）基础工程阶段施工顺序

基础工程是指室内地坪（±0.000）以下的所有工程。其施工顺序比较容易确定，钢筋混凝土基础工程的施工顺序一般是定位放线→施工预检→验灰线→挖土方→隐蔽工程检查验收（验槽）→浇筑混凝土垫层→养护→基础弹线→施工预检→绑扎钢筋→安装模板→施工预检、隐蔽工程检查验收（钢筋验收）→浇筑混凝土→养护拆模→隐蔽工程检查验收（基础工程验收）→回填土。具体内容视工程设计而定。如有地下障碍物：墓穴、枯井、人防工程、软弱地基，一定要先进行处理；如有桩基础工程，应先进行桩基础工程施工。

砌体结构民用房屋施工顺序

注意事项：

在基础工程施工阶段，挖土方与做垫层这两道工序，在施工安排上要紧凑，时间间隔不宜太长。在施工中，可以采取集中兵力，分段流水进行施工，以避免基槽（坑）土方开挖后，因垫层施工未及时进行，使基槽（坑）灌水或受冻害，从而使地基承载力下降，造成工程质量事故或引起劳动力、材料等资源浪费而增加施工成本。同时还应注意混凝土垫层施工后必须留有一定的技术间歇时间，使之具有一定的强度后，再进行下道工序的施工。

各种管沟的挖土、砌筑、铺设等施工过程，应尽可能与基础工程施工配合，采取平行搭接施工。

回填土一般在基础完工后一次性分层、对称夯填，以避免基础受到浸泡并为后续工序施工创造条件。当回填土工程量较大且工期较紧张时，也可以将回填土分段施工并与主体结构工程搭接进行，±0.000 以下室内回填土可安排在室内装饰施工前进行。

2）主体工程阶段施工顺序

主体工程是指基础工程以上，屋面板以下的所有工程。主体工程施工过程主要包括：安装起重垂直运输机械设备，搭设脚手架，墙体砌筑，现浇柱、梁、板、雨篷、阳台、沿沟、楼梯等施工内容。

主体工程施工阶段施工顺序一般为：弹线→施工预检→绑扎构造柱钢筋→隐蔽工程检查验收（构造柱钢筋验收）→砌墙→安装构造柱模板→浇筑构造柱混凝土→安装梁、板、楼梯模板→施工预检→绑扎梁、板、楼梯钢筋→隐蔽工程检查验收（梁、板、楼梯钢筋验收）→浇筑梁、板、楼梯混凝土→养护拆模。

注意事项：

主体工程施工阶段，砌墙和现浇楼板是主导施工过程。两者在各楼层中交替进行，应注意使它们在施工中保持均衡、连续、有节奏地进行。并以它们为主组织流水施工，根据每个施工段的砌墙和现浇楼板工程确定流水节拍大小。其他施工过程则应配合砌墙和现浇楼板组织流水施工，搭接进行施工。

脚手架搭设应配合砌墙和现浇楼板逐段逐层进行。

其他现浇钢筋混凝土构件的支模、绑扎钢筋安排在墙体砌筑的最后一步插入，并要及时做好模板、钢筋的加工制作工作，以免影响后续工作的按期进行。

3）屋面工程阶段施工顺序

层面及装饰工程是指屋面板完成以后的所有工作。这一施工阶段的施工特点是：施工内容多、繁、杂；有的工程量大而集中，有的工程量小而分散；劳动消耗大，手工操作多，工期较长。因此，妥善安排屋面及装饰工程的施工顺序，组织主体交叉流水作业，对加快施工进度、保证施工质量、确保施工安全有着特别重要的意义。

屋面工程的施工，应根据屋面工程设计要求逐层进行。

柔性屋面按照找平层→隔汽层→保温层→找平层→柔性防水层→保护层的顺序依次进行。

刚性屋面按照找平层→保温层→找平层→隔离层→刚性防水层→隔热层的顺序依次进行。

为保证屋面工程施工质量，防止屋面渗漏，一般情况下不划分施工段，可以和装饰工程搭接施工，要精心施工，精心管理。

4）装饰工程阶段施工顺序

装饰工程包括两部分施工内容：一是室外装饰，包括外墙抹灰、勒脚、散水、台阶、明沟、水落管等施工内容；二是室内装饰，包括顶棚、墙面、地面、踢脚线、楼梯、门窗、五金、油漆、玻璃等施工内容。其中内外墙及楼地面抹灰是整个装饰工程施工的主导施工过程，因此要着重解决抹灰的空间施工顺序。

根据装饰工程施工质量、施工工期、施工安全的要求，以及施工条件，其施工顺序一般有以下几种：

室外装饰工程施工一般采用自上而下的施工顺序，是指屋面工程全部完工后，室外抹灰从顶层往底层依次逐层向下进行。其施工流向一般为水平向下，如图 3-4 所示。采用这种顺序的优点是：可以使房屋在主体结构完成后，有足够的沉降期，从而可以保证装饰工程施工质量；便于脚手架的及时拆除，加速周转材料的及时周转，降低了施工成本，提高了经济效益；可以确保安全施工。

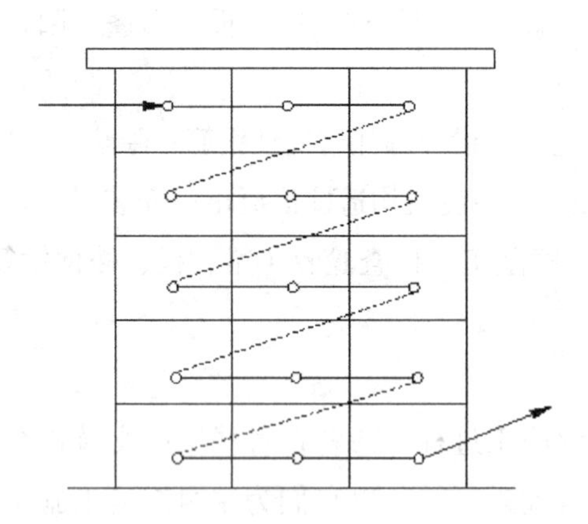

图 3-4 室外装饰自上而下施工顺序（水平向下）

室内装饰工程施工一般有自上而下、自下而上两种施工顺序。

室内装饰工程自上而下的施工顺序是指主体结构工程及屋面工程防水层完工后，室内抹灰从顶层往底层依次逐层向下进行。其施工流向又可分为水平向下和垂直向下两种，通常采用水平向下的施工流向，如图 3-5 所示。采用自上而下施工顺序的优点是：主体结构完成后，有足够的沉降期，沉降变化趋于稳定，屋面工程及室内装饰工程施工质量得到了保证，可以减少或避免各工种操作相互交叉，便于组织施工，有利于施工安全，而且楼层清理也比较方便。其缺点是：不能与主体结构工程及屋面工程施工搭接，因而施工工期相应较长。

室内装饰工程自下而上的施工顺序是指主体结构工程施工三层以上时（有二个层面楼板，以确保施工安全），室内抹灰从底层开始逐层向上进行，一般与主体结构工程平行搭接施工。其施工流向又可分为水平向上和垂直向上两种，通常采用水平向上的施工流向，如图 3-6 所示。采用自下而上施工顺序的优点是：可以与主体结构工程平行搭接施工，交叉进行，故施工工期相应较短。其缺点是：施工中工种操作互相交叉，要采取必要的安全措施；交叉施工的工序多，人员多，材料供应紧张，施工机具负担重，现场施工组织和管理比较复杂；施工时主体结构工程未完成，没有足够的沉降期，必须采取必要的保证施工质量措施，否则会影响室内装饰工程施工质量。因此，只有当工期紧迫时，室内装饰工程施工才考虑采取自下而上的施工顺序。

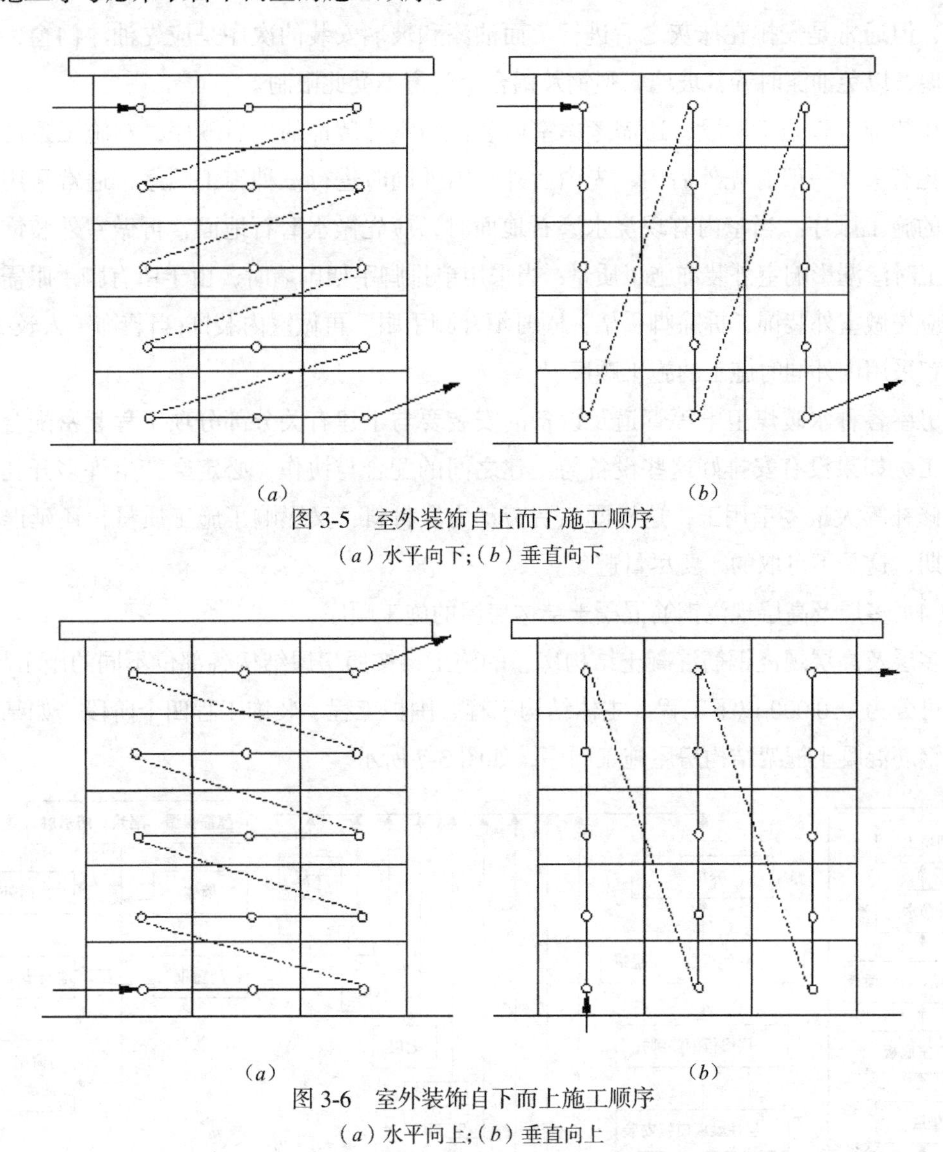

图 3-5 室外装饰自上而下施工顺序

(a) 水平向下; (b) 垂直向下

图 3-6 室外装饰自下而上施工顺序

(a) 水平向上; (b) 垂直向上

室内装饰工程施工在同一层内顶棚、墙面、楼地面之间的施工顺序一般有两种：楼地面→顶棚→墙面，顶棚→墙面→楼地面。这两种施工顺序各有利弊，前者便于清理地面基层，地面施工质量易保证，而且便于收集墙面和顶棚的落地灰，从而节约材料，降低施工成本；但为了保证地面成品质量，必须采用一系列的保护措施，地面做好后要有一定的技术间歇时间，否则后道工序不能及时进行，故工期较长。后者则地面施工前必须将顶棚及墙面的落地灰清扫干净，否则会影响面层与基层之间的粘结，引起地面起壳，而且影响地面施工用水的渗漏可能影响下层顶棚、墙面的抹灰施工质量。底层地面通常在各层顶棚、墙面、地面做好后最后进行。楼梯间和楼梯踏步装饰，由于施工期间易受损坏，为了保证装饰工程施工质量，楼梯间和楼梯踏步装饰往往安排在其他室内装饰完工后，自上而下统一进行。门窗的安装可在抹灰之前或之后进行，主要视气候和施工条件而定，但通常是安排在抹灰之后进行。而油漆和玻璃安装的次序是应先油漆门窗，后安装玻璃，以免油漆时弄脏玻璃，塑钢及铝合金门窗不受此限制。

在装饰工程施工阶段，还需考虑室内装饰与室外装饰的先后顺序，与施工条件和气候变化有关。一般有先外后内，先内后外，内外同时进行三种施工顺序，通常采用先外后内的施工顺序。当室内有现浇水磨石地面时，应先做水磨石地面，再做室外装饰，以免施工时渗漏影响室外装饰施工质量；当采用单排脚手架砌墙时，由于留有脚手眼需要填补，应先做室外装饰，拆除脚手架，同时填补脚手眼，再做室内装饰;当装饰工人较少时，则不宜采用内外同时施工的施工顺序。

房屋各种水暖煤卫电等管道及设备的安装要与土建有关分部分项工程紧密配合，交叉施工。如果没有安排好这些设备与土建之间的配合与协作，必定会产生许多开孔、返工、修补等大量零星用工，这样既浪费劳动力、材料，又影响了施工质量，还延误了施工工期，这是不可取的，要尽量避免。

（4）多层及高层现浇钢筋混凝土结构房屋的施工顺序。

多层及高层现浇钢筋混凝土结构房屋的施工，按照房屋结构各部位不同的施工特点，一般可分为 ±0.000 以下工程、主体结构工程、围护工程、装饰工程四个阶段。如某十层现浇钢筋混凝土框架结构房屋施工顺序，如图 3-7 所示。

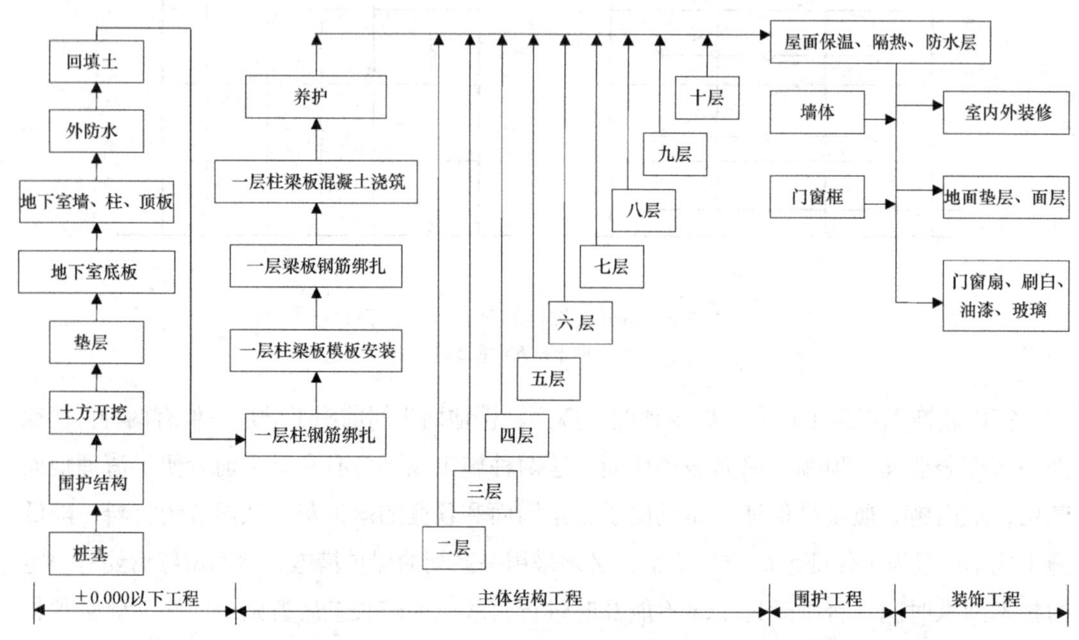

图 3-7　某十层现浇钢筋混凝土框架结构房屋施工顺序示意图

（地下室一层、桩基础、主体二～十层的施工顺序同一层）

1）±0.000 以下工程施工顺序。多层及高层现浇钢筋混凝土结构房屋的基础一般分为无地下室和有地下室基础工程，具体内容视工程设计而定。

当无地下室，且房屋建在坚硬地基上时（不打桩），其 ±0.000 以下工程阶段施工的施工顺序一般为：定位放线→施工预检→验灰线→挖土方→隐蔽工程检查验收（验槽）→浇筑混凝土垫层→养护→基础弹线→施工预检→绑扎钢筋→安装模板→施工预检、隐蔽工程检查验收（钢筋验收）→浇筑混凝土→养护拆模→隐蔽工程检查验收（基础工程验收）→回填土。

当无地下室，且房屋建在软弱地基上时（需打桩），其 ±0.000 以下工程阶段施工的施工顺序一般为：定位放线→施工预检→验灰线→打桩→挖土方→试桩及桩基检测→凿桩或接桩→隐蔽工程检查验收（验槽）→浇筑混凝土垫层→养护→基础弹线→施工预检→绑扎钢筋→安装模板→施工预检、隐蔽工程检查验收（钢筋验收）→浇筑混凝土→养护拆模→隐蔽工程检查验收（基础工程验收）→回填土。

当有地下室一层，且房屋建在坚硬地基上时（不打桩），采用复合土钉墙支护技术，其 ±0.000 以下工程阶段施工的施工顺序一般为：定位放线→施工预检→验灰线→挖土方、基坑围护→隐蔽工程检查验收（验槽）→地下室基础承台、基础梁、电梯基坑定位放线→施工预检→地下室基础承台、基础梁、电梯基坑挖土方及砖胎膜→浇筑混凝土垫层→养护→弹线→施工预检→绑扎地下室基础承台、基础梁、电梯井、底板钢筋及墙、柱钢筋→安装地下室墙模板至施工缝处→施工预检、隐蔽工程检查验收（钢筋验收）→浇筑地下室基础承台、基础梁、电梯井、底板、墙（至施工缝处）混凝土→养护→安装地下室楼梯模板→施工预检→绑扎地下室墙（包括电梯井）、柱、楼梯钢筋→隐蔽工程检查验收（钢筋验收）→安装地下室墙（包括电梯井）、柱、梁、顶板模板→施工预检→绑扎地下室梁、顶板钢筋→隐蔽工程检查验收（钢筋验收）→浇筑地下室墙（包括电梯井）、柱、楼梯、梁、顶板混凝土→养护拆模→地下室结构工程中间验收→防水处理→回填土。

当有地下室一层，且房屋建在软弱地基上时（需打桩），其基础工程阶段施工的施工顺序一般为：定位放线→施工预检→验灰线→打桩→挖土方、基坑围护→试桩及桩基检测→凿桩或接桩→隐蔽工程检查验收（验槽）→浇筑地下室基础承台、基础梁的混凝土垫层→养护→弹线→施工预检→砌筑地下室基础承台、基础梁砖胎模→浇筑地下室底板混凝土垫层→养护→弹线→施工预检→绑扎地下室基础承台、基础梁、底板钢筋及墙、柱插筋→安装地下室墙模板至施工缝处→施工预检、隐蔽工程检查验收（钢筋验收）→浇筑地下室承台、基础梁、底板、墙（至施工缝处）混凝土→养护→安装地下室楼梯支模板→施工预检→绑扎地下室墙、柱、楼梯钢筋→隐蔽工程检查验收（钢筋验收）→安装地下室墙、柱、梁、顶板模板→施工预检→绑扎地下室梁、顶板钢筋→隐蔽工程检查验收（钢筋验收）→浇筑地下室墙、柱、楼梯、梁、顶板混凝土→养护拆模→地下室结构工程中间验收→防水处理→回填土。

高层框架结构房屋施工顺序

以上例举的施工顺序只是多层及高层现浇钢筋混凝土结构房屋基础工程施工阶段施工顺序的一般情况，具体内容视工程设计而定，施工条件发生变化时，其施工顺序应作相应的调整。如当受施工条件的限制，基坑土方开挖无法放坡，则基坑围护应在土方开挖前完成。基础工程施工前，与砌体结构民用房屋一样，也要处理好地基，挖土方与做混凝土垫层这两道工序要紧密配合，混凝土垫层施工后必须留有一定的技术间歇时间，还要加强对钢筋混凝土结构的养护，按规定强度要求拆模，并及时进行回填土，为上部结构施工创造条件。

2）主体结构工程阶段施工顺序

主体结构工程阶段的施工主要包括：安装塔吊、人货梯起重垂直运输机械设备，搭设脚手架，现浇柱、墙、梁、板、雨篷、阳台、沿沟、楼梯等施工内容。

主体结构工程阶段施工顺序一般有两种：①弹线→施工预检→绑扎柱、墙钢筋→隐蔽工程检查验收（钢筋验收）→安装柱、墙、梁、板、楼梯模板→施工预检→绑扎梁、板、楼梯钢筋→隐蔽工程检查验收（钢筋验收）→浇筑柱、墙、梁、板、楼梯混凝土→养护→进入上一结构层施工；②弹线→施工预检→安装楼梯模板，绑扎柱、墙、楼梯钢筋→隐蔽工程检查验收（钢筋验收）→安装柱、墙模板→施工预检→浇筑柱、墙、楼梯混凝土→养护→安装梁、板模板→施工预检→绑扎梁、板钢筋→隐蔽工程检查验收（钢筋验收）→浇筑梁、板混凝土→养护→进入上一结构层施工。目前施工中大多采用商品混凝土，为便于组织施工，一般采用第一种施工顺序。

主体结构工程阶段主要是安装模板、绑扎钢筋、浇筑混凝土三大施工过程，它们的工程量大、消耗的材料和劳动量也大，对施工质量和施工进度起着决定性作用。因此在平面上和竖向空间上均应分施工段及施工层，以便有效地组织流水施工。此外，还应注意塔式起重机、人货梯起重垂直运输机械设备的安装和脚手架的搭设，还要加强对钢筋混凝土结构的养护，按规定强度要求拆模。

3）围护工程阶段施工顺序

围护工程阶段施工主要包括墙体砌筑、门窗框安装和屋面工程等施工内容。不同的施工内容，可根据机械设备、材料、劳动力安排、工期要求等情况来组织平行、搭接、立体交叉施工。墙体工程包括内、外墙的砌筑等分项工程，可安排在主体结构工程完成后进行，也可安排在待主体结构工程施工到一定层数后进行；门窗工程与墙体砌筑要紧密配合；屋面工程与墙体工程也应紧密配合，如主体结构工程结束后，屋面保温层，找平层和墙体工程同时进行，待外墙砌筑到顶后，再做屋面防水层；墙体工程砌筑完成后要按计划进行结构工程中间验收。

屋面工程的施工顺序与砌体结构民用房屋面工程的施工顺序相同。

4）装饰工程阶段施工顺序

装饰工程阶段施工包括两部分内容：一是室外装饰，包括外墙抹灰、勒脚、散水、台阶、明沟、水落管等施工内容；二是室内装饰，包括顶棚、墙面、楼面、地面、踢脚线、楼梯、门窗、五金、油漆、玻璃等施工内容。其中内、外墙及楼、地面抹灰是整个装饰工程施工的主导施工过程，因此要着重解决抹灰工作的空间施工顺序。

室外装饰工程施工一般采用自上而下的施工顺序。室内装饰工程施工一般可采用自上而下、自下而上、自中而下再自上而中三种施工顺序，其中自中而下再自上而中的施工顺序，一般适用于高层及超高层建筑的装饰工程，这种施工顺序采用了自上而下，自下而上这两种施工顺序的优点。

此外，房屋各种水暖煤卫电等管道及设备的安装要与土建有关分部分项工程紧密配合，交叉施工。

（5）装配式钢筋混凝土单层工业厂房施工顺序。

装配式钢筋混凝土单层工业厂房施工中，有的工程规模较大，生产工艺要求较复杂，厂房按生产工艺要求分区分工段划分为多跨时，这种装配式钢筋混凝土单层工业厂房的施工顺序确定，不仅要考虑建筑施工及施工组织的要求，而且还要研究生产工艺的要求，一般要先施工先生产的工段，从而先交付生产使用，尽早能发挥基本建设投资的经济效益，这是组织施工应遵循的基本原则之一。所以工程规模大、生产工艺要求复杂的装配式钢筋混凝土单层工业厂房的施工，要分期分批进行，分期分批交付生产使用，这是确定其施工顺序的总要求。

装配式钢筋混凝土单层工业厂房施工，按照厂房结构各部位不同的施工特点，一般可分为基础工程、预制工程、结构安装工程、围护工程和装饰工程五个施工阶段。装配式钢筋混凝土单层工业厂房顺序，如图 3-8 所示。

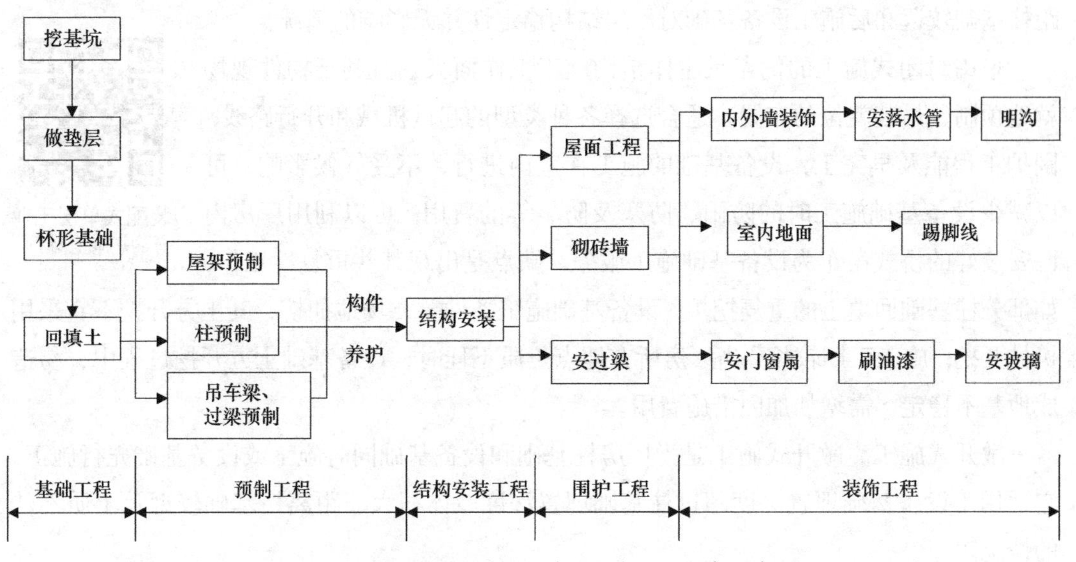

图 3-8　装配式钢筋混凝土单层厂房施工顺序示意图

一般中小型装配钢筋混凝土单层工业厂房，其各个施工阶段的施工顺序是：

1）基础工程阶段施工顺序

装配式钢筋混凝土单层工业厂房的柱基础一般为现浇钢筋混凝土独立的杯形基础，具体内容视工程设计而定。

当厂房建在坚硬地基上时（不打桩），其基础工程阶段施工的施工顺序一般为：定位放线→施工预检→验灰线→挖土方→隐蔽工程检查验收（验槽）→浇筑混凝土垫层→养护→基础弹线→施工预检→绑扎钢筋→安装模板→施工预检、隐蔽工程检查验收（钢筋验收）→浇筑混凝土→养护拆模→隐蔽工程检查验收（基础工程验收）→回填土。

当厂房建在软弱地基上时（需打桩），其基础工程阶段施工的施工顺序一般为：定位放线→施工预检→验灰线→打桩→挖土方→试桩及桩基检测→凿桩或接桩→隐蔽工程检查验收（验槽）→浇筑混凝土垫层→养护→基础弹线→施工预检→绑扎钢筋→安装模板→施工预检、隐蔽工程检查验收（钢筋验收）→浇筑混凝土→养护拆模→隐蔽工程检查验收（基础工程验收）→回填土。

装配式钢筋混凝土单层工业厂房往往都有设备基础，特别是重型工业厂房，其设备基础埋置深、体积大、施工工期长和施工条件差，比一般柱基础的施工要困难和复杂得多。还应由于设备基础施工顺序不同，往往会影响到上部主体结构构件的安装方法、设备安装及投入生产使用的时间。因此对设备基础的施工必须引起足够的重视。设备基础施工，视其埋置深浅、体积大小、位置关系和施工条件，通常有两种施工方案：封闭式施工和敞开式施工。

封闭式施工。封闭式施工是指厂房柱基础首先施工，其次进行主体结构施工，最后进行设备基础施工。它适用于设备基础埋置深度不超过厂房柱基础埋置深度、体积小、距柱基础较远和后施工设备基础对厂房结构稳定性并无影响的情况。

采用封闭式施工的优点是主体结构施工工作面大，有利于构件现场就地预制、吊装就位的布置，适合选择各种类型的起重机械和开行路线；围护工程能及早完工，设备基础的施工在室内进行，不受气候影响，可以减少设备基础施工时的防雨、防寒及防暑等的费用；可以利用厂房内已安装好的桥式吊车为设备基础施工服务。缺点是出现某些重复性工作，如部分柱基础回填土的重复挖填；设备基础施工条件差，场地拥挤，其土方开挖不宜采用机械开挖；施工工期较长；当厂房所在地点土质不佳时，设备基础土方开挖过程中，易造成地基不稳定，需增加加固措施费用。

装配式单层工业厂房施工顺序

敞开式施工。敞开式施工是指厂房柱基础和设备基础同时施工或设备基础先行施工。它适用于设备基础埋置深度超过柱基础埋置深度、体积大、距离柱基础较近及土质不佳的情况。

采用敞开式施工的优点可利用机械完成土方开挖、设备基础施工工作面大，为设备提前安装创造了条件，施工工期短。缺点是构件现场就地预制、吊装就位困难，给吊装机械开行带来不便；设备基础施工在露天进行，受气候影响，对已完成设备基础必须采取保护措施。

装配式钢筋混凝土单层工业厂房基础工程阶段施工的要求与现浇钢筋混凝土结构房屋基础工程阶段施工要求基本相同。

2）预制工程阶段施工顺序

装配式钢筋混凝土单层工业厂房的钢筋混凝土结构构件较多，一般包括柱、屋架、吊车梁、连系梁、基础梁、天窗架、屋面板、天沟及檐沟板、天窗端壁、支撑等构件。目前，装配式钢筋混凝土单层工业厂房构件的预制方式，一般情况下采用工厂预制和现场就地预制（拟建车间内部、外部）相结合的预制方式。通常对于重量大、运输不便的大型构件以及非标准的零星构件采用现场就地预制方式，如柱子、屋架、吊车梁、过梁等；对于中小型构件采用工厂预制方式。在具体确定构件预制方式时，应结合构件技术特征，当地加工厂的生产能力、工期要求以及现场施工、运输条件等因素进行技术经济综合分析之后确定。

预制构件开始制作的日期、制作的位置、流向和顺序，在很大程度上取决于工作面准备工作完成的情况和后续工程的要求。一般来说，只要基础回填土、场地平整完成一部分之后，且主体结构吊装方案已经确定，构件平面布置图已经绘出就可以进行制作。制作的流向与基础工程的施工流向一致。这样既能使构件制作早日开始，又能及早地交出工作面，为主体结构吊装工程尽早施工创造条件。它实际上是与选择吊装机械、吊装方案同时考虑的。

当采用分件吊装法时，预制构件的制作有三种方案：若场地狭窄而工期允许时，构件制作可分别进行，首先制作柱子和吊车梁，待柱子和吊车梁吊装完再进行屋架制作；若场地狭窄而工期要求又紧迫时，可首先将柱子和吊车梁在拟建车间平面内部就地预制，同时在拟建车间平面外进行屋架制作；若场地宽敞，亦可考虑在柱子、吊车梁制作完就进行屋架制作。当采用综合吊装法时，由于是整节间吊装，故预制构件应一次性制作完成，这时视场地具体情况确定预制构件是全部在拟建车间平面内部制作，还是一部分在拟建车间平面外制作。

预制构件制作的施工顺序应视工程设计内容而定。

非预应力构件制作的施工顺序是：弹线→施工预检→绑扎钢筋→预埋铁件→安装模板→施工预检、隐蔽工程检查验收（钢筋验收）→浇筑混凝土→养护拆模。

采用先张法施工，如屋面板等，其施工顺序是：弹线→施工预检→预应力筋检查张拉、锚固→预埋铁件→安装模板→施工预检、隐蔽工程检查验收（钢筋验收）→浇筑混凝土→养护拆模。

采用后张法施工，如屋架等，其施工顺序是：弹线→施工预检→绑扎钢筋→预埋铁件→安装模板→孔道留设→施工预检、隐蔽工程检查验收（钢筋验收）→浇筑混凝土→养护拆模→预应力筋的张拉、锚固→孔道灌浆。

3）结构安装工程阶段施工顺序

结构安装工程是整个装配式钢筋混凝土单层工业厂房施工中的主导施工过程。其内容依次为：柱子、基础梁、吊车梁、连系梁、屋架、天窗架、屋面板等构件的吊装、校正和固定。

构件开始吊装日期取决于吊装前准备工作完成的情况。吊装流向和顺序主要由后续工程对它的要求来决定。

当柱基杯口弹线和杯底标高抄平、构件的检查和弹线、构件的吊装验算和加固、构件混凝土强度已达到规定的吊装强度、吊装机械进场等准备工作完成之后，就可以开始吊装。

吊装流向通常应与构件制作的流向一致。但如果车间为多跨又有高低跨时，吊装流向应从高低跨柱列开始，以适应吊装工艺的要求。

吊装顺序取决于吊装方法。若采用分件吊装法时，其吊装顺序是：第一次开行吊装柱子，随后校正与固定；第二次开行吊装基础梁、吊车梁、连系梁；第三次开行吊装屋盖构件。有时也将第二次开行、第三次开行合并为一次开行。若采用综合吊装法时，其吊装顺序是：先吊装四～六根柱子，迅速校正和临时固定，再吊装基础梁、吊车梁、连系梁及屋盖等构件，如依次逐个节间吊装，直至整个厂房吊装完毕。

装配式钢筋混凝土单层工业厂房两端山墙往往设有抗风柱，其有两种吊装顺序：在吊装柱子的同时先吊装该跨一端之抗风柱，另一端抗风柱则待屋盖吊装完之后进行；全部抗风柱均待屋盖吊装完之后进行。

4）围护工程阶段施工顺序

围护工程阶段的施工主要包括：墙体砌筑、门窗框安装、脚手架搭设、现浇门框和雨篷、屋面工程等施工内容。

墙体砌筑一般在厂房结构安装工程完成后，或安装完一部分区段，已搭设垂直运输设备和墙体砌筑时所需脚手架后就可以开始进行，其施工顺序一般为：搭设垂直运输设备→搭设脚手架、墙体砌筑→现浇门框、雨篷等。门窗框安装与墙体砌筑配合进行。此时，不同的分项工程之间可组织立体交叉平行流水施工。

屋面工程施工在屋盖构件吊装完毕，垂直运输设备搭好后，就可安排施工，也可安排在墙体工程砌筑完成后进行。屋面工程施工顺序与砌体结构民用房屋面工程的施工顺序基本相同。

5）装饰工程阶段施工顺序

装饰工程阶段施工包括室外装饰和室内装饰两部分施工内容，两者可平行进行，并可与其他施工过程交叉穿插进行。室外装饰一般采用自上而下的施工顺序；室内装饰一般按屋面板底下→墙面→地面的顺序施工。

装配式钢筋混凝土单层工业厂房施工中，设备安装包括水暖煤卫电管道及设备和生产设备的安装。水暖煤卫电管道及设备安装要求与多层砌体结构民用房屋的水暖煤卫电管道及设备安装要求基本相同。而生产设备的安装，由于专业性强，技术要求高，一般均由专业公司安装，应遵照有关专业顺序进行。

上面所述多层砌体结构民用房屋、多层及高层现浇钢筋混凝土结构房屋、装配式钢筋混凝土单层工业厂房的施工顺序，仅适用于一般情况。建筑施工与组织管理既是一个复杂的过程，又是一个发展的过程。建筑结构、现场施工条件、技术水平、管理水平等不同，均会对施工过程和施工顺序的安排产生不同的影响。因此，针对每一个施工项目，必须根据其施工特点和具体情况，合理地确定其施工顺序。

3.1.3 施工方法和施工机械的选择

正确地选择施工方法和施工机械是制定施工方案的关键。施工项目各个分部分项工程的施工，均可选用各种不同的施工方法和施工机械，而每一种施工方法和施工机械又都有其各自的优缺点。因此，我们必须从先进、合理、经济、安全的角度出发，选择施工方法和施工机械，以达到保证施工质量，降低施工成本、确保施工安全、加快施工进度和提高劳动生产率的预期效果。

施工方法和施工机械的选择

（1）选择施工方法和施工机械的依据。施工项目施工中，施工方法和施工机械的选择主要应依据施工项目的建筑结构特点、工程量大小、施工工期长短、资源供应条件、现场施工条件、项目经理部的技术装备水平和管理水平等因素综合考虑来进行。

（2）选择施工方法和施工机械的基本要求。施工项目施工中，选择施工方法和施工机械应符合以下基本要求：

1）应考虑主要分部分项工程施工的要求

应从施工项目施工全局出发，着重考虑影响整个施工项目施工的主要分部分项工程的施工方法和施工机械的选择。而对于一般的、常见的、工人熟悉或工程量不大的及与施工全局和施工工期无多大影响的分部分项工程，可以不必详细选择，只要针对分部分项工程施工特点，提出若干应注意的问题和要求就可以了。

施工项目施工中，主要分部分项工程一般是指：工程量大，占施工工期长，在施工项目中占据重要地位的施工过程。如多层砌体结构民用房屋施工中的土方工程、砌筑工程、抹灰工程等；多层及高层钢筋混凝土结构房屋施工中的打桩工程、土方工程、地下室工程、主体工程、装饰工程等；装配式钢筋混凝土单层工业厂房施工中的现浇钢筋混凝土杯形基础工程、预制构件的生产、结构安装工程等。施工技术复杂或采用新技术、新工艺、新结构，对施工质量起关键作用的分部分项工程。如地下室的地下结构和防水施工过程，其施工质量的好坏对今后的使用将产生很大影响；整体预应力框架结构体系的工程，其框架和预应力施工对工程结构的稳定及其施工质量起关键作用。对项目经理部来说，某些特殊结构工程或不熟悉且缺乏施工经验的分部分项工程。如大跨度预应力悬索结构、薄壳结构、网架结构等。

2）应满足施工技术的要求

施工方法和施工机械的选择，必须满足施工技术的要求。如预应力张拉的方法、机械、锚具、预应力施加等必须满足工程设计、施工的技术要求；吊装机械类型、型号、数量的选择应满足构件吊装的技术和进度要求。

3）应符合提高工厂化、机械化程度的要求

施工项目施工，原则上应尽可能实现和提高工厂化施工方法和机械化施工程度。这是建筑施工发展的需要，也是保证施工质量、降低施工成本、确保施工安全、加快施工进度、提高劳动生产率和实现文明施工的有效措施。这里所说的工厂化，是指施工项目的各种钢筋混凝土构件、钢结构件、钢筋加工等应最大限度地实现工厂化制作，最大限度地减少现场作业。所说的机械化程度，不仅是指施工项目施工要提高机械化程度，还要充分发挥机械设备的效率，减少繁重的体力劳动操作，以求提高工效。

4）应符合先进、合理、可行、经济的要求

选择施工方法和施工机械，除要求先进、合理之外，还要考虑施工中是可行的，选择的机械设备是可以获得的，经济上是节约的。要进行分析比较，从施工技术水平和实际情况出发，选择先进、合理、可行、经济的施工方法和施工机械。

5）应满足质量、安全、成本、工期要求

所选择的施工方法和施工机械应尽量满足保证施工质量、确保施工安全、降低施工成本、缩短施工工期的要求。

（3）主要分部分项工程的施工方法和施工机械选择。分部分项工程的施工方法和施工机械选择的要点如下：

1）土方工程

计算土方开挖工程量，确定土方开挖方法，选择土方开挖所需机械的类型、型号和数量；

确定土方放坡坡度、工作面宽度或土壁支撑形式；

确定排除地面水、地下水的方法，选择所需机械的类型、型号和数量；

确定防止出现流砂现象的方法，选择所需机械的类型、型号和数量；

计算土方外运、回填工程量，确定填土压实方法，选择所需机械的类型、型号和数量。

2）基础工程

浅基础施工中，应确定垫层、基础的施工要求，选择所需机械的类型、型号和数量；

桩基础施工中，应确定预制桩的入土方法和灌注桩的施工方法，选择所需机械的类型、型号和数量；

地下室施工中，应根据防水要求，留置、处理施工缝，模板及支撑的要求。

3）砌筑工程

砌筑工程施工中，应确定砌体的组砌和砌筑方法及质量要求；

弹线、楼层标高控制和轴线引测；

确定脚手架所用材料与搭设要求及安全网的设置要求；

选择砌筑工程施工中所需机械的类型、型号和数量。

4）钢筋混凝土工程

确定模板类型及支模方法，进行模板支撑设计；

确定钢筋的加工，绑扎和连接方法，选择所需机械的类型、型号和数量；

确定混凝土的搅拌、运输、浇筑、振捣、养护方法，留置、处理施工缝，选择所需机械的类型、型号和数量；

确定预应力混凝土的施工方法，选择所需机械的类型、型号和数量。

5）结构安装工程

确定构件预制、运输及堆放要求，选择所需机械的类型、型号和数量；

确定构件安装方法，选择所需机械的类型、型号和数量。

6）层面工程

屋面工程中各层的做法及施工操作要求；

确定屋面工程施工中所用各种材料及运输方式；

选择屋面工程施工中所需机械的类型、型号和数量。

7）装饰工程

室内外装饰的做法及施工操作要求；

确定材料运输方式、施工工艺；

选择所需机械的类型、型号和数量。

8）现场垂直运输、水平运输

选择垂直运输机械的类型、型号和数量及水平运输方式；

选择塔吊的型号和数量；

确定起重垂直运输机械的位置或开行路线。

3.1.4 确定流水施工组织

任何一个施工项目的施工都是由若干个施工过程组成的，而每个施工过程可以组织一个或多个施工班组来进行施工。如何组织各施工班组的先后顺序或平行搭接施工，是组织施工中的一个基本问题。通常，组织施工时有依次施工、平行施工、流水施工三种方式。

依次施工是指将施工项目分解成若干个施工对象，按照一定的施工顺序，前一个施工对象完成后，去做后一个施工对象，直至把所有施工对象都完成为止的施工组织方式。依次施工是一种最基本、最原始的施工组织方式，它的特点是单位时间内投入的劳动力、材料、机械设备等资源量较少，有利于资源供应的组织工作，施工现场管理简单，便于组织安排；由于没有充分利用工作面去争取时间，所以施工工期长；各班组施工及材料供应无法保持连续和均衡，工人有窝工情况；不利于改进工人的操作方法和施工机具，不利于提高施工质量和劳动生产率。当工程规模较小，施工工作面又有限时，依次施工是适用的。

平行施工是指将施工项目分解成若干个施工对象，相同内容的施工对象同时开工、同时竣工的施工组织方式。平行施工的特点是由于充分利用工作面去争取时间，所以施工工期最短，单位时间内投入的劳动力、材料、机械设备等资源量较大，供应集中，所需的临时设施、仓库面积等也相应增加，施工现场管理复杂，组织安排困难；不利于改进工人的操作方法和施工机具，不利于提高施工质量和劳动生产率。当工程规模较大，施工工期要求紧，资源供应有保障，平行施工是适用、合理的。

确定施工组织方式

流水施工是指将施工项目分解成若干个施工对象，各个施工对象陆续开工、陆续竣工，使同一施工对象的施工班组保持连续、均衡施工，不同施工对象尽可能平行搭接施工的施工组织方式。流水施工的特点是科学地利用了工作面，争取了时间，施工工期较合理；单位时间内投入的劳动力、材料、机械设备等资源量较均衡，有利于资源供应的组织工作，实行了班组专业化施工，有利于提高专业水平和劳动生产率，也有利于提高施工质量；为文明施工和进行现场的科学管理创造了条件。因此流水施工是一种较科学、合理的施工组织方式。组织流水施工的条件是:划分施工过程，应根据施工进度计划的性质、施工方法与工程结构、劳动组织情况等进行划分；划分施工段，数目要合理，工程量应大致相等，要足够的工作面，要利于结构的整体性，要以主导施工过程为依据进行划分；每个施工过程组织独立的专业班组；主导施工过程必须连续、均衡地施工；不同施工过程尽可能组织平行搭接施工。

施工项目施工中，哪些内容应按依次施工来组织，哪些内容应按平行施工来组织，哪些内容应按流水施工来组织，是施工方案选择中必须考虑的问题。一般情况下，施工项目中包含多幢建筑物，资源供应有保障，应考虑按平行施工或流水施工方式来组织施工；施工项目中只包含一幢建筑物，这要根据其施工特点和具体情况来决定采用哪种施工组织方式施工。

下面以单幢建筑物为例，来叙述其施工的流水组织。

（1）多层砌体结构民用房屋施工的流水组织

1）基础工程施工阶段

多层砌体结构民用房屋基础工程施工中，应根据工程规模、工程量大小、资源供应情况等因素来确定施工组织方式。一般情况下不划分施工段，考虑按依次施工方式来组织施工；若工程规模、工程量大，资源供应有保障，设置了沉降缝、防震缝时，可以考虑按平行施工或流水施工方式来组织施工。

2）主体工程施工阶段

主体工程是砌体结构民用房屋的一个主要分部工程，其工程量大，占有施工工期长，所以一般情况下均应在水平方向上和竖向上划分施工段及施工层，考虑按流水施工方式来组织施工;若工程规模、工程量大，资源供应有保障，施工工期要求紧，设置了沉降缝、抗震缝、伸缩缝时，还可以考虑按平行施工方式来组织施工。

3）屋面及装饰工程施工阶段

屋面工程是一个有特殊要求的分部工程，为了保证屋面工程施工质量，一般情况下不划分施工段，考虑按依次施工方式来组织施工；若工程规模、工程量大，资源供应有保障，设置了沉降缝、抗震缝、伸缩缝时，可以考虑按平行施工或流水施工方式来组织施工。装饰工程施工内容多、工程量大、占用施工工期长，所以一般情况下均应在水平方向上和竖向上划分施工段及施工层，采用流水施工方式来组织施工；若工程规模、工程量大，资源供应有保障，施工工期要求紧，设置了沉降缝、抗震缝、伸缩缝时，还可以考虑按平行施工方式来组织施工。

（2）多层及高层现浇钢筋混凝土结构房屋施工的流水组织

1）±0.000以下工程施工阶段。

多层及高层现浇钢筋混凝土结构房屋±0.000以下工程施工中，应根据工程规模、工程量大小、资源供应情况等因素来确定施工组织方式。一般情况下，当无地下室时，不划分施工段，考虑按依次施工方式来组织施工；当有地下室时，要以安装模板、绑扎钢筋和浇筑混凝土三个施工过程为主采用流水施工组织方式来组织施工；若工程规模、工程量大，资源供应有保障，设置了沉降缝、防震缝时，还可以考虑按平行施工方式来组织施工。

2）主体结构工程施工阶段

主体工程是多层及高层现浇钢筋混凝土结构房屋的一个主要分部工程，其工程量大、占用施工工期长，所以一般情况下均应在水平方向上和竖向空间上划分施工段及施工层，采用流水施工方式来组织施工；但在水平方向上划分施工段时，要以安装模板、绑扎钢筋和浇筑混凝土三个施工过程为主，要严格遵守质量第一的原则，一般以沉降缝、抗震缝、伸缩缝处为施工段的界面，不允许设置施工缝的部位，决不可作为施工段的界面。若工程规模、工程量大，资源供应有保障，施工工期要求紧时，还可以考虑按平行施工方式来组织施工。

3）围护工程施工阶段

墙体砌筑、门窗框安装工程施工，一般应在水平方向上和竖向空间上划分施工段及施工层，采用流水施工方式来组织施工；若工程规模、工程量大，资源供应有保障，施工工期要求紧，还可以考虑按平行施工方式来组织施工。屋面工程施工的流水组织与多层砌体结构民用房屋的屋面工程流水组织相同。

4）装饰工程施工阶段

装饰工程施工的流水组织与多层砌体结构民用房屋的装饰工程流水组织相同。

（3）装配式钢筋混凝土单层工业厂房施工的流水组织

1）基础工程施工阶段

装配式钢筋混凝土单层工业厂房基础工程施工中，一般情况下，采用平行施工或流水施工方式来组织施工。

2）预制工程施工阶段

预制工程是装配式钢筋混凝土单层工业厂房的一个主要分部工程，一般情况下，应按照施工方案及现场预制构件平面布置图的要求，采用平行施工或流水施工方式来组织施工。

3）结构安装工程施工阶段

结构安装工程是装配式钢筋混凝土单层工业厂房的一个主要分部工程，对整个工程的施工质量、施工工期、施工安全的影响较大，是一个施工的关键阶段。由于其施工的特殊性，一般情况下，按依次施工方式来组织施工。

4）围护工程施工阶段

墙体砌筑、门窗框安装工程，一般情况下，采用平行施工或流水施工方式来组织施工。屋面工程施工的流水组织与多层砌体结构民用房屋的屋面工程流水组织相同。

5）装饰工程施工阶段

装饰工程施工流水组织与多层砌体结构民用房屋的装饰工程流水组织相同。

3.1.5 BIM 施工方案

通过 BIM 技术指导编制施工方案，可以直观的分析复杂工序，将复杂部位简单化、透明化，提前模拟方案编制后的现场施工状态，对现场可能存在的危险源、安全隐患、消防隐患等提前排查，对专项方案的施工工序进行合理排布，有利于方案的专项性、合理性。

以某工程为例，根据其具体工程内容可将施工方案进行模拟，具体情况如图 3-9 ～图 3-15 所示。

图 3-9　底板完成施工

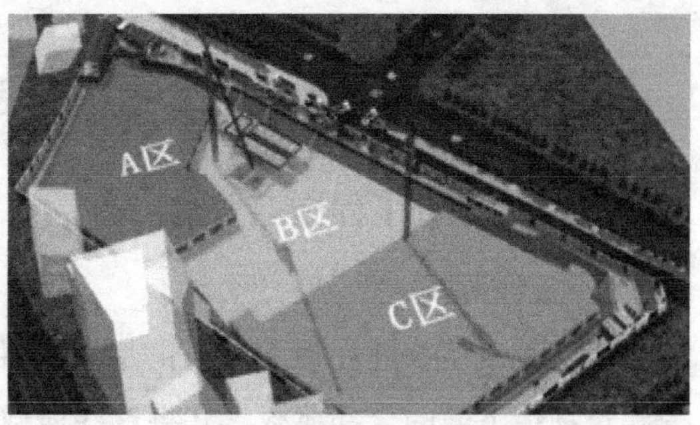

图 3-10　地下室结构完成

图 3-11　地下室结构

图 3-12　主体结构三层完成

图 3-13　主体结构封顶

图 3-14　幕墙施工

图 3-15　竣工验收

3.2 BIM 施工方案实训

3.2.1 BIM 基础工程施工方案实训

1. 实训背景

基础是建筑物埋在地面以下的承重构件，是建筑物的重要组成部分，它的作用是承受建筑物传下来的全部荷载，并将这些荷载连同自重传给下面的土层。基础工程是指采用工程措施，改变或改善基础的天然条件，使之符合设计要求的工程。基础形式主要有独立基础、条形基础、筏板基础、箱形基础、桩基础等，最常见的基础形式是桩基础。

基础工程施工主要包括土石方工程、桩基础工程、支护工程等。施工流程主要包括：定位放线→复核（包括轴线，坐标）→桩机（选型）就位→打桩→测桩→基槽开挖→破桩头→找平→浇筑混凝土垫层→轴线引设→承台模板及梁底模板安装→钢筋绑扎→承台侧模板及基础梁侧模板安装→基础模板、钢筋验收→浇筑基础混凝土→养护→基础砖砌筑→回填土。

2. 训练目的

通过本次训练，使学生能够了解基础工程的类型，掌握基础工程的施工工艺流程、施工机械、常见的质量问题及处理方法，技术组织保证措施。

3. 训练任务

根据给定的某施工项目的建筑施工图、结构施工图等有关资料，编制该施工项目的基础工程施工方案。主要内容包括：

若是浅基础工程施工，应确定垫层、基础的施工要求，选择所需机械的类型、型号和数量；

若是桩基础工程施工，应确定预制桩的入土方法和灌注桩的施工方法，选择所需机械的类型、型号和数量。

4. 训练成果

根据训练任务要求，完成基础工程施工方案的编写，并利用 BIM 三维施工策划软件模拟基础工程施工方案。

3.2.2 BIM 主体工程施工方案实训

1. 实训背景

主体结构是基于地基基础之上，接受、承担和传递建设工程所有上部荷载，维持上部结构整体性、稳定性和安全性的有机联系的系统体系，它和地基基础一起共同构成的建设工程完整的结构系统，是建设工程安全使用的基础，是建设工程结构安全、稳定、可靠的载体和重要组成部分。

主体结构按照结构形式主要分为：砖混结构、钢筋混凝土结构和钢结构。

主体结构工程主要包括梁，柱，剪力墙及楼面板、屋面梁及屋面板。

2. 训练目的

通过本次训练，使学生能够了解主体工程的类型，掌握主体工程的施工工艺流程、施工机械、常见的质量问题及处理方法，技术组织保证措施。

3. 训练任务

根据给定的某施工项目的建筑施工图、结构施工图等有关资料，编制该施工项目的主体工程施工方案。主要内容包括：

若是砌体工程，应确定砌体的组砌和砌筑方法及质量要求，弹线、楼层标高控制和轴线引测，确定脚手架所用材料与搭设要求及安全网的设置要求，选择砌筑工程施工中所需机械的类型、型号和数量。

若是钢筋混凝土工程，应确定模板类型及支模方法，进行模板支撑设计；确定钢筋的加工，绑扎和连接方法，选择所需机械的类型、型号和数量；确定混凝土的搅拌、运输、浇筑、振捣、养护方法，留置、处理施工缝，选择所需机械的类型、型号和数量；确定预应力混凝土的施工方法，选择所需机械的类型、型号和数量。

若是装配式结构工程，应确定构件预制、运输及堆放要求，选择所需机械的类型、型号和数量；确定构件安装方法，选择所需机械的类型、型号和数量。

4. 训练成果

根据训练任务要求，完成主体工程施工方案的编写，并利用BIM三维施工策划软件模拟主体工程施工方案。

3.2.3 BIM屋面工程施工方案实训

1. 实训背景

屋面又称屋顶，是屋盖系统的一个组成部分。屋盖是指房屋顶部与外界分隔的维护构造。起着保护房屋不受日晒、雨淋、风雪的侵入，并对房屋顶部起到保温、隔热作用。屋面工程是建筑工程的一个分部工程，是指屋盖面层的施工内容，它包括了屋面的防水工程和屋面的保温隔热工程。它由结构层以上的屋面找平层、隔汽层、保温隔热层、防水层、保护层或使用面层等结构层次所组成。其施工质量的优劣将直接关系到建筑物的使用寿命。

屋面按其形式可分为平屋面、坡屋面和异形屋面；按其使用功能可分为非上人屋面和上人屋面；按其保温隔热的功能可分为保温隔热屋面和非保温隔热屋面。

屋面防水工程根据所采用的防水材料不同材性可分为刚性防水屋面和柔性防水屋面。刚性防水屋面是指采用浇筑防水混凝土、涂抹防水砂浆或铺设烧结平瓦、水泥平瓦进行防水的屋面；柔性防水屋面是指采用铺设防水卷材、油毡瓦、涂刷防水涂料等进行防水的屋面。屋面依据其防水层所采用的防水材料材质不同，则又可分为刚性混凝土防水屋面、平瓦屋面、卷材防水屋面、涂膜防水屋面、油毡瓦防水屋面、金属板材防水屋面等。

屋面一般包含现浇楼面、水泥砂浆找平层、保温隔热层、防水层、水泥砂浆保护层、排水系统、女儿墙及避雷措施等，特殊工程时还有瓦面的施工（挂瓦条）。屋面工程的施工，根据防水层的不同可以分为刚性防水层和柔性防水层。柔性屋面按照找平层→隔汽层→保温层→找平层→柔性防水层→保护层的顺序依次进行。刚性屋面按照找平层→保温层→找平层→隔离层→刚性防水层→隔热层的顺序依次进行。

2. 训练目的

通过本次训练，使学生能够掌握屋面工程的施工工艺流程、施工机械、常见的质量问题及处理方法，技术组织保证措施。

3. 训练任务

根据给定的某施工项目的建筑施工图、结构施工图等有关资料，编制该施工项目的屋面工程施工方案。主要内容包括：

屋面工程中各层的做法及施工操作要求；确定屋面工程施工中所用各种材料及运输方式；选择屋面工程施工中所需机械的类型、型号和数量。

4. 训练成果

根据训练任务要求，完成屋面工程施工方案的编写。

3.2.4 BIM 装饰工程施工方案实训

1. 实训背景

装饰是为了要达到建筑装饰的艺术目的而具体地运用合适的材料，针对实际的墙、柱面、楼地面、顶棚、门窗和楼梯等部位进行饰面处理。装饰工程主要分为两部分施工内容：一是室外装饰，包括外墙抹灰、勒脚、散水、台阶、明沟、水落管等施工内容；二是室内装饰，包括顶棚、墙面、地面、踢脚线、楼梯、门窗、五金、油漆、玻璃等施工内容。

2. 训练目的

通过本次训练，使学生能够掌握装修工程的施工工艺流程、施工机械、常见的质量问题及处理方法，技术组织保证措施。

3. 训练任务

根据给定的某施工项目的建筑施工图、结构施工图等有关资料，编制该施工项目的装修工程施工方案。主要内容包括：

室内外装饰的做法及施工操作要求；确定材料运输方式、施工工艺；选择所需机械的类型、型号和数量。

4. 训练成果

根据训练任务要求，完成装修工程施工方案的编写，并利用BIM 5D软件模拟装修工程施工方案。

思考题与习题

1. 施工方案选择包括哪些内容？
2. 什么是施工起点流向？如何确定？
3. 确定施工顺序应遵循哪些原则？
4. 确定施工顺序应符合的基本要求有哪些？
5. 如何确定多层砌体结构民用房屋各阶段的施工顺序？
6. 如何确定现浇钢筋混凝土结构房屋各阶段的施工顺序？
7. 如何确定装配式钢筋混凝土单层工业厂房各阶段的施工顺序？
8. 选择施工方法和施工机械的基本要求有哪些？

4　施工进度计划

知识点：施工进度计划的基本概念；流水施工概念与特点、基本组织方法；网络计划技术的概念与分类、双代号与时标网络计划的编制、时间参数计算与计划优化；单位工程施工进度计划的编制方法与步骤。

教学目标：通过施工进度计划的学习，使学生了解施工进度计划基本概念与表达方式，熟悉组织施工的基本方式，掌握流水施工基本原理，掌握双代号网络计划原理，掌握单位工程施工进度计划编制方法与步骤，能够综合运用流水施工、网络计划技术编制单位工程施工进度计划。

BIM 在施工进度计划方面的应用

4.1　流水施工原理

【引例】 20 世纪初，美国人亨利·福特首先采用了流水线生产方法。在他的工厂内，专业化分工非常细，仅一个生产单元的工序竟然多达 7882 种，为了提高工人的劳动效率，福特反复试验，确定了一条装配线上所需要的工人，以及每道工序之间的距离，创造了流水线的生产方法，建立了传送带式的流水生产线。以汽车底盘的装配为例，采用了这种流水生产线后，每个汽车底盘的装配时间从 12 小时 28 分缩短到 1 小时 33 分。

在科学组织生产的前提下谋求生产的高效率和低成本，从而实现产品和工艺的标准化；设备和工具的专用化；工作场所的专业化，这是流水线生产方式的基本特征。

在建筑工程的施工过程中，流水线生产方式依然适用。大量的工程实践证明，采用移动流水线组织施工，可以有效提升施工效率、提高施工质量、强化施工的专业化与标准化，在工期、成本、质量上都有优越的表现。

流水施工是组织工程项目施工最有效的科学方法之一，它是建立在分工协作的基础上，充分地利用工作面和工作时间，提高劳动生产率，保证施工连续、均衡、有节奏地进行，从而达到提高工程质量、降低工程成本、缩短工期的效果。由于建筑产品和其生产的特点，流水施工的概念、特点和效果与其他产品的流水作业有所不同。

4.1.1　施工组织基本方式

任何施工项目的施工活动中都包含了劳动力的组织安排、施工机械机具的调配、材料构配件的供应等施工组织问题，在具备了劳动力、材料、机械等基本生产要素地条件下，如何组织各施工过程的施工班组是组织和完成施工任务的一项非常重要的工作，它将直接影响到工程的进度、资源和成本。由于施工班组的组织安排不同，便构成了不同的施工组织方式，即依次施工、平行施工、流水施工。

为了便于说明上述三种施工组织方式及其特点，现举例如下：

【例 4-1】 现设某住宅小区有三幢结构相同的建筑物，其编号分别为Ⅰ、Ⅱ、Ⅲ，各幢建筑物的基础工程均可分为挖土方、浇筑混凝土垫层、砌砖基础、回填土四个施工过程，每个施工过程安排一个施工班组，每天工作一班。其中，每幢建筑物的基础工程挖土方班组由 16 人组成，4 天完成；浇筑混凝土垫层班组由 16 人组成，2 天完成；砌砖基础班组由 20 人组成，2 天完成；回填土班组由 10 人组成，2 天完成。试按依次施工、平行施工、流水施工组织方式组织施工并画出劳动力动态曲线图。

1. 依次施工

依次施工也称顺序施工，是指将施工项目分解为若干个施工对象，按照一定的施工顺序，前一个施工对象完成后，再去完成后一个施工对象，直至将所有施工对象全部完成的组织方式。它是一种最基本、最原始的施工组织方式。

在例 4-1 中，如果采用依次施工组织方式，其进度计划如图 4-1、图 4-2 所示。

施工组织基本方式 - 依次施工

由图 4-1、图 4-2 可以看出，依次施工组织方式具有以下特点：

（1）没有充分地利用工作面进行施工，所以工期长。

（2）如果按专业成立工作班组，则各专业班组施工及机械材料供应无法保持连续和

施工过程	班组人数	施工进度计划（天）																				
		2	4	6	8	10	12	14	16	18	20	22	24	26	28	30	32	34	36	38	40	42
挖土方	16																					
混凝土垫层	16																					
砌砖基础	20																					
回填土	10																					

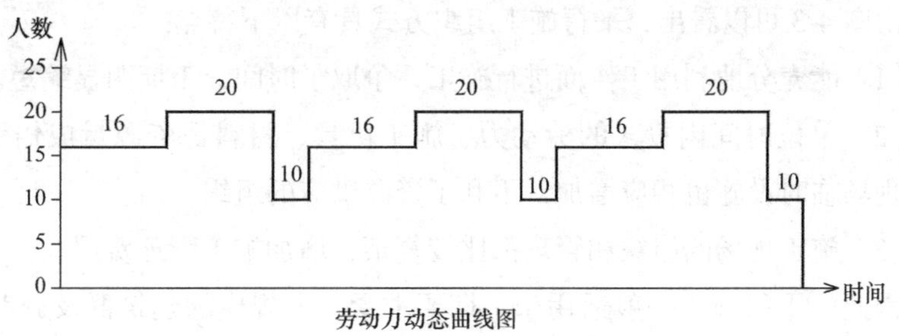

图 4-1 按幢（或施工段）组织依次施工

施工过程	班组人数	施工进度计划（天）																				
		2	4	6	8	10	12	14	16	18	20	22	24	26	28	30	32	34	36	38	40	42
挖土方	16																					
混凝土垫层	16																					
砌砖基础	20																					
回填土	10																					

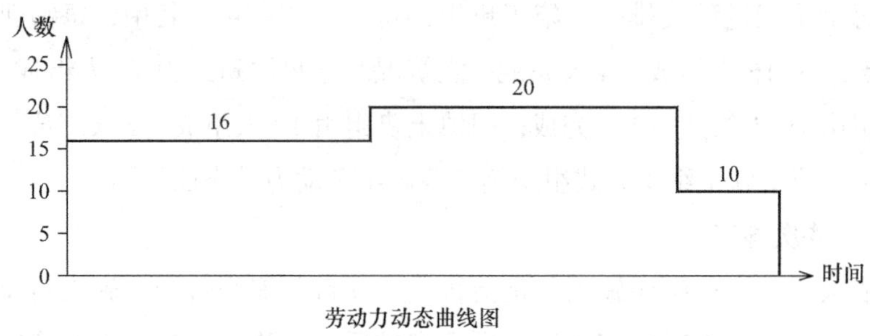

劳动力动态曲线图

图 4-2　按施工过程组织依次施工

均衡，工人有窝工现象。

（3）如果由一个施工班组完成全部施工任务，则不能实现专业化施工，不利于改进工人的操作方法和施工机具，不利于提高工程质量和劳动生产率。

（4）按施工过程依次施工时，各施工班组虽能连续施工，但不能充分利用工作面，工期长，且不能及时为上部结构提供工作面。

（5）单位时间内投入的劳动力、施工机具、材料等资源量较少，有利于资源供应的组织。

（6）施工现场的组织、管理较简单。

2. 平行施工

平行施工是指将施工项目分解为若干个施工对象，按照一定的施工顺序，相同内容的施工对象同时开工、同时完工的组织方式。

在例 4-1 中，如果采用平行施工组织方式，其进度计划如图 4-3 所示。

施工组织基本方式 - 平行施工

由图 4-3 可以看出，平行施工组织方式具有以下特点：

（1）能充分地利用工作面进行施工，争取了时间，工期明显缩短。

（2）单位时间内投入的劳动力、施工机具、材料等资源量成倍地增加，现场临时设施也相应增加，不利于资源供应的组织。

（3）施工现场的组织和管理都比较复杂，增加施工管理费用。

因此，平行施工一般适用于工期要求紧、大规模的建筑群及分期分批组织施工的工程任务。该施工组织方式只有在各方面的资源供应有保障的前提下，才可以顺利实施。

施工过程	施工班组数	班组人数	施工进度计划（天）						
			2	4	6	8	10	12	14
挖土方	3	16							
混凝土垫层	3	16							
砌砖基础	3	20							
回填土	3	10							

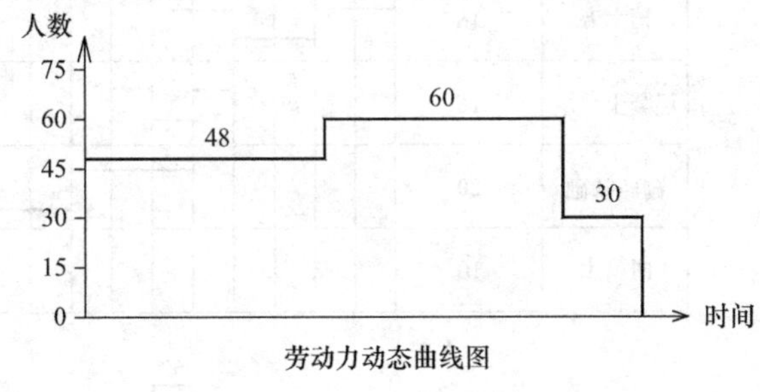

劳动力动态曲线图

图 4-3 平行施工

3. 流水施工

流水施工是指将施工项目分解为若干个施工对象，按照一定的施工顺序，施工对象陆续开工、陆续完工，使相同内容施工对象的施工班组尽量保持连续、均衡有节奏施工，不同内容施工对象的施工班组尽可能平行搭接的组织方式。

在例 4-1 中，如果采用流水施工组织方式，其进度计划如图 4-4 所示。

由图 4-4 可以看出，与依次施工、平行施工比较，流水施工组织方式具有以下特点：

（1）尽可能地利用工作面进行施工，争取了时间，工期比较短。

（2）各施工班组实现了专业化施工，有利于提高技术水平和劳动生产率，有利于提高工程质量。

（3）专业施工班组能够连续施工，同时使相邻专业班组的开工时间能够最大限度的、合理的搭接。

施工组织基本方式 - 流水施工

（4）单位时间内投入的劳动力、施工机具、材料等资源量较为均衡，有利于资源供应的组织。

（5）为文明施工和进行现场的科学管理创造了条件。

如果研究图 4-4 的流水施工组织，可以发现还没有充分地利用工作面。例如：第二个施工过程浇筑混凝土垫层，直到第二施工段挖土以后才开始第一段的垫层施工，浪费了前两段挖土完成后的工作面；同样，第四个施工过程回填土，待第三段砖基础开始后，才开始第一段的回填土，也浪费了前两段砖基础完成后的工作面。

因此，为了充分利用工作面，这三幢房屋基础工程施工的流水安排，可按图 4-5 所示进行。这样的安排，工期比图 4-4 所示流水施工减少了 4 天。其中，垫层施工班组虽然做间断安排（回填土施工班组不论间断或连续安排，对减少工期没有影响），但应当指出，在一个分部工程若干个施工过程的流水施工组织中，只要安排好主要的几个施工过程，即工程量大、作业持续时间较长者（本例为挖土方、砌砖基础），组织它们连续、均衡地施工；而非主要的施工过程，在有利于缩短工期的情况下，可安排其间断施工，这种组织方式仍认为是流水施工的组织方式。

施工过程	班组人数	施工进度计划（天）														
		2	4	6	8	10	12	14	16	18	20	22	24	26	28	30
挖土方	16															
混凝土垫层	16															
砌砖基础	20															
回填土	10															

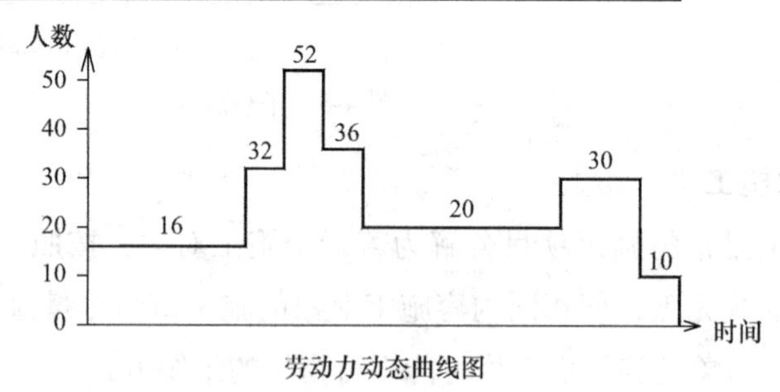

劳动力动态曲线图

图 4-4　流水施工（全部连续）

施工过程	班组人数	施工进度计划（天）												
		2	4	6	8	10	12	14	16	18	20	22	24	26
挖土方	16													
混凝土垫层	16													
砌砖基础	20													
回填土	10													

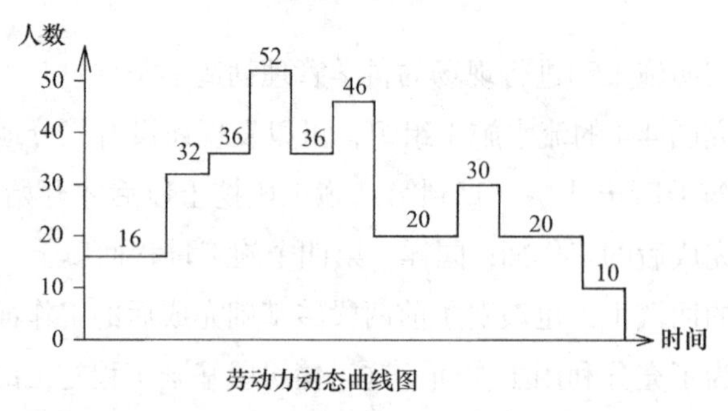

劳动力动态曲线图

图 4-5　流水施工（部分间断）

4. 流水施工的技术经济效果

流水施工是在依次施工和平行施工的基础上产生的，它既克服了依次施工和平行施工的缺点，又具有这两种施工组织方式的优点。它的特点是施工的连续性和均衡性，它是在工艺划分、时间排列和空间布置上的统筹安排，使劳动力得以合理使用，资源需要量也比较均衡，这必然会带来显著的技术经济效果，主要表现在以下几个方面：

（1）实现专业化生产，可以提高劳动生产率、保证质量

组织流水施工，可以实行专业化的施工班组，人员工种比较固定，如钢筋工专门做钢筋工程，木工专门支模板等，这样就能不断地提高工人的技术熟练程度，从而提高了劳动生产率，同时也提高了质量。

（2）合理的工期，可以尽早发挥投资效益

流水施工科学地安排施工进度，使各施工过程在尽量连续施工的条件下，最大限度地实现搭接施工，从而减少了因施工组织不善造成的窝工损失，合理地利用了工作面，有效地缩短了施工工期，可以使工程尽快交付使用或投产，尽早发挥投资的经济效益和社会效益。

（3）降低工程成本，可以提高承包单位的经济效益

由于流水施工降低了施工高峰，资源消耗均衡，便于组织资源供应，使得材料、设备得到合理利用，储存合理，可以减少各种不必要的损失，节约材料费，减少临时设施工程费；由于流水施工生产效率高，可以节约人工费和机械使用费；由于流水施工工期较短，可以减少企业管理费。工程成本的降低，可以提高承包单位的经济效益。

5. 组织流水施工的条件

流水施工的实质是分工协作与成批生产。采用专业班组可以实现分工协作，通过划分施工段可以将单件产品变成假象的多件产品。组织流水施工的条件主要有以下几点：

（1）划分施工过程

根据工程结构的特点及施工要求，将拟建工程的整个建造过程划分为若干个分部工程，每个分部工程又根据施工工艺要求、工程量大小、施工班组的组成情况，划分为若干个施工过程（即分项工程）。划分施工过程的目的是对施工对象的建造过程进行分解，以便实现专业化施工和有效的分工协作。

（2）划分施工段

根据组织流水施工的需要，将拟建工程尽可能地划分为劳动量大致相等的若干个施工段，也可称为流水段。建筑工程组织流水施工的关键是将建筑单件产品变成多件产品，以便成批生产。由于建筑产品体形庞大，通过划分施工段就可将单件产品变成“批量”的多件产品，从而形成流水作业的前提。没有“批量”就不可能也没必要组织任何流水作业。每一个段，就是一个假定“产品”。

（3）每个施工过程组织独立的施工班组

在一个流水组中，每个施工过程尽可能组织独立的施工班组，其形式可以是专业班组，也可以是混合班组，这样可使每个施工班组按施工顺序依次地、连续地、均衡地从一个施工段转移到另一个施工段进行相同的操作。

（4）主要施工过程必须连续、均衡地施工

主要施工过程是指工程量较大、作业时间较长的施工过程。对于主要施工过程必须连续、均衡地施工；对其他次要施工过程，可考虑与相邻的施工过程合并。如不能合并，为缩短工期，可安排间断施工。

（5）不同施工过程尽可能组织平行搭接施工

根据施工顺序，不同的施工过程，在有工作面的条件下，除必要的技术和组织间歇时间外，应尽可能组织平行搭接施工，这样可以缩短工期。

4.1.2 流水施工基本参数

在组织流水施工时，用以描述流水施工在工艺流程、空间布置和时间安排等方面的特征和各种数量关系的参数，称为流水施工参数。按其性质的不同，一般可分为工艺参数、空间参数和时间参数三类。

1. 工艺参数

在组织流水施工时，用以表示流水施工在施工工艺上开展的顺序及其特征的参数，称为工艺参数。通常，工艺参数包括施工过程数和流水强度两种。

（1）施工过程数

施工过程数是指参与一组流水的施工过程数目，一般用 n 表示。它是流水施工的主要参数之一。施工过程划分数目的多少，直接影响工程流水施工的组织。施工过程划分的数目多少、粗细程度、合并或分解，一般与下列因素有关：

1）施工进度计划的性质与作用

如果施工的工程对象规模大或结构比较复杂，或者组织由若干幢房屋所组成的群体工程施工，其施工工期一般较长，需要编制控制性进度计划以控制施工工期，其施工过程划分可粗些、综合性大些，一般划分至单位工程或分部工程；如果施工的工程对象是中小型单位工程及施工工期不长的工程，需要编制实施性进度计划，具体指导和控制各分部分项工程施工时，其施工过程划分可细些、具体些，一般划分至分项工程。

2）施工方案和工程结构

施工过程的划分与工程的施工方案有关。例如厂房的柱基础与设备基础挖土，如果同时施工，可合并为一个施工过程；若先后施工，则可分为两个施工过程。其结构吊装施工过程划分也与结构吊装施工方案有密切联系，如果采用综合节间吊装方案，则施工过程合并为“综合节间结构吊装”一项；如果采用分件结构吊装方案，则应划分为柱、吊车梁、连系梁、基础梁、柱间支撑、屋架及屋面构件等吊装施工过程。施工过程的划分与工程结构形式也有关。不同的结构体系，划分施工过程的名称和数目不一样，例如现浇钢筋混凝土结构房屋的主体结构，可分为支模板、绑扎钢筋、浇筑混凝土等施工过程；砖混结构房屋的主体结构可分为砌墙、浇圈梁、楼板安装等施工过程。

3）劳动组织与劳动量的大小

施工过程的划分与劳动班组的组织形式有关。如现浇钢筋混凝土结构的施工，如果是单一工种组成的施工班组，可以划分为支模板、绑扎钢筋、浇筑混凝土三个施工过程；同时为了组织流水施工的方便或需要，也可合并成一个施工过程，这时劳动班组由多工种混合班组组成。施工过程的划分还与劳动量的大小有关，劳动量小的施工过程，当组织流水施工有困难时，可与其他施工过程合并，如垫层劳动量较小时可与挖土合并为一个施工过程，这样可以使各个施工过程的劳动量大致相等，便于组织流水施工。

4）施工过程的内容和工作范围

一般说来，施工过程可分为下述四类：加工厂（或现场外）生产各种预制构件的制备类施工过程；各种材料及构件、配件、半成品的运输类施工过程；直接在工程对象上操作的各个建造类施工过程；大型施工机具安置及脚手架搭设等施工过程（不构成工程实体的施工过程）。前两类施工过程，一般不占有施工对象的工作面，不影响施工工期，只配合工程实体施工进度的需要，及时组织生产和供应到现场，所以一般不列入工程流水施工组织的施工过程数目内；第三类施工过程占有施工对象的空间，直接影响工期的长短，因此必须划入施工过程数目内；第四类施工过程要根据具体情况，如果需要占有施工工期，则可划入流水施工过程数目内。

（2）流水强度

流水强度也叫流水能力或生产能力，它是指流水施工的某一施工过程在单位时间内能够完成的工程量。流水强度一般用 V 表示，又分为机械施工过程的流水强度和人工施工过程的流水强度。

1）机械施工过程的流水强度

机械施工过程的流水强度可按式（4-1）计算。

$$V_i = \sum_{i=1}^{x} R_i S_i \tag{4-1}$$

式中 V_i——某施工过程 i 的机械操作流水强度；

R_i——投入施工过程 i 的某种施工机械台数；

S_i——投入施工过程 i 的某种施工机械产量定额；

x——投入施工过程 i 的施工机械种类数。

2）人工施工过程的流水强度

人工施工过程的流水强度可按式（4-2）计算。

$$V_i=R_iS_i \tag{4-2}$$

式中 V_i——某施工过程 i 的人工操作流水强度；

R_i——投入施工过程 i 的工作队工人数；

S_i——投入施工过程 i 的工作队平均产量定额。

2. 空间参数

在组织流水施工时，用来表达流水施工在空间布置上所处状态的参数，称为空间参数。空间参数主要包括：工作面、施工段数和施工层数。

（1）工作面

工作面是指供某专业工种的工人或某种施工机械进行施工的活动空间。工作面的大小是根据相应工种单位时间内的产量定额、工程操作规程和安全规程等的要求确定的。工作面确定的合理与否，直接影响专业工种工人的劳动生产效率，因此必须合理确定工作面。主要工种工作面参考数据见表4-1。

主要工种工作面参考数据 表4-1

工作项目	每个技工的工作面	说　明
砖基础	7.6m/人	以3/2砖计，2砖乘以0.8、3砖乘以0.55
砌砖墙	8.5m/人	以1砖计，3/2砖乘以0.71、2砖乘以0.57
毛石基墙	3m/人	以60cm计
毛石墙	3.3m/人	以40cm计
混凝土柱、墙基础	$8m^3$/人	机拌、机捣
混凝土设备基础	$7m^3$/人	机拌、机捣
现浇钢筋混凝土柱	$2.45m^3$/人	机拌、机捣
现浇钢筋混凝土梁	$3.20m^3$/人	机拌、机捣
现浇钢筋混凝土墙	$5m^3$/人	机拌、机捣
现浇钢筋混凝土楼板	$5.3m^3$/人	机拌、机捣
预制钢筋混凝土柱	$3.6m^3$/人	机拌、机捣
预制钢筋混凝土梁	$3.6m^3$/人	机拌、机捣
预制钢筋混凝土屋架	$2.7m^3$/人	机拌、机捣
预制钢筋混凝土平板、空心板	$1.91m^3$/人	机拌、机捣
预制钢筋混凝土大型屋面板	$2.62m^3$/人	机拌、机捣
混凝土地坪及面层	$40m^2$/人	机拌、机捣
外墙抹灰	$16m^2$/人	
内墙抹灰	$18.5m^2$/人	
卷材屋面	$18.5m^2$/人	
防水水泥砂浆屋面	$16m^2$/人	
门窗安装	$11m^2$/人	

（2）施工段数和施工层数

为了有效地组织流水施工，通常把拟建工程项目划分成若干个劳动量大致相等的施工区段，称为施工段和施工层。一般把建筑物水平方向上划分的施工区段称为施工段，用符号 m 表示。把建筑物垂直方向上划分的施工区段称为施工层，用符号 r 表示。因此，流水施工总的流水段数即为 $m \times r$。

划分施工段的目的，在于能使不同工种的施工班组同时在工程对象的不同工作面上进行作业，这样能充分利用空间，为组织流水施工创造条件。

1）划分施工段的基本要求

① 施工段数的数目要合理。施工段数过多势必要减少施工人数，增加总的施工持续时间，工作面不能充分利用，拖长工期；施工段数过少，则会引起劳动力、机械和材料供应的过分集中，有时还会造成“断流”的现象。

② 各施工段的劳动量（或工程量）要大致相等（相差宜在 15% 以内），以保证各施工班组连续、均衡、有节奏地施工。

③ 各施工段要有足够的工作面，使每一施工段能容纳的劳动力人数或机械台数能满足合理劳动组织的要求，使每个技术工人能发挥最好的劳动效率，并确保安全操作的要求。

④ 尽量使各专业班组连续作业。当组织流水施工的工程对象有层间关系，既要分段（施工段），又要分层（施工层）时，应使各施工班组能连续施工。即施工过程的施工班组施工完第一段能立即转入第二段，施工完第一层的最后一段能立即转入第二层的第一段。这就要求每一层的施工段数必须大于或等于其施工过程数，即

$$m \geqslant n \tag{4-3}$$

举例说明如下：

【例 4-2】 某二层砖混结构工程，三个施工过程（n=3）为砌砖墙、浇圈梁、安装楼板，竖向划分两个施工层，即结构层与施工层一致，假设无层间间歇，各施工过程在每个施工段的作业时间均为 2 天，则施工段数和施工过程数之间可能有下述三种情况：

解：（1）当 $m > n$ 时，设 m=4，即每层分四个施工段组织流水施工时，其进度安排如图 4-6 所示。

施工过程	施工进度计划（天）									
	2	4	6	8	10	12	14	16	18	20
砌砖墙	I-1	I-2	I-3	I-4	II-1	II-2	II-3	II-4		
浇圈梁		I-1	I-2	I-3	I-4	II-1	II-2	II-3	II-4	
安装楼板			I-1	I-2	I-3	I-4	II-1	II-2	II-3	II-4

图 4-6　$m > n$ 的进度安排

（图中 I、II 表示施工层，1、2、3、4 表示施工段）

从图 4-6 可以看出：当 $m > n$ 时，各施工班组能连续施工，但每一层楼板安装后不能马上投入其上一层的砌砖墙施工，即施工段上有停歇，工作面未被充分利用，如第 I 层的第 1 段楼板安装后，砌砖墙施工过程即将投入第 I 层的第 4 段，而不是第 II 层的第 1 段。但工作面的停歇并不一定有害，有时还是必要的，如可以利用停歇的时间做养护、备料、弹线等工作。但当施工段数目过多，必然导致工作面闲置，不利于缩短工期。

（2）当 $m=n$ 时，即每层分三个施工段组织流水施工时，其进度安排如图 4-7 所示。

施工过程	施工进度计划（天）							
	2	4	6	8	10	12	14	16
砌砖墙	I–1	I–2	I–3	II–1	II–2	II–3		
浇圈梁		I–1	I–2	I–3	II–1	II–2	II–3	
安装楼板			I–1	I–2	I–3	II–1	II–2	II–3

图 4-7　$m=n$ 的进度安排

（图中 I、II 表示施工层，1、2、3 表示施工段）

从图 4-7 可以看出：当 $m=n$ 时，各施工班组能连续施工，各施工段上也没有闲置，工作面能充分利用。这种情况是最理想的。

（3）当 $m < n$ 时，设 $m=2$，即每层分两个施工段组织流水施工时，其进度安排如图 4-8 所示。

从图 4-8 可以看出：当 $m < n$ 时，尽管各施工段上没有闲置，工作面能充分利用，但施工班组不能连续施工而产生窝工现象。因此，对于一个建筑物组织流水施工是不适宜的，但是在建筑群中可与同类建筑物组织大流水，保证施工班组连续施工。

应当指出，当无层间关系或无施工层（如某些单层建筑物、基础工程、屋面工程等）时，则施工段数并不受式（4-3）的限制。

施工过程	施工进度计划（天）						
	2	4	6	8	10	12	14
砌砖墙	I–1	I–2		II–1	II–2		
浇圈梁		I–1	I-2		II–1	II–2	
安装楼板			I–1	I–2		II–1	II–2

图 4-8　$m < n$ 的进度安排

（图中 I、II 表示施工层，1、2 表示施工段）

2）施工段划分的一般部位

施工段划分的部位要有利于结构的整体性，应考虑到施工工程对象的轮廓形状、平面组成及结构构造上的特点。在满足施工段划分基本要求的前提下，可按下述几种情况划分施工段：

① 设置有伸缩缝、沉降缝的建筑工程，可按此缝为界划分施工段。

② 单元式的住宅工程，可按单元为界划分施工段。

③ 道路、管线等按长度方向延伸的工程，可按一定长度作为一个施工段。

④ 多幢同类型建筑，可以一幢房屋作为一个施工段。

3. 时间参数

在组织流水施工时，用以表达流水施工在时间排列上所处状态的参数，称为时间参数。时间参数主要有：流水节拍、流水步距、平行搭接时间、技术与组织间歇时间、流水施工工期。

（1）流水节拍

流水节拍是指在组织流水施工时，从事某一施工过程的施工班组在一个施工段上完成施工任务所需的时间，用符号 t_i（i=1、2……）表示。

1）流水节拍的确定

在流水施工组织中，一个施工过程的流水节拍大小，关系着投入的劳动力、机械、材料的多少（工程量已定，节拍越小，单位时间内资源供应量越大），它也决定了工程施工的速度、节奏性和工期的长短。因此，流水节拍的确定具有很重要的意义。

流水节拍的确定方法主要有定额计算法、经验估算法和工期计算法。

① 定额计算法

定额计算法是根据各施工段的工程量、该施工过程的劳动定额及能投入的资源量（工人数、机械台数等），按式（4-4）或式（4-5）进行计算。

$$P = \frac{Q}{S} = QH \tag{4-4}$$

$$t = \frac{P}{R \cdot N} \tag{4-5}$$

式中 P——在一个施工段上完成某施工过程所需的劳动量（工日数）或机械台班量（台班数）；

Q——某施工过程在某施工段上的工程量；

S——某施工班组的产量定额；

H——某施工班组的时间定额；

t——某施工过程的流水节拍；

R——某施工过程的施工班组人数或机械台数；

N——每天工作班次。

② 经验估算法

经验估算法是根据以往的施工经验进行估算。一般为了提高其准确程度，对某一施工过程在某一段上的作业时间估计出三个数值，即最短时间、最长时间和最可能时间，然后给这三个时间一定的权数，再求加权平均值，这一加权平均值即是流水节拍。因此，本法也称为三时估算法，其计算公式为：

$$t=\frac{a+4c+b}{6} \tag{4-6}$$

式中 t——某施工过程在某施工段上的流水节拍；

a——某施工过程在某施工段上的最短估算时间；

b——某施工过程在某施工段上的最长估算时间；

c——某施工过程在某施工段上的最可能估算时间。

这种方法多适用于采用新工艺、新方法和新材料等没有定额可循的工程。

③ 工期计算法

对于有工期要求的工程，为了满足工期要求，可用工期计算法，即根据对施工任务规定的完成日期，采用倒排进度法。但在这种情况下，必须检查劳动力和机械等物资供应的可能性。具体步骤如下：

首先，根据工期按经验估计出各施工过程的施工时间；

其次，确定各施工过程在各施工段上的流水节拍；

最后，按式（4-5）求出各施工过程所需的人数或机械台数。

2）确定流水节拍应考虑的因素

① 施工班组人数应符合该施工过程最小劳动组合人数的要求。所谓最小劳动组合，就是指某一施工过程进行正常施工所必须的最低限度的班组人数及其合理组合。如现浇钢筋混凝土施工过程，它包括上料、搅拌、运输、浇捣等施工操作环节，如果班组人数太少，是无法组织施工的。

② 考虑工作面的大小及其他限制条件。施工班组的人数也不能太多，每个工人的工作面要符合最小工作面的要求。否则，就不能发挥正常的施工效率或不利于安全生产。

③ 考虑各种机械台班的效率或机械台班产量的大小。

④ 考虑各种材料、构件等施工现场堆放量、供应能力及其他有关条件的制约。

⑤ 考虑施工技术条件的要求。例如不能留设施工缝必须连续浇捣的钢筋混凝土工程，要按三班制的条件决定流水节拍，以确保质量及工程技术要求。

⑥ 确定一个分部工程各施工过程节拍时，首先应考虑主要的、工程量大的施工过程的流水节拍，其次确定其他施工过程的流水节拍。

⑦ 流水节拍一般取整数，必要时可保留 0.5 天的小数值。

（2）流水步距

流水步距是指两个相邻的施工过程的施工班组相继进入同一施工段开始施工的最小时间间隔（不包括技术与组织间歇时间），用符号 $K_{i,\ i+1}$ 表示（i 表示前一个施工过程，$i+1$

表示后一个施工过程）。

流水步距的大小，对工期的长短有很大的影响。一般说来，在施工段不变的情况下，流水步距越大，工期越大；反之流水步距越小，工期越短。流水步距的大小，还与前后两个相邻施工过程流水节拍的大小、施工工艺技术要求、施工段数目、流水施工的组织方式有关系。

1）确定流水步距的基本要求。

① 尽量保证各施工班组连续施工的要求。流水步距的最小长度，必须使主要施工过程的施工班组进场以后，不发生停工、窝工现象。

② 施工工艺的要求。保证相邻两个施工过程的先后顺序，不发生前一个施工过程尚未完成，后一个施工过程便开始施工的现象。

③ 最大限度搭接的要求。保证相邻两个施工班组在开工时间上最大限度地、合理地搭接。

④ 要满足保证工程质量，满足安全生产、成品保护的需要。

⑤ 流水步距一般取 0.5 天的整倍数。

2）确定流水步距的方法

确定流水步距的方法很多，简捷、实用的方法主要有图上分析法、分析计算法（公式法）、累加数列错位相减取大差法（潘特考夫斯基法）。这里仅介绍累加数列法。

累加数列法适用于各种形式的流水施工，通常用于无节奏流水施工流水步距的计算，且较为简捷、明确。累加数列法没有明确的计算公式，它的文字表达式为“累加数列错位相减取大差”。其计算步骤如下：

第一步，将每个施工过程的流水节拍按施工段逐段累加，求出累加数列；

第二步，根据施工顺序，对所求相邻的两个累加数列，错位相减；

第三步，错位相减中差数列数值最大者即为相邻两施工班组之间的流水步距。

【例 4–3】 某项目由四个施工过程 *A*、*B*、*C*、*D* 组成，分别由相应的四个专业施工班组完成，在平面上划分成四个施工段进行流水施工，每个施工过程在各个施工段上的流水节拍见表 4-2，试确定流水步距。

某工程流水节拍　　**表 4–2**

施工段 施工过程	一	二	三	四
A	2	4	3	1
B	3	2	1	2
C	1	3	2	3
D	4	1	2	1

解：① 求流水节拍的累加数列

A：2，6，9，10

B：3，5，6，8

C：1，4，6，9

D：4，5，7，8

② 错位相减，求得差数列

A 与 B：

　　2，6，9，10

−）　3，5，6，8

　　2，3，4，4，−8

B 与 C：

　　3，5，6，8

−）　1，4，6，9

　　3，4，2，2，−9

C 与 D：

　　1，4，6，9

−）　4，5，7，8

　　1，0，1，2，−8

③ 在差数列中取数值最大者确定流水步距

$K_{A,B}=\max\{2,3,4,4,-8\}=4$ 天

$K_{B,C}=\max\{3,4,2,2,-9\}=4$ 天

$K_{C,D}=\max\{1,0,1,2,-8\}=2$ 天

（3）技术与组织间歇时间

在组织流水施工时，有些施工过程完成后，后续施工过程不能立即投入施工，必须有足够的停歇时间，称为技术与组织间歇时间，通常以 $Z_{i,i+1}$ 表示。

由建筑材料或现浇构件工艺性质决定的间歇时间称为技术间歇时间。如砖混结构的每层圈梁混凝土浇捣以后，必须经过一定的养护时间，才能进行其上的预制楼板的安装工作；再如屋面找平层完后，必须经过一定的时间使其干燥后才能铺贴油毡防水层等。

由施工组织原因造成的间歇时间称为组织间歇时间。它通常是为对前一施工过程进行检查验收或为后一施工过程的开始做必要的施工组织准备工作而考虑的间歇时间。如浇混凝土之前要检查钢筋及预埋件并作记录；又如基础混凝土垫层浇捣及养护后，必须进行墙身位置的弹线，才能砌筑基础墙等。

（4）流水施工工期

流水施工工期是指从第一个施工过程开始到最后一个施工过程完成所经过的时间，

也就是组织流水施工的总时间，一般可采用式（4-7）计算流水施工的工期。

$$T=\sum_{i=1}^{n-1}K_{i,i+1}+T_n+\sum_{i=1}^{n-1}Z_{i,i+1} \tag{4-7}$$

式中 T——流水施工工期；

$\sum_{i=1}^{n-1}K_{i,i+1}$——流水施工中各流水步距之和；

T_n——流水施工中最后一个施工过程的持续时间；

$\sum_{i=1}^{n-1}Z_{i,i+1}$——同一施工层中各施工过程间的技术与组织间歇时间之和。

4.1.3 流水施工基本组织方式

建筑工程的流水施工要求有一定的节拍，才能步调和谐，配合得当。流水施工的节奏是由节拍所决定的。由于建筑工程的多样性，各分部分项工程的工程量相差较大，要使所有的流水施工都组织成统一的流水节拍是很困难的。在大多数的情况下，各施工过程的流水节拍不一定相等，甚至一个施工过程本身在各施工段上的流水节拍也不相等。因此，形成了不同节奏特征的流水施工。

根据流水施工节奏特征的不同，流水施工的基本方式可分为有节奏流水施工和非节奏流水施工两大类。

有节奏流水施工是指同一个施工过程在各个施工段上的流水节拍都相等的一种流水施工方式。根据不同施工过程之间的流水节拍是否相等，有节奏流水施工又分为等节奏流水施工和异节奏流水施工。

非节奏流水施工是指同一施工过程在各施工段上流水节拍不完全相等的一种流水施工组织方式。

1. 等节奏流水施工

等节奏流水是指在组织流水施工时，同一个施工过程的流水节拍相等，不同施工过程之间的流水节拍也相等的一种流水施工方式，即各施工过程在各施工段上的流水节拍均相等，故也称为全等节拍流水或固定节拍流水。

流水施工基本组织方式 - 等节奏流水

（1）等节奏流水施工的特征

1）各施工过程在各施工段上的流水节拍都相等。

如果有 n 个施工过程，流水节拍为 t_i，则 $t_1=t_2=\cdots=t_{n-1}=t_n=t$（常数）。

2）流水步距彼此相等，而且等于流水节拍值。

即 $K_{1,2}=K_{2,3}=\cdots=K_{n-1}$，$n=t$（常数）。

3）各施工班组在各施工段上能够连续作业，施工段之间没有空闲。

4）施工班组数等于施工过程数。

（2）等节奏流水施工的组织

1）确定流水步距

$$K=t \tag{4-8}$$

2）确定施工段数

① 当无层间关系时，施工段数按划分施工段的基本要求确定即可。

② 当有层间关系时，为了保证各施工班组连续施工，应考虑技术与组织间歇时间按式（4-9）进行计算：

$$m=n+\frac{\sum_{i=1}^{n-1}Z_{i,i+1}}{K}+\frac{Z_r}{K} \tag{4-9}$$

式中　m——施工段数；

n——施工过程数；

$\sum_{i=1}^{n-1}Z_{i,i+1}$——同一施工层中各施工过程间的技术与组织间歇时间之和；

Z_r——层间技术与组织间歇时间；

K——流水步距。

3）确定工期

① 当无层间关系时，根据一般工期计算式（4-7）得：

$$\sum_{i=1}^{n}K_{i,i+1}=(n-1)t$$

$$T_n=mt$$

$$K=t$$

所以

$$T=(n-1)K+mK+\sum_{i=1}^{n}Z_{i,i+1}$$

$$T=(m+n-1)K+\sum_{i=1}^{n}Z_{i,i+1} \tag{4-10}$$

式中符号意义同前。

② 当有层间关系时，可按式（4-11）进行计算：

$$T=(m\cdot r+n-1)K+\sum_{i=1}^{n}Z_{i,i+1} \tag{4-11}$$

式中　r——施工层数；

其他符号意义同前。

4）画出施工进度计划，并校核计算结果、施工进度计划是否正确。

（3）应用举例

【例4-4】 某分部工程分为A、B、C、D四个施工过程，每个施工过程分三个施工段，各施工过程的流水节拍均为 4 天，试组织流水施工。

解: ① 确定流水步距

$$K=t=4\text{ 天}$$

② 确定工期

$$T=(m+n-1)K+\sum_{i=1}^{n}Z_{i,i+1}$$
$$=(3+4-1)\times 4=24\text{ 天}$$

③ 绘制施工进度计划，如图 4-9 所示。

施工过程	施工进度计划（天）											
	2	4	6	8	10	12	14	16	18	20	22	24
A												
B												
C												
D												

图 4-9 某分部工程施工进度计划

经校核计算结果与施工进度计划均正确。

【例 4–5】 某二层现浇钢筋混凝土主体结构工程，包括支模板、绑扎钢筋、浇筑混凝土三个过程，采用的流水节拍均为 2 天，且知混凝土浇完养护 1 天后才能支模，试组织流水施工。

解: ① 确定流水步距

$$K=t=2\text{ 天}$$

② 确定施工段数

当有层间关系时，按下式计算确定：

$$m=n+\frac{\sum_{i=1}^{n}Z_{i,i+1}}{K}+\frac{Z_{\mathrm{r}}}{K}$$

$$m=3+\frac{(0+0)}{2}+\frac{1}{2}=3\frac{1}{2}\text{，取 }m=4\text{ 段}$$

③ 确定总工期

$$T=(m\cdot r+n-1)k+\sum_{i=1}^{n}Z_{i,i+1}$$
$$=(4\times 2+3-1)\times 2+(0+0)=20\text{ 天}$$

④ 绘制施工进度计划，如图 4-10 所示。

经校核计算结果与施工进度计划均正确。

施工过程	施工进度计划（天）									
	2	4	6	8	10	12	14	16	18	20
支模										
绑钢筋										
浇混凝土										

图 4-10　某二层现浇钢筋混凝土主体结构工程施工进度计划

（4）等节奏流水施工的适用范围

等节奏流水施工常用于组织分部工程的流水施工，特别是施工过程较少的分部工程。一般不适用于单位工程，特别是单项工程或群体工程。

2. 异节奏流水施工

在组织流水施工时常常遇到这样的问题：如果某施工过程要求尽快完成，或某施工过程的工程量过少，这种情况下，这一施工过程的流水节拍就小；如果某施工过程由于工作面受限制，不能投入较多的人力或机械，这一施工过程的流水节拍就大。这就出现了各施工过程的流水节拍不能相等的情况，这时可以组织异节奏流水施工。

异节奏流水施工是指同一施工过程在各施工段上的流水节拍彼此相等，不同施工过程之间的流水节拍不一定相等的流水施工方式。异节奏流水施工又可分为等步距异节拍流水施工和异步距异节拍流水施工两种。

（1）等步距异节拍流水施工

流水施工基本组织方式 - 等步距异节拍流水

等步距异节拍流水施工也称为成倍节拍流水施工，它是异节奏流水施工的一种特殊情况。等步距异节拍流水施工是指在组织流水施工时，同一个施工过程的流水节拍相等，不同施工过程之间的流水节拍不全相等，但各个施工过程的流水节拍均为其中最小流水节拍的整数倍数的流水施工方式。为加快流水施工速度，按最大公约数的倍数组建每个施工过程的施工班组，可以形成类似于等节奏流水的等步距异节拍流水施工方式。

1）等步距异节拍流水施工的特征

① 同一个施工过程的流水节拍相等，不同施工过程的流水节拍之间存在整数倍或公约数关系。

② 流水步距彼此相等，且等于流水节拍的最大公约数。

③ 各专业施工队都能够保证连续施工，施工段没有空闲。

④ 施工班组数大于施工过程数。

2）等步距异节拍流水施工的组织

① 确定流水步距

$$K=K_b \qquad (4\text{-}12)$$

式中 K_b——成倍节拍流水步距，取流水节拍的最大公约数。

② 确定施工班组数

$$b_i = \frac{t_i}{K} \tag{4-13}$$

$$n_1 = \sum_{i=1}^{n} b_i \tag{4-14}$$

式中 b_i——某施工过程所需施工班组数；

n_1——施工班组总数目。

③ 确定施工段数

A. 当无层间关系时，施工段数按划分施工段的基本要求确定即可，一般取 $m=n_1$。

B. 当有层间关系时，每层最少施工段数可按式（4-15）计算确定。

$$m = n_1 + \frac{\sum_{i=1}^{n-1} Z_{i,i+1}}{K_b} + \frac{Z_r}{K_b} \tag{4-15}$$

式中符号意义同前。

④ 确定总工期

A. 当无层间关系时：

$$T = (m + n_1 - 1)K_b + \sum_{i=1}^{n-1} Z_{i,i+1} \tag{4-16}$$

B. 当有层间关系时：

$$T = (m \cdot r + n_1 - 1)K_b + \sum_{i=1}^{n-1} Z_{i,i+1} \tag{4-17}$$

式中 r——施工层数。

其他符号意义同前。

⑤ 画出施工进度计划，并校核计算结果、施工进度计划是否正确。

3）应用举例

【例 4–6】 某工程由 A、B、C 三个施工过程组成，分六段施工，流水节拍分别为 $t_A=9$ 天，$t_B=3$ 天，$t_C=6$ 天，试组织流水施工。

解： ① 确定流水步距

$$K=K_b=3 \text{ 天}$$

② 确定各施工过程的专业班组数

$$b_i = \frac{t_i}{K_b}$$

$$b_A = \frac{t_A}{K_b} = \frac{9}{3} = 3\text{个}$$

$$b_B = \frac{t_B}{K_b} = \frac{3}{3} = 1 个$$

$$b_C = \frac{t_C}{K_b} = \frac{6}{3} = 2 个$$

施工班组总数$n_1 = \sum_{i=1}^{n} b_i = 6$ 个

③ 确定总工期

$$T = (m + n_1 - 1)K_b + \sum_{i=1}^{n-1} Z_{i,i+1}$$

$$= (6+6-1) \times 3 + (0+0) = 33 天$$

④ 绘制施工进度计划，如图 4-11 所示

经校核计算结果与施工进度计划均正确。

施工过程		施工进度计划（天）										
		3	6	9	12	15	18	21	24	27	30	33
A	I_a											
	I_b											
	I_c											
B	II											
C	III_a											
	III_b											

图 4-11　某工程施工进度计划

【例 4-7】 某二层现浇钢筋混凝土主体结构工程，包括支模板、绑扎钢筋、浇筋混凝土三个施工过程，采用的流水节拍分别为 $t_{模}=4$ 天，$t_{筋}=4$ 天，$t_{混}=2$ 天，且知混凝土浇完养护 1 天后才能在其上支模。试组织流水施工。

解: ① 确定流水步距

$$K = K_b = 2 天$$

② 确定各施工过程的专业班组数

$$b_i = \frac{t_i}{K_b}$$

$$b_{模} = \frac{t_{模}}{K_b} = \frac{4}{2} = 2 个$$

$$b_{筋} = \frac{t_{筋}}{K_b} = \frac{4}{2} = 2 个$$

$$b_{混} = \frac{t_{混}}{K_b} = \frac{2}{2} = 1 个$$

施工班组总数$n_1 = \sum_{i=1}^{n} b_i = 5$ 个

③ 确定施工段数

当有层间关系时，按下式计算确定：

$$m = n_1 + \frac{\sum_{i=1}^{n-1} Z_{i,i+1}}{K_b} + \frac{Z_r}{K_b} \tag{4-18}$$

$$m = 5 + \frac{(0+0)}{2} + \frac{1}{2} = 5\frac{1}{2}$$

取 m=6 段

④ 确定总工期

$$T = (m \cdot r + n_1 - 1)K_b + \sum_{i=1}^{n-1} Z_{i,i+1}$$

$$=[6\times2+5-1]\times2+(0+0)=32 \text{ 天}$$

⑤ 绘制施工进度计划，如图 4-12 所示。

施工过程		施工进度计划（天）															
		2	4	6	8	10	12	14	16	18	20	22	24	26	28	30	32
支模	Ⅰa																
	Ⅰb																
扎筋	Ⅱa																
	Ⅱb																
浇混凝土	Ⅲ																

图 4-12　某二层现浇钢筋混凝土主体结构工程施工进度计划

经校核计算结果与施工进度计划均正确。

流水施工基本组织方式 - 异步距异节拍流水

（2）异步距异节拍流水施工

1）异步距异节拍流水施工的特征

① 同一个施工过程的流水节拍相等，不同施工过程的流水节拍不一定相等。

② 各施工过程之间的流水步距不一定相等。

③ 各专业施工队都能够保证连续施工，但有的施工段之间可能有空闲。

④ 施工班组数等于施工过程数。

2）异步距异节拍流水施工的组织

① 确定流水步距。

当 $t_i \leqslant t_{i+1}$ 时，$K_{i,\ i+1}=t_i$　（4-19）

当 $t_i > t_{i+1}$ 时，$K_{i,\ i+1}=t_i+(m-1)[t_i-t_{i+1}]=mt_i-(m-1)t_{i+1}$　（4-20）

式中　t_i——第 i 个施工过程的流水节拍；

t_{i+1}——第 $i+1$ 个施工过程的流水节拍。

流水步距也可由前述“累加数列错位相减取大差法”求得。

② 确定流水施工工期

$$T=\sum_{i=1}^{n-1}K_{i,i+1}+mt_n+\sum_{i=1}^{n-1}Z_{i,i+1} \tag{4-21}$$

式中 t_n——最后一个施工过程的流水节拍。

其他符号意义同前。

③ 画出施工进度计划表，并校核计算结果、施工进度计划是否正确。

3）应用举例

【例 4–8】 某分部工程包括 A、B、C、D 四个分项工程，采用的流水节拍分别为 $t_A=3$ 天，$t_B=4$ 天，$t_C=3$ 天，$t_D=3$ 天，现分为四个施工段，且知 B 做好后须有 1 天技术间歇时间。试组织流水施工。

解: ① 确定流水步距。

$$\because t_A=3\text{天}<t_B=4\text{天},\ \therefore K_{AB}=t_A=3\text{天}$$

$$\because t_B=4\text{天}>t_C=3\text{天},\ \therefore K_{BC}=mt_B-(m-1)t_C=4\times4-3\times3=7\text{天}$$

$$\because t_C=3\text{天}=t_D=3\text{天},\ \therefore K_{CD}=t_C=3\text{天}$$

② 确定总工期

$$T=\sum_{i=1}^{n-1}K_{i,i+1}+mt_n+\sum_{i=1}^{n-1}Z_{i,i+1}$$

$$\begin{aligned}T&=(K_{AB}+K_{BC}+K_{CD})+mt_D+(Z_{AB}+Z_{BC}+Z_{CD})\\&=(3+7+3)+4\times3+(0+1+0)\\&=26\text{ 天}\end{aligned}$$

③ 绘制施工进度计划，如图 4-13 所示。

施工过程	施工进度计划（天）																									
	1	2	3	4	5	6	7	8	9	10	11	12	13	14	15	16	17	18	19	20	21	22	23	24	25	26
A																										
B																										
C																										
D																										

图 4-13 某分部工程施工进度计划

经校核计算结果与施工进度计划均正确。

4）异步距异节拍流水施工的适用范围

异步距异节拍流水施工适用于施工段大小相等的分部和单位工程的流水施工，它在进度安排上比较灵活，实际应用范围较为广泛。

流水施工基本组织方式 - 非节奏流水

3. 非节奏流水施工

在项目实际施工中，通常每个施工过程在各施工段上的作业持续时间都不等，各专业工作队的生产效率相差较大，导致大多数的流水节拍不相等，不可能组织成等节奏流水或异节奏流水。在这种情况下，往往利用流水施工的基本概念，在保证施工工艺、满足施工顺序要求的前提下，按照一定的计算方法，确定相邻两个施工过程的流水步距，使其在时间上最大限度地、合理地搭接起来，形成每个专业队伍都能连续施工的流水施工方式叫作非节奏流水。它在施工中普遍采用，是流水施工的普遍形式。

（1）非节奏流水施工的特征

1）每个施工过程在各个施工段上的流水节拍不尽相等。

2）在多数情况下，流水步距彼此不相等。

3）各专业工作队都能连续施工，但有的施工段可能有空闲。

4）施工班组数等于施工过程数。

（2）非节奏流水施工的组织

1）确定流水步距 $K_{i,\ i+1}$

非节奏流水施工的流水步距通常采用“累加数列错位相减取大差法”确定。

2）确定总工期。

$$T=\sum_{i=1}^{n-1}K_{i,i+1}+\Sigma t_n+\sum_{i=1}^{n-1}Z_{i,i+1} \tag{4-22}$$

式中 $\sum t_n$——流水施工中最后一个施工过程的流水节拍之和。

其他符号意义同前。

3）画出施工进度计划，并校核计算结果、施工进度计划是否正确。

（3）应用举例

【例 4–9】 某分部工程施工有关资料见表 4-3，且知 B 做好须有 1 天的技术间歇时间。试组织流水施工。

某分部工程施工有关资料 **表 4–3**

m / *n*	一	二	三	四
A	3	2	2	3
B	2	2	2	2
C	1	2	2	1
D	2	1	2	2

解:（1）确定流水步距 $K_{i,\ i+1}$，用“累加数列错位相减取大差法”计算。

1）求流水节拍的累加数列。

A：3，5，7，10

B：2，4，6，8

C：1，3，5，6

D：2，3，5，7

2）错位相减，求得流水步距。

A 与 B：

3，5，7，10

–）　　2，4，6，8

3，3，3，4，–8

$K_{A,B}=\max\{3,3,3,4,-8\}=4$ 天

B 与 C：

2，4，6，8

–）　　1，3，5，6

2，3，3，3，–6

$K_{B,C}=\max\{2,3,3,3,-6\}=3$ 天

C 与 D：

1，3，5，6

–）　　2，3，5，7

1，1，2，1，–7

$K_{C,D}=\max\{1,1,2,1,-7\}=2$ 天

（2）确定总工期。

$$T=\sum_{i=1}^{n-1}K_{i,i+1}+\Sigma t_n+\sum_{i=1}^{n-1}Z_{i,i+1}$$

$$\begin{aligned}T&=(K_{AB}+K_{BC}+K_{CD})+(t_D^1+t_D^2+t_D^3+t_D^4)+(Z_{AB}+Z_{BC}+Z_{CD})\\&=(4+3+2)+(2+1+2+2)+(0+1+0)\\&=17\text{天}\end{aligned}$$

（3）绘制施工进度计划，如图 4-14 所示。

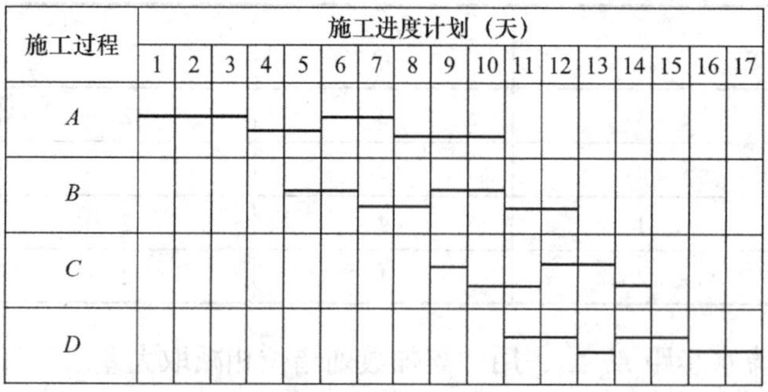

施工过程	施工进度计划（天）																
	1	2	3	4	5	6	7	8	9	10	11	12	13	14	15	16	17
A																	
B																	
C																	
D																	

图 4-14　某分部工程施工进度计划

经校核计算结果与施工进度计划均正确。

（4）非节奏流水施工的组织方法适用范围

非节奏流水施工不像有节奏流水施工那样有一定的时间约束，在进度安排上比较灵活、自由，适用于各种不同结构性质和规模的工程施工组织，实际应用广泛。

等步距异节拍（成倍节拍）流水施工的组织方法同样适用于等节奏流水施工；非节奏流水施工组织方法的适用范围是单层、已分施工段、无窝工的情况，也同样适用异步距异节拍流水施工。

在上述各种流水施工的基本方式中，有节奏流水通常在一个分部或分项工程中，组织流水施工比较容易做到，即比较适用于组织专业流水施工或细部流水施工。但对一个单位工程，特别是一个大型的建筑群来说，要求所划分的各分部、分项工程都采用相同的流水参数组织流水施工，往往十分困难，因此多采用非节奏流水施工组织方式。

横道图绘制实训

4.2 网络图进度计划

【引例】 在20世纪50年代中期，一种新型的计划方法——网络计划技术应运而生。我国是在1965年，由著名数学家华罗庚教授第一次把网络计划技术引入我国，结合我国实际情况，并根据“统筹兼顾、全面安排”的指导思想，将这种方法命名为“统筹法”。在全国各行业，首先是建筑业推广，获得显著的成效。

随着现代科学技术的迅猛发展、管理水平的不断提高，网络计划技术不断发展和完善，被广泛地应用于世界各国的工业、国防、建筑、运输和科研等领域，成为发达国家盛行的一种现代计划管理的科学方法。

网络计划技术是用于工程项目计划与控制的一项管理技术，依其起源有关键路径法（CPM）与计划评审法（PERT）之分。CPM借助于网络图表示各项工作与所需要的时间以及各项工作的相互关系，通过网络计划分析研究工程费用与工期的相互关系，并找出在编制计划及计划执行过程中的关键路线。PERT更注重对各项工作安排的评价和审查。因此在实践应用时，CPM主要应用于以往在类似工程中已取得一定经验的承包工程，PERT更多地应用于研究与开发项目。

4.2.1 网络计划技术概述

横道图计划是我国建筑业多年来在编排施工计划时常用的方式和方法。它们在建筑工程施工的组织和计划安排方面，有许多作用和优点，至今仍然是各级计划人员和管理人员广泛使用的方法。但是，横道图计划方式在表现内容上有局限性，特别是它不能明确表示出各施工活动之间的内在联系和相互依赖的关系——逻辑关系。因为存在这方面的缺点，横道图计划方式并不是一种严格的科学的计划表达方式。由于生产技术的发展，这种传统的计划管理方法已不能满足要求。

网络计划则提供了一种描述计划任务中各项工作相互间（工艺或组织）逻辑关系的图解模型——网络图。利用这种图解模型和有关的计算方法，可以看清计划任务的全局，便于施工中抓住重点，做到工程进度心中有数。

用网络图表达任务构成、工作顺序并加注工作时间参数的进度计划称为网络计划。用网络计划对工程任务的工作进度进行安排和控制，以保证实现预定目标的计划管理技术称为网络计划技术。

1. 网络图的基本概念

网络图（network diagram）是由箭线和节点组成的、用来表示工作流程的有向、有序的网状图形，如图 4-15 所示。

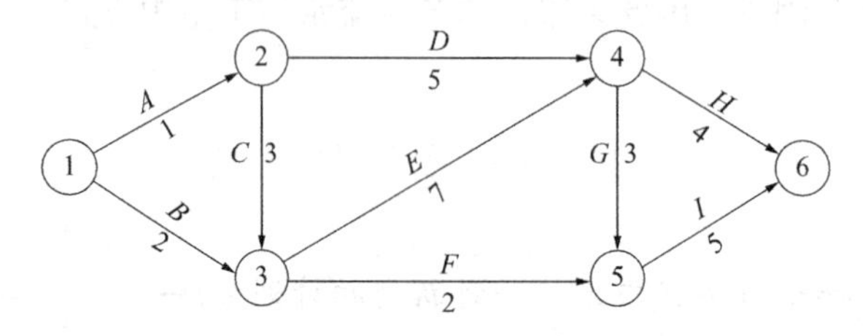

图 4-15　某工程双代号网络图

网络图中，按节点和箭线所代表的含义不同，可分为双代号网络图和单代号网络图。双代号网络图是用箭线表示一项工作，工作的名称写在箭线的上面，完成该项工作的持续时间写在箭线的下面，箭头和箭尾处分别画上圆圈，填入编号，箭头和箭尾的两个编号代表着一项工作（“双代号”名称的由来），如图 4-16（*a*）所示，$i-j$ 代表一项工作；单代号网络图是用一个圆圈代表一项工作，节点编号写在圆圈上部，工作名称写在圆圈中部，完成该工作所需要的时间写在圆圈下部，箭线只表示该工作与其他工作的相互关系，如图 4-16（*b*）所示。

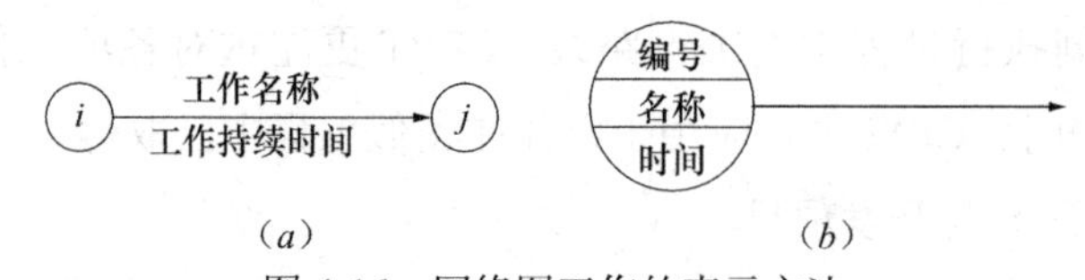

图 4-16　网络图工作的表示方法

（*a*）双代号网络图工作的表示方法;（*b*）单代号网络图工作的表示方法

2. 网络计划基本概念和分类

（1）网络计划的表达形式

网络计划的表达形式是网络图。

（2）网络计划分类

网络计划的种类很多，可以从不同的角度分类，具体如下：

1）按表示方法分类

按节点和箭线所代表的含义不同，分为双代号网络计划（图 4-17）和单代号网络计划（图 4-18）。

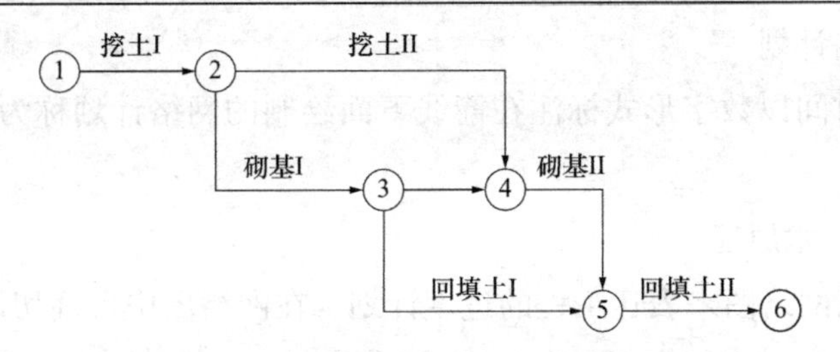

图 4-17 某基础工程双代号网络计划

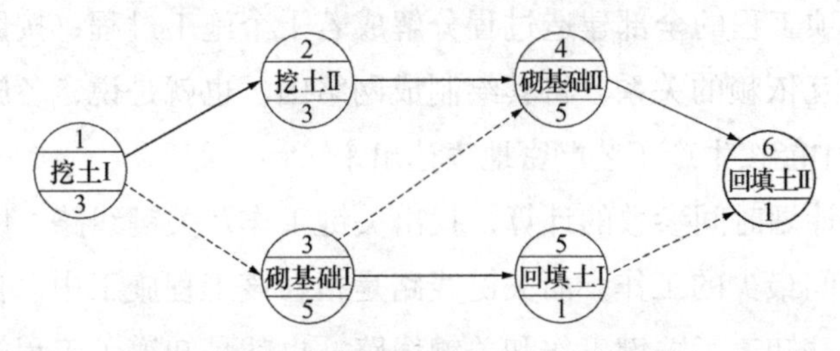

图 4-18 某基础工程单代号网络计划

2）按网络计划层次分类

根据计划的工程对象不同和使用范围大小，网络计划可分为综合网络计划、单位工程网络计划和局部网络计划。

① 综合网络计划

以一个建设项目或建筑群为对象编制的网络计划称为综合网络计划。

② 单位工程网络计划

以一个单位工程为对象编制的网络计划称为单位工程网络计划。

③ 局部网络计划

以一个分部工程为对象编制的网络计划称为局部网络计划。

3）按网络计划的时间表达方式分类

按网络计划有无时间坐标，可分为时标网络计划和非时标网络计划。

① 时标网络计划

工作的持续时间以时间坐标为尺度绘制的网络计划称为时标网络计划，如图 4-19 所示。

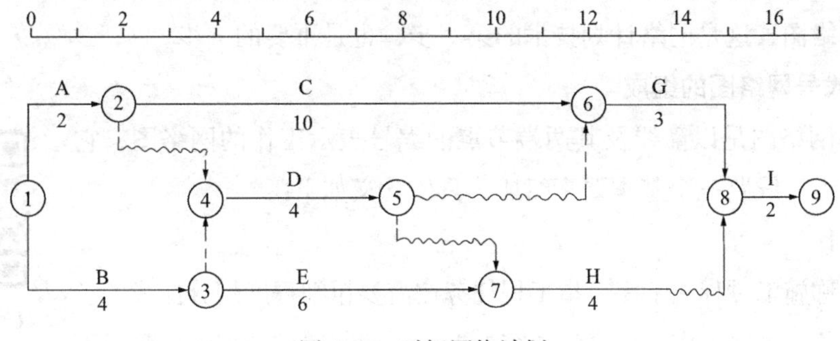

图 4-19 时标网络计划

② 非时标网络计划

工作的持续时间以数字形式标注在箭线下面绘制的网络计划称为非时标网络计划，如图 4-19 所示。

3. 网络计划技术原理

网络计划是以网络图来表达工程的进度计划，在网络图中可确切地表明各项工作的相互联系和制约关系。网络计划技术的基本原理是：

（1）首先将一项工程的全部建造过程分解成若干个施工过程，按照各项工作开展顺序和相互制约、相互依赖的关系，将其绘制成网络图。也就是说，各施工过程之间的逻辑关系，在网络图中能按生产工艺严密地表达出来。

（2）通过网络计划时间参数的计算，找出关键工作及关键线路。所谓关键工作就是网络计划中机动时间最少的工作。而关键线路是指在该工程施工中，自始至终全部由关键工作组成的线路。知道了关键工作和关键线路，也就是知道了工程施工中的重点施工过程，便于管理人员集中精力抓施工中的主要矛盾，确保工程按期竣工，避免盲目抢工。

（3）利用最优化原理，不断改进网络计划初始方案，并寻求最优方案。例如工期最短；各种资源最均衡；在某种有限制的资源条件下，编出最优的网络计划；在各种不同工期下，选择工程成本最低的网络计划等。所有这些均称为网络计划的优化。

（4）在网络计划执行过程中，对其进行有效地监督和控制，合理地安排各项资源，以最少的资源消耗，获得最大的经济效益。也就是在工程实施中，根据工程实际情况和客观条件不断地变化，可随时调整网络计划，使得计划永远处于最切合实际的最佳状态。总之，就是要保证该工程以最小的消耗，取得最大的经济效益。

4.2.2 双代号网络计划

网络计划是指在网络图上加注工作的时间参数而编制的进度计划。双代号网络计划是以双代号网络图为表达形式的网络计划，双代号网络图也被称为"箭线图法"，是用箭线表示工作，并在节点处将工作连接起来表示其逻辑关系的网络图，在其上加注工作的时间参数，即为双代号网络计划。

因此，在双代号网络计划编制时，首先要得到绘制正确的、用来表达工作逻辑工作的双代号网络图，这是网络计划技术的第一步，也是重要的一步。

1. 双代号网络图的组成

双代号网络图是以箭线及其两端节点的编号表示工作的网络图，它由工作、节点、线路三个基本要素组成，具体含义如下：

双代号网络图的三要素 - 虚工作

（1）工作

工作也称施工过程、工序，指工程任务按需要粗细程度划分而成的子项目或子任务。每项工作所包含的内容根据计划编制要求的粗细、深浅不同而定。工作可以是一个简单的操作步骤、一道手续，如模板清理；工作也可以是一个施工过程或分项工程，如支模板、绑扎钢筋、浇筑混凝土；它还可以代表一个分部工程或单位工程的施工。在流水施工中习惯称为“施工过程”，在网络计划中一般称为“工作”。

工作通常分为三种：既消耗时间又消耗资源的工作（如绑扎钢筋、浇筑混凝土）；只消耗时间而不消耗资源的工作（如混凝土的养护、油漆的干燥）；既不消耗时间也不消耗资源的工作。在工程实际中，前两项工作是实际存在的，通常称为实工作（简称为“工作”），用一端带箭头的实线表示，如图 4-20 所示；后一种是虚设的，只表示相邻工作之间的逻辑关系，通常称为虚工作，用一端带箭头的虚线表示，如图 4-21 所示。

图 4-20　工作的表示方法　　图 4-21　虚工作的表示方法

（2）节点

在网络图中，箭线端部的圆圈或其他形状的封闭图形称为节点，是标志前面工作的结束和后面工作的开始的时间点。

在双代号网络图中，节点不同于工作，它既不占用时间，也不消耗资源，只标志着工作结束和开始的瞬间，具有承上启下的作用。在一条箭线上，箭线出发（离开）的节点称为工作的开始节点（如图 4-20 的 i 节点），箭线指向（进入）的节点称为工作的结束节点（如图 4-20 的 j 节点）。

根据节点在网络图中的位置不同可以分为起点节点、终点节点和中间节点。起点节点是网络图的第一个节点，表示一项任务的开始。终点节点是网络图的最后一个节点，表示一项任务的完成。除起点节点和终点节点以外的节点称为中间节点，中间节点都有双重的含义，既是前面工作的结束节点，也是后面工作的开始节点。

为了识读及计算机检查方便，节点要进行编号。节点编号应从左至右进行，编号顺序应由小到大；双代号网络图中，一项工作应只有唯一的一条箭线和相应的一对节点编号表示，箭尾节点的编号应小于箭头节点的编号；在同一网络图中，不允许出现重复的节点编号，也不得有无编号的节点；编号可以连续，也可以跳号。

（3）线路

网络图中从起点节点开始，沿箭线方向连续通过一系列箭线与节点，最后到达终点节点的通路称为线路，如图 4-26 所示，该网络图中从①节点到达⑥节点共有 8 条线路。

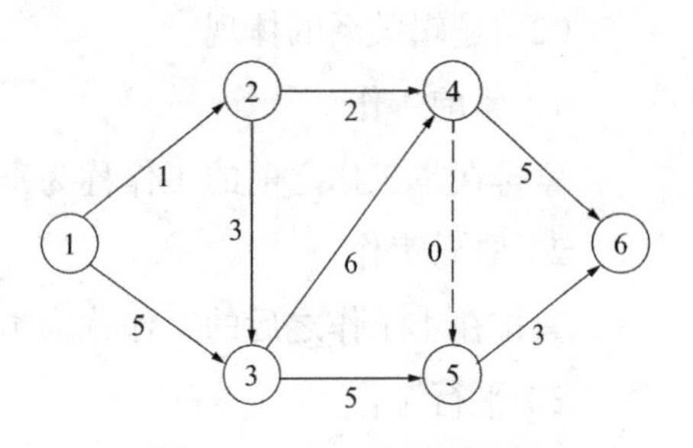

图 4-22　某双代号网络图

线路上各工作持续时间之和，称为该线路的长度，也是完成这条线路上所有工作的工期。网络图中，线路时间总和最长的称为关键线路，如图 4-22

中，①→③→④→⑥即为关键线路，关键线路的线路时间代表整个网络计划的计算工期，即如图 4-22 所示网络计划的计算工期是 16 天。

位于关键线路上的工作称为关键工作。关键工作没有机动时间，其完成的快慢直接影响整个工程项目的工期，起着控制进度的作用，因而是整个工程的关键所在。关键线路常用粗箭线、双线或彩色线表示，以突出其重要性。

在一个网络图中，除了关键线路以外，还有非关键线路。在非关键线路上，某些工作有机动时间，这就是该工作的时差。在时差范围内，改变该工作的开始时间或完成时间，不影响总工期。

关键线路不是一成不变的。在一定条件下，关键线路和非关键线路可以互相转化。如当关键工作的作业时间缩短，或非关键工作的作业时间延长，就有可能使关键线路发生转移。另外，在一个网络计划中，关键线路可能不止一条。

2. 双代号网络图的绘制

正确绘制网络图是学习和应用网络计划方法最基本的能力。一个网络计划编制质量的优劣，首先取决于所画的网络图是否正确反映了该项工作任务各个工作的逻辑关系；其次是网络图表达方式的简明扼要和条理清晰。因此，掌握网络图的绘制方法和原则，是运用网络计划方法的重要基础。

（1）网络图中的两种逻辑关系

工作之间相互制约或依赖的关系称为逻辑关系，包括工艺关系和组织关系。两者在网络计划中均表现为工作进行的先后顺序。

双代号网络图绘制规则与要求

1）工艺关系

工艺关系是指生产工艺上客观存在的先后顺序。例如，建筑工程施工时，先做基础，后做主体；先做结构，后做装修。这些顺序是不能随意改变的。

2）组织关系

组织关系是指在不违反工艺关系的前提下，人为安排的工作的先后顺序。例如，建筑群中各个建筑物的开工顺序的先后；施工对象的分段流水作业等。这些顺序可以根据具体情况，按安全、经济、高效的原则统筹安排。

（2）逻辑关系的体现

1）紧前工作

紧排在本工作之前的工作称为本工作的紧前工作，如图 4-23 所示。

2）紧后工作

紧排在本工作之后的工作称为本工作的紧后工作，如图 4-23 所示。

3）平行工作

可与本工作同时进行的工作称为本工作的平行工作，如图 4-23 所示。

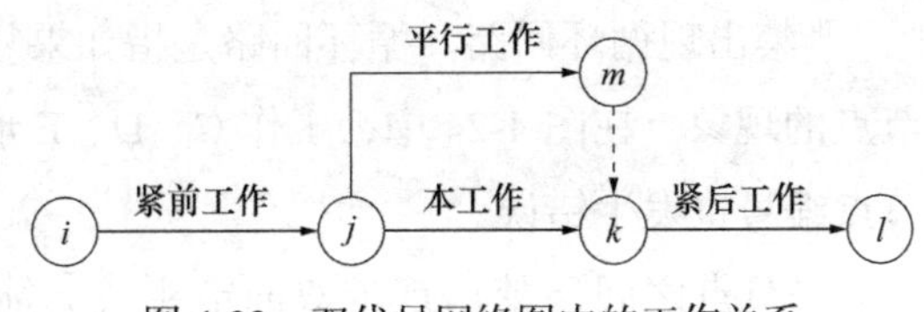

图 4-23 双代号网络图中的工作关系

（3）双代号网络图的绘图规则

1）双代号网络图必须正确表达已定的逻辑关系，常见的逻辑关系模型见表 4-4。

网络图常见逻辑关系表示方法 表 4–4

序号	逻辑关系	双代号表示方法	单代号表示方法
1	*A* 完成后进行 *B*，*B* 完成后进行 *C*	A B C	A B C
2	*A* 完成后同时进行 *B* 和 *C*	A B C	A B C
3	*A* 和 *B* 都完成后进行 *C*	A B C	A B C
4	*A* 和 *B* 都完成后同时进行 *C*、*D*	A B C D	A B C D
5	*A* 完成后进行 *C*，*A* 和 *B* 都完成后进行 *D*	A C 0 B D	A C B D
6	*A*、*B* 都完成后进行 *C*，*B*，*D* 都完成后进行 *E*	A C 0 B 0 D E	A B D C E
7	*A* 完成后进行 *C*，*A*、*B* 都完成后进行 *D*，*B* 完成后进行 *E*	A C 0 D 0 B E	A B C D E
8	*A*、*B* 两项先后进行的工作，各分为三段进行。A_1 完成后进行 A_2、B_1。A_2 完成后进行 A_3、B_2。B_1 完成后进行 B_2。A_3、B_2 完成后进行 B_3	A_1 B_1 B_2 A_2 A_3 B_3	B_1 B_2 A_1 B_3 A_2 A_3

2）双代号网络图中，严禁出现循环回路。循环回路是指如果从一个节点出发，沿箭线方向再返回到原来的节点的现象。在图 4-24 中，工作 C、D、E 形成循环回路，在逻辑关系上是错误的，此时节点编号也发生错误。

3）双代号网络图中，在节点之间严禁出现带双向箭头或无箭头的连线，如图 4-25 所示。

4）双代号网络图中，严禁出现没有箭头节点或没有箭尾节点的箭线，如图 4-26 所示。

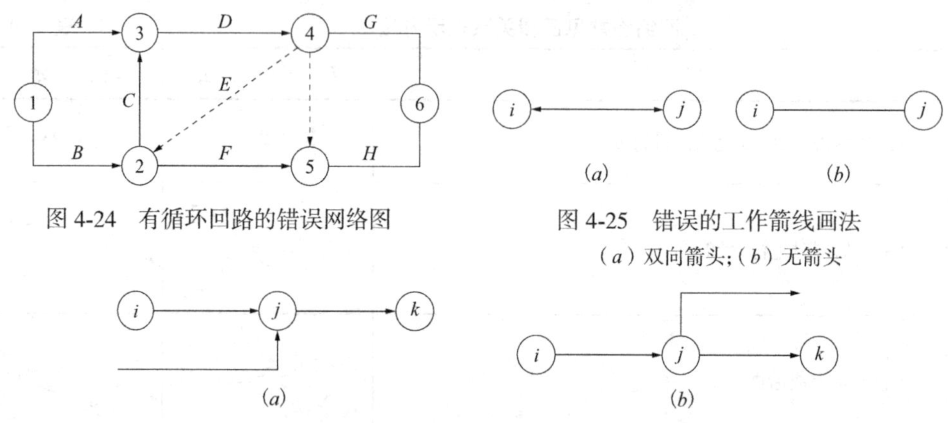

图 4-24　有循环回路的错误网络图

图 4-25　错误的工作箭线画法
（a）双向箭头;（b）无箭头

图 4-26　没有箭尾节点和箭头节点的箭线
（a）没有箭尾节点的箭线;（b）没有箭头节点的箭线

5）当双代号网络图的某些节点有多条外向箭线或多条内向箭线时，在不违反“一项工作应只有唯一的一条箭线和相应的一对节点编号”的前提下，可使用母线法绘图，如图 4-27 所示。

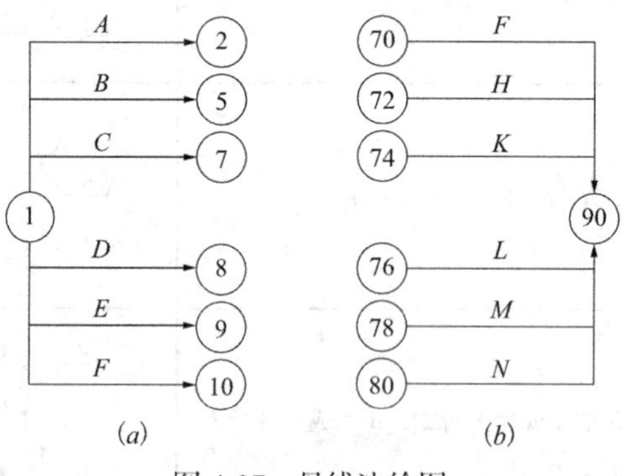

图 4-27　母线法绘图

6）绘制网络图时，箭线不宜交叉；当交叉不可避免时，可用过桥法或指向法，如图 4-28 所示。

7）双代号网络图中应只有一个起点节点；在不分期完成任务的网络图中，应只有一个终点节点；而其他所有节点均应是中间节点。如图 4-29 所示，网络中有两个起点节点①和②，两个终点节点⑦和⑧，该网络图的正确画法如图 4-30 所示，即将节点①和②合并为一个起点节点，⑦和⑧，合并为一个终点节点。

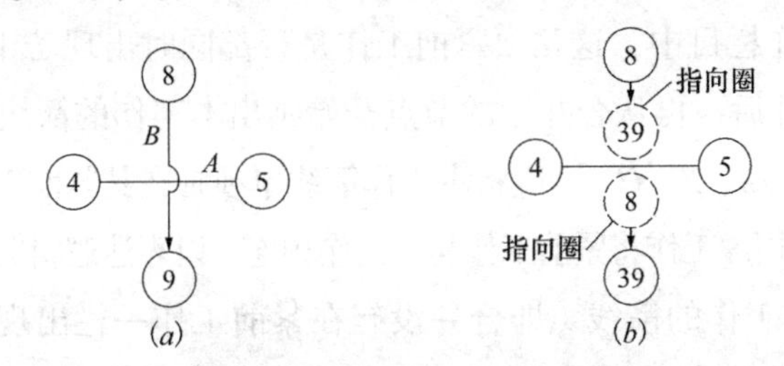

图 4-28 箭线交叉的表示方法

（a）过桥法；（b）指向法

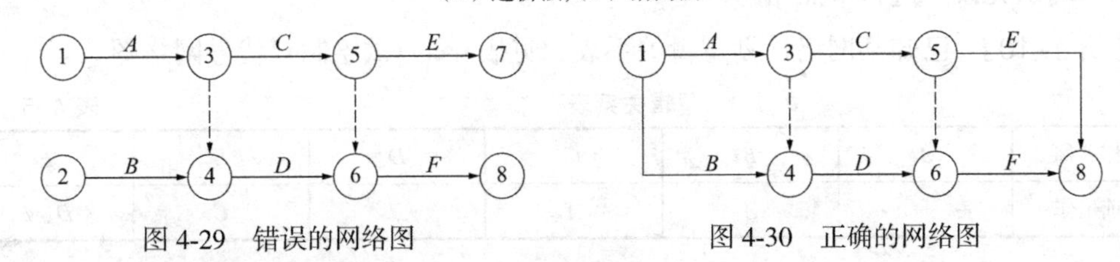

图 4-29 错误的网络图　　图 4-30 正确的网络图

（4）双代号网络图的绘制方法——逻辑草图法

绘制网络图除应遵守上述规则外，尚应牢固掌握表 4-4 中所列出的几种常用的逻辑关系模型，这些都是正确绘制网络图的前提，只有正确理解逻辑关系，才能对复杂的网络计划进行绘制。

逻辑草图法，就是先根据拟编制的网络计划已定的逻辑关系（一般都列表表示），画出网络草图，再以绘图规则审查、调整，最后形成正式的网络图。当已知每项工作的紧前工作时，可按下述步骤绘制网络图。

1）绘制没有紧前工作的工作，使它们具有相同的箭尾节点，即起点节点。

2）按照逻辑关系，依次绘制其他各项工作，这些工作画出条件是，必须所有紧前工作都已经画出来，可以参考以下几种情况进行绘制（熟练掌握表 4-4 所列逻辑关系模型后可直接绘制）。

① 当要绘制的工作只有一个紧前工作时，则将该工作的箭线直接画在紧前工作的完成节点之后即可。

② 但所绘制的工作有多个紧前工作时，可按下列四种情况考虑：

A. 如果在其紧前工作中，存在一项只作为本工作紧前工作的工作（即在紧前工作栏目中，该紧前工作只出现一次），则应将本工作的箭线直接画在该紧前工作完成节点之后，然后用虚箭线分别将其他紧前工作的完成节点与本工作的开始节点相连，以表达它们之间的逻辑关系。

B. 当紧前工作存在多项只作为本工作紧前工作的工作时，应先将这些紧前工作的完成节点合并（利用虚箭线或直接合并），再从合并后的节点开始，画出本工作的箭线，最后用虚箭线将其他紧前工作的箭头节点分别与工作开始节点相连，以表达它们之间的逻辑关系。

C. 如果不存在情况 A、B，应判断本工作的所有紧前工作是否都同时作为其他工作的紧前工作（即紧前工作栏目中，这几项紧前工作是否都同时出现若干次）。如果这样，应先将它们完成节点合并后，再从合并后的节点开始画出本工作的箭线。

D. 如果不存在情况 A、B、C，则应将本工作箭线单独画在其紧前工作箭线之后的中部，然后再用虚工作将紧前工作与本工作相连，以表达逻辑关系。

3）合并没有紧后工作的箭线（即合并没有在紧前工作一栏出现的工作）使它们具有一个相同的箭头节点，即为终点节点。

双代号网络图绘制示例

4）确认无误，进行节点编号。

【例 4–10】 已知某网络计划逻辑关系表，见表 4-5，试绘制双代号网络图。

逻辑关系表 **表 4–5**

工作名称	A	B	C	D	E	F
紧前工作	—	A	A	B	C	D、E

解： 根据以上绘图方法，绘出网络图，如图 4-31 所示，初学者还可根据以上逻辑关系表将紧后工作列出，作一草稿，如 A 的紧后工作是 B、C，可简单记作 $A\rightarrow B$、C，其他工作同理，可写出 $B\rightarrow D$；$C\rightarrow E$；D、$E\rightarrow F$，这四个逻辑关系都是表 4-4 中常用的逻辑关系模型，现在只是字母不同而已，所以只要将这几个模型组合起来，很快就可以画出正确的网络图。（熟练之后，可直接通过逻辑关系表绘制而不用再将紧后工作列出）

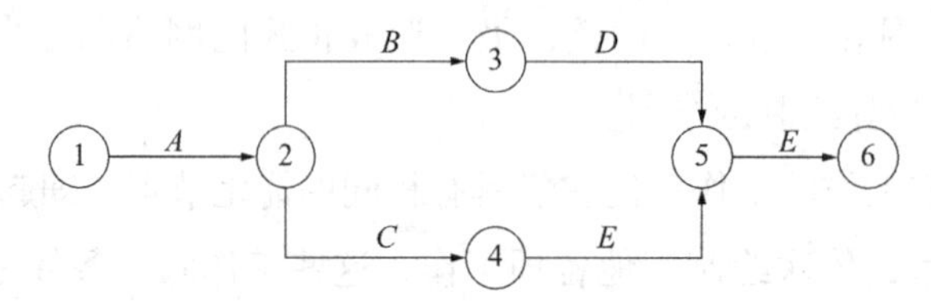

图 4-31 网络图

【例 4–11】 已知某网络计划逻辑关系表，见表 4-6，试绘制双代号网络图。

逻辑关系表 **表 4–6**

工作名称	A	B	C	D	E	F
紧前工作	—	—	—	A	A	C、D

解： 根据以上绘图方法，绘出网络图，如图 4-32 所示。

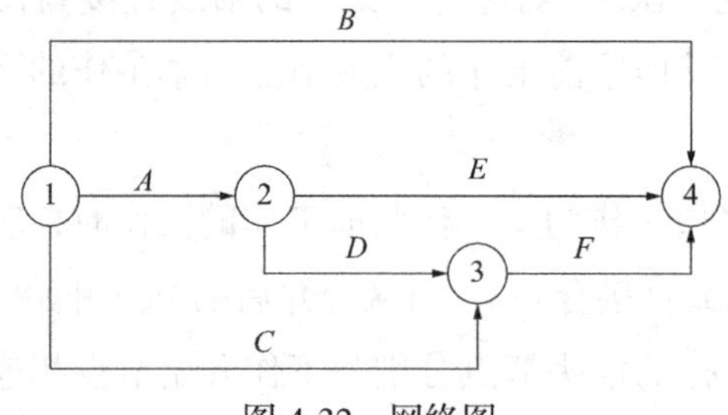

图 4-32 网络图

【例 4-12】 已知某网络计划逻辑关系表，见表 4-7，试绘制双代号网络图。

逻辑关系表　　表 4-7

工作名称	A	B	C	D
紧前工作	—	—	A、B	B

解：根据以上绘图方法，绘出网络图，如图 4-33 所示，图中的虚箭线起着联系的作用。

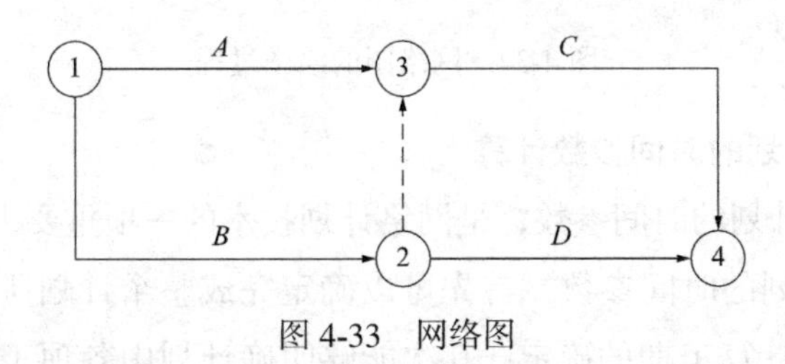

图 4-33　网络图

【例 4-13】 已知某网络计划逻辑关系表，见表 4-8，试绘制双代号网络图。

逻辑关系表　　表 4-8

工作名称	A	B	C	D	E	G	H
紧前工作	—	—	—	—	A、B	B、C、D	C、D

解：绘制步骤如下：

（1）先画无紧前工作的工作的箭线 A、B、C、D，如图 4-34（a）所示。

（2）按上述步骤先画工作 E，它的紧前工作有 A、B，符合绘图步骤中的（2）-②-b，画成如图 4-34（b）所示。

（3）画工作 H，H 的紧前工作有 C、D 两项工作，绘制步骤如同（2），画成如图 4-34（c）所示。

（4）画工作 G，G 的紧前工作有 B、C、D 三项，根据绘图步骤中的（2）-②-c，先将 B、C、D 用虚线合并，如图 4-34 所示（d）的中间节点，再从合并后的节点开始画本工作的箭线。

（5）现在 E、G、H 三项工作已画出，但它们均没有紧后工作，按绘图步骤中的 2-（3）原则将三条箭线合并在一个终点节点上，如图 4-34（d）所示。

（6）检查和调整。先检查，从左向右，A、B、C、D 按例题给出的全无紧前工作，E 的紧前工作有 A、B，H 的紧前工作 C、D，G 的紧前工作有三项，即 B、C、D，而 E、G、H 全无紧后工作，与题中给出的一致。再看有无逻辑关系不符合之处，经检查没有违背逻辑关系现象，便完成了该题网络图的绘制，即如图 4-34（d）所示。

（7）进行节点编号（略）。

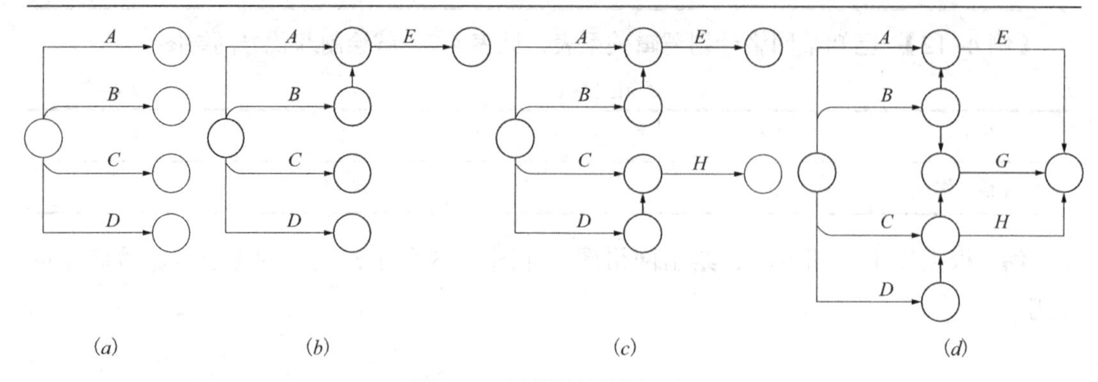

图 4-34　网络图的绘图过程

3. 双代号网络计划的时间参数计算

分析和计算网络计划的时间参数，是网络计划技术的一项重要内容。

双代号网络计划时间参数计算

通过计算网络计划的时间参数，首先可以确定完成整个计划所需要的时间，即网络计划计算工期的确定；其次能够明确计划中各项工作起止时间的限制；再次通过分析计划中各项工作对整个计划工期的不同影响，从工期的角度区别出关键工作与非关键工作，便于施工中抓住重点，向关键线路要时间；最后明确非关键工作在施工中时间上有多大的机动性，便于挖掘潜力，统筹兼顾，部署资源。

通过分析各项工作对计划工期的不同影响程度，区分出各项工作在整个计划中所处地位的不同重要性，就能分清轻重缓急，为统筹全局、适当安排或对计划做必要和合理的调整提供科学的依据。这是网络计划方法比横道计划方法优越的又一个重要体现。因此，网络计划时间参数的分析计算与绘制网络图一样，都是应用网络计划方法最基本的技术。

双代号网络计划时间参数的计算方法有工作计算法和节点计算法两种。

（1）工作计算法

按工作计算法计算时间参数应在确定各项工作的持续时间之后进行。所谓工作的持续时间是指一项工作从开始到完成的时间，即双代号网络图中每一条箭线下方的数字，用 D 表示。虚工作必须视同工作进行计算，其持续时间为零。

按工作计算法计算六个时间参数，分别是最早开始时间（ES）、最早完成时间（EF）、最迟开始时间（LS）、最迟完成时间（LF）、总时差（TF）和自由时差（FF），计算结果应标注在箭线之上，如图 4-35 所示。

ES_{i-j}	LS_{i-j}	TF_{i-j}
EF_{i-j}	LF_{i-j}	FF_{i-j}

i —— 工作名称 / 持续时间 ——→ j

图 4-35　按工作计算法的标注内容

注：当为虚工作时，图中的箭线为虚箭线。

下面以如图4-36所示某双代号网络计划为例，说明每个时间参数的含义及其计算方法。

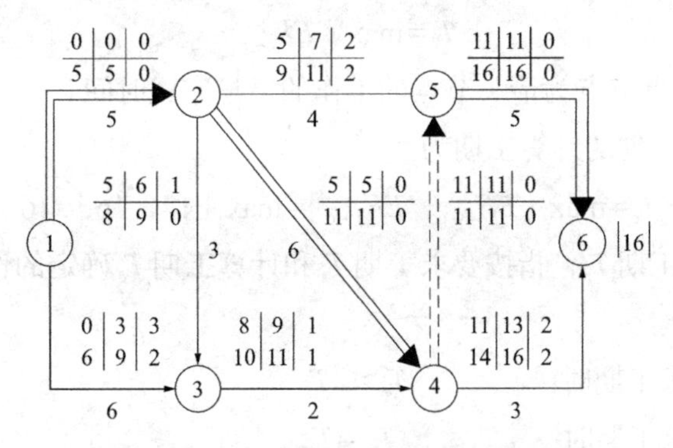

图4-36 工作计算法计算时间参数

1）工作的最早开始时间和最早完成时间。

工作的最早开始时间是指各紧前工作全部完成后，本工作有可能开始的最早时刻，用ES表示。

工作的最早完成时间是指各紧前工作全部完成后，本工作有可能完成的最早时刻，用EF表示。

ES和EF的计算应符合下列规定：

① 工作$i-j$的最早开始时间ES_{i-j}和最早完成时间EF_{i-j}应从网络计划的起点开始，顺着箭线方向依次逐项计算。

② 以起点节点i为箭尾节点的工作$i-j$，当未规定其最早开始时间ES_{i-j}时其值应等于零。即

$$ES_{i-j}=0\ (i=1) \tag{4-23}$$

本例中，$$ES_{1-2}=ES_{1-3}=0$$

③ 工作$i-j$的最早完成时间EF_{i-j}可利用式（4-24）进行计算。

$$EF_{i-j}=ES_{i-j}+D_{i-j} \tag{4-24}$$

式中 D_{i-j}——工作$i-j$的持续时间

本例中，$$EF_{1-2}=ES_{1-2}+D_{1-2}=0+5=5$$

$$EF_{1-3}=ES_{1-3}+D_{1-3}=0+6=6$$

④ 其他工作$i-j$的最早开始时间ES_{i-j}可利用式（4-25）进行计算。

$$ES_{i-j}=\max\{EF_{h-i}\}=\max\{ES_{h-i}+D_{h-i}\} \tag{4-25}$$

式中 EF_{h-i}——工作$i-j$的紧前工作$h-i$的最早完成时间；

ES_{h-i}——工作$i-j$的紧前工作$h-i$的最早开始时间；

D_{h-i}——工作$i-j$的紧前工作$h-i$的持续时间。

例如，$$ES_{2-3}=ES_{2-4}=ES_{2-5}=EF_{1-2}=5$$

$$ES_{3-4}=\max\{EF_{1-3}, EF_{2-3}\}=\max\{6, 8\}=8$$

⑤ 网络计划的计算工期 T_c 指根据时间参数计算得到的工期，它应按下式计算。

$$T_c=\max\{EF_{i-n}\} \quad (4\text{-}26)$$

式中 EF_{i-n}——以终点节点为箭头节点的工作的最早完成时间。

在本例中，网络计划的计算工期为：

$$T_c=\max\{EF_{4-6}, EF_{5-6}\}=\max\{14, 16\}=16$$

网络计划的计划工期 T_p，指按要求工期 T_r 和计算工期 T_c 确定的作为实施目标的工期，其计算应按下述规定：

A．当已规定要求工期时： $T_p \leqslant T_r$ （4-27）

B．当未规定要求工期时： $T_p=T_c$ （4-28）

由于本例未规定要求工期，故计划工期取其计算工期，即 $T_p=T_c=16$，此工期标注在终点节点⑥的右侧，并用方框框起来。

2）工作的最迟完成时间和最迟开始时间。

工作的最迟完成时间指在不影响整个任务按期完成的前提下，本工作必须完成的最迟时刻，用 *LF* 表示。

工作的最迟开始时间指在不影响整个任务按期完成的前提下，本工作必须开始的最迟时刻，用 *LS* 表示。

LF 和 *LS* 的计算应符合下列规定：

① 工作 $i-j$ 的最迟完成时间 LF_{i-j} 和最迟开始时间 LS_{i-j} 应从网络计划终点节点开始，逆着箭线方向依次逐项计算。

② 以终点节点（$j=n$）为箭头节点的工作的最迟完成时间 LF_{i-j}，应按网络计划的计划工期 T_p 确定。即

$$LF_{i-n}=T_P \quad (4\text{-}29)$$

例如在本例中， $LF_{4-6}=LF_{5-6}=16$

③ 工作的最迟开始时间可利用式（4-25）进行计算。

$$LS_{i-j}=LF_{i-j}-D_{i-j} \quad (4\text{-}30)$$

例如，

$$LS_{4-6}=LF_{4-6}-D_{4-6}=16-3=13$$

$$LS_{5-6}=LF_{5-6}-D_{5-6}=16-5=11$$

④ 其他工作 $i-j$ 的最迟完成时间可利用式（4-31）进行计算。

$$LF_{i-j}=\min\{LS_{j-k}\}=\min\{LF_{j-k}-D_{j-k}\} \quad (4\text{-}31)$$

式中 LS_{j-k}——工作 $i-j$ 的紧后工作 $j-k$ 的最迟开始时间；

LF_{j-k}——工作 $i-j$ 的紧后工作 $j-k$ 的最迟完成时间；

D_{j-k}——工作 $i-j$ 的紧后工作 $j-k$ 的持续时间。

例如，

$$LF_{2-5}=LF_{4-5}=LS_{5-6}=11$$

$$LF_{2-4}=LF_{3-4}=\min\{LS_{4-5}, LS_{4-6}\}=\min\{11, 13\}=11$$

3）工作的总时差

工作的总时差是指在不影响总工期的前提下，本工作可以利用的机动时间，工作 $i-j$ 的总时差 TF_{i-j} 按式（4-32）计算：

$$TF_{i-j}=LS_{i-j}-ES_{i-j} \quad (4-32)$$

或

$$TF_{i-j}=LF_{i-j}-EF_{i-j} \quad (4-33)$$

例如，

$$TF_{1-3}=LS_{1-3}-ES_{1-3}=3-0=3$$

或

$$TF_{1-3}=LF_{1-3}-EF_{1-3}=9-6=3$$

4）工作的自由时差。

工作的自由时差是指在不影响其紧后工作最早开始时间的前提下，本工作可以利用的机动时间，工作 $i-j$ 的自由时差 FF_{i-j} 的计算应符合下列规定：

① 当工作 $i-j$ 有紧后工作 $j-k$ 时，其自由时差应为：

$$FF_{i-j}=ES_{j-k}-EF_{i-j}=ES_{j-k}-ES_{i-j}-D_{i-j} \quad (4-34)$$

例如，

$$FF_{1-3}=ES_{3-4}-EF_{1-3}=8-6=2$$

② 以终点节点（$j=n$）为箭头节点的工作，其自由时差应按网络计划的计划工期 T_P 确定。即

$$FF_{i-n}=T_P-EF_{i-j}=T_P-ES_{i-j}-D_{i-j} \quad (4-35)$$

例如，

$$FF_{4-6}=T_P-EF_{4-6}=16-14=2$$

$$FF_{5-6}=T_P-EF_{5-6}=16-16=0$$

需要说明的是，在网络计划中以终点节点为箭头节点的工作，其自由时差与总时差一定相等。此外，当 $T_P=T_c$ 时，工作的总时差为零，其自由时差一定为零，可不必进行专门计算。

5）关键工作和关键线路的确定。

在网络计划中，总时差最小的工作为关键工作。

当规定工期时，$T_c=T_P$，最小总时差为零；当 $T_c > T_P$ 时，最小总时差为负数；当 $T_c < T_P$ 时，最小总时差为正数。

例如在本例中，$T_P=T_c$，工作 1—2、工作 2—4、工作 5—6 的总时差为零，故它们都为关键工作。

自始至终全部由关键工作组成的线路为关键线路。一般用粗线、双线或彩线标注。在关键线路上可能有虚工作存在。例如在本例中，线路①→②→④→⑤→⑥即为关键线路。

（2）节点计算法

所谓节点计算法，就是先计算网络计划中各个节点的最早时间和最迟时间，然后再据此计算各项工作的时间参数和网络计划的计算工期。按节点计算法的标注方式如图

4-37 所示。

下面以如图 4-38 所示双代号网络计划为例，说明节点时间参数的含义，并进行节点的时间参数计算。

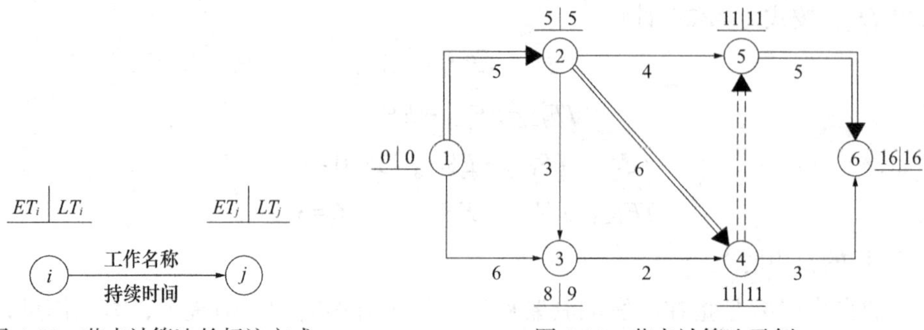

图 4-37 节点计算法的标注方式

图 4-38 节点计算法示例

1）节点最早时间。

节点最早时间是指双代号网络计划中，以该节点为开始节点的各项工作的最早开始时间，用 ET 表示，其计算应符合下列规定：

① 节点 i 的最早时间 ET_i 应从网络计划的起点节点开始，顺着箭线的方向逐个节点计算；

② 起点节点 i 如未规定最早时间 ET_i 时，其值应等于零。即

$$ET_i=0\ (i=1) \tag{4-36}$$

例如， $ET_1=0$

③ 当节点 j 只有一条内向箭线时，最早时间应为：

$$ET_j=ET_i+D_{i-j} \tag{4-37}$$

式中 ET_j——工作 $i-j$ 的完成节点 j 的最早时间；

ET_i——工作 $i-j$ 的完成节点 i 的最早时间；

D_{i-j}——工作 $i-j$ 的持续时间。

例如， $ET_2=ET_1+D_{1-2}=0+5=5$

④ 当节点 j 有多条内向箭线时，其最早时间应为：

$$ET_j=\max\{ET_i+D_{i-j}\} \tag{4-38}$$

例如， $ET_3=\max\{ET_1+D_{1-3},\ ET_2+D_{2-3}\}=\max\{0+6,\ 5+3\}=8$

⑤ 网络计划的计算工期 T_c 应按下式计算：

$$T_c=ET_n \tag{4-39}$$

式中 ET_n——终点节点 n 的最早时间。

例如， $T_c=ET_6=16$

2）网络计划的计划工期的确定

计划工期 T_P 的确定与工作计算法相同。所以，本例的计划工期为：

$$T_P = T_c = 16$$

3）节点最迟时间。

节点最迟时间是指双代号网络计划中，以该节点为完成节点的各项工作的最迟完成时间，用 LT 表示，其计算应符合下列规定：

① 节点 i 的最迟时间 LT_i，应从网络计划的终点节点开始，逆着箭线方向逐个节点计算。

② 终点节点 n 的最迟时间 LT_n 应按网络计划的计划工期 T_P 确定。即

$$LT_n = T_P \tag{4-40}$$

例如，
$$LT_6 = T_P = 16$$

③ 其他节点的最迟时间应按式（4-41）进行计算。

$$LT_i = \min\{LT_j - D_{i-j}\} \tag{4-41}$$

式中 LT_i——工作 $i-j$ 的开始节点 i 的最迟时间；

LT_j——工作 $i-j$ 的完成节点 j 的最迟时间；

D_{i-j}——工作 $i-j$ 的持续时间。

例如，
$$LT_5 = LT_6 - D_{5-6} = 16 - 5 = 11$$

4）工作时间参数计算

① 工作最早开始时间按式（4-42）计算。

$$ES_{i-j} = ET_i \tag{4-42}$$

例如，
$$ES_{1-2} = ET_1 = 0$$
$$ES_{2-5} = ET_2 = 5$$

② 工作最早完成时间按下式计算。

$$EF_{i-j} = ET_i + D_{i-j} \tag{4-43}$$

例如，
$$EF_{1-2} = ET_1 + D_{1-2} = 0 + 5 = 5$$
$$EF_{2-5} = ET_2 + D_{2-5} = 5 + 4 = 9$$

③ 工作最迟完成时间按下式计算。

$$LF_{i-j} = LT_j \tag{4-44}$$

例如，
$$LF_{1-2} = LT_2 = 5$$
$$LF_{2-5} = LT_5 = 11$$

④ 工作最迟开始时间按式（4-45）计算。

$$LS_{i-j} = LT_j - D_{i-j} \tag{4-45}$$

例如，
$$LS_{1-2} = LT_2 - D_{1-2} = 5 - 5 = 0$$
$$LS_{2-5} = LT_5 - D_{2-5} = 11 - 4 = 7$$

⑤ 工作总时差按下式计算。

$$TF_{i-j} = LF_{i-j} - EF_{i-j} = LT_j - (ET_i + D_{i-j}) = LT_j - ET_i - D_{i-j} \tag{4-46}$$

例如，
$$TF_{1-2}=LT_2-ET_1-D_{1-2}=5-0-5=0$$
$$TF_{3-4}=LT_4-ET_3-D_{3-4}=11-8-2=1$$

⑥ 工作自由时差按下式计算。

$$FF_{i-j}=ES_{j-k}-ES_{i-j}-D_{i-j}=ET_j-ET_i-D_{i-j} \tag{4-47}$$

例如，
$$FF_{1-3}=ET_3-ET_1-D_{1-3}=8-0-6=2$$
$$FF_{3-4}=ET_4-ET_3-D_{3-4}=11-8-2=1$$

5）关键工作和关键线路的确定

在双代号网络计划中，关键线路上的节点称为关键节点。关键节点的最迟时间与最早时间的差值最小。特别地，当网络计划的计划工期等于计算工期时，关键节点的最早时间与最迟时间必然相等。

例如在本例中，节点①、②、③、④、⑤、⑥就是关键节点。关键工作两端的节点必为关键节点，但两端为关键节点的工作不一定是关键工作。关键节点必然处在关键线路上，但由关键节点组成的线路不一定是关键线路。例如在本例中节点①、②、⑤、⑥组成的线路就不是关键线路。

当利用关键节点判别关键工作时，要满足下列判别式：

$$ET_i+D_{i-j}=ET_j \tag{4-48}$$

或

$$LT_i+D_{i-j}=LT_j \tag{4-49}$$

如果两个关键节点之间的工作符合上述判别式，则该工作必然为关键工作，它应该在关键线路上。否则，该工作就不是关键工作，关键线路也就不会从此处通过。

例如在本例中，工作 1—2、工作 2—4、虚工作 4—5 和工作 5—6 均符合上述判别式，故线路①→②→③→④→⑤→⑥为关键线路。

需要说明的是，以关键节点为完成节点的工作，其总时差和自由时差必然相等。例如在如图 4-36 所示网络计划中，工作 2-5 的总时差和自由时差均为 2；工作 3-4 的总时差和自由时差均为 1；工作 4-6 的总时差和自由时差均为 2。

（3）标号法

标号法是一种快速寻求网络计划计算工期和关键线路的方法。它利用节点计算法的基本原理，对网络计算计划中的每一个节点进行标号，然后利用标号值确定网络计划的计算工期和关键线路。

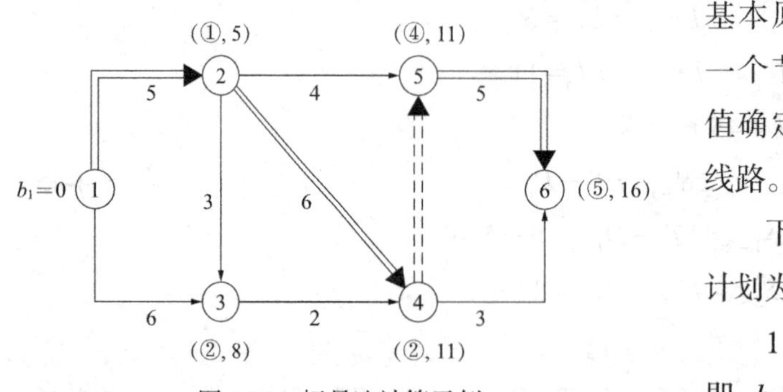

图 4-39　标号法计算示例

下面以如图 4-39 所示双代号网络计划为例，说明标号法的计算过程。

1）设起点节点①的标号值为零，即：$b_1=0$。

2）其他节点的标号值应根据式（4-50）按节点编号从小到大的顺序逐个进行计算：

$$b_j=\max\{b_i+D_{i-j}\} \tag{4-50}$$

式中 b_j——工作 $i-j$ 的完成节点 j 的标号值；

b_i——工作 $i-j$ 的开始节点 i 的标号值；

D_{i-j}——工作 $i-j$ 的持续时间。

例如，
$$b_2=b_1+D_{1-2}=0+5=5$$
$$b_3=\max\{b_1+D_{1-3},\ b_2+D_{2-3}\}=\max\{0+6,\ 5+3\}=8$$

当计算出节点的标号值后，应该用其标号值及其源节点对该节点进行双标号。所谓源节点，就是用来确定本节点标号值的节点。例如在本例中，节点③的标号值 8 是由节点②所确定，故节点③的源节点就是节点②。

3）网络计划的计算工期就是网络计划终点节点的标号值。

如在本例中，其计算工期就等于终点⑥的标号值，$T_c=16$。

4）关键线路应从网络计划的终点节点开始，逆着箭线方向按源节点确定。

例如，从终点节点⑥开始，逆着箭线方向按源节点可以找出关键线路为①→②→④→⑤→⑥。

4.2.3 时标网络计划

时标网络计划是网络计划的一种表现形式，也称带时间坐标的双代号网络计划，是以时间坐标为尺度编制的双代号网络计划，如图 4-40 所示。

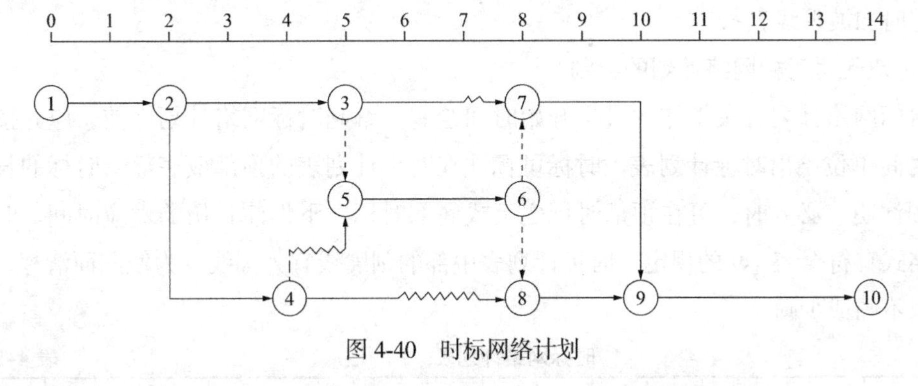

图 4-40 时标网络计划

在一般双代号网络计划中，箭线长短并不表示时间的长短，而在时标网络计划中，箭线长短和所在位置即表示工作的时间进程，这是时标网络计划与一般双代号网络计划的主要区别。

1. 时标网络计划概述

时标网络计划是双代号网络计划与横道计划的有机结合，它在横道图的基础上引进了网络计划中工作之间逻辑关系的表达方法，既解决了横道图中各项工作相互关系不明确、许多时间参数无法计算的缺点，又解决了网络计划图形时间表达不直观的问题。

（1）时标网络计划的特点

1）各项工作的开始与完成时间一目了然，表达直观，还能直接显示各项工作的自由时差，关键线路、关键工作也能很快得出，基本上不必再进行网络计划时间参数的计算。

2）便于在图上计算劳动力、材料等资源的需用量，并能在图上调整时差，进行网络计划的工期和资源的优化。

3）修改和调整时标网络计划较繁琐，需要借助计算机完成，不适宜手工操作。对一般的网络计划，若改变某一工作的持续时间，只需更改箭线下方所标注的时间数字就行，十分简便。但是，时标网络计划是用线段的长短来表示每一工作的持续时间的，若改变时间就需改变箭线的长度和位置，这样往往会引起整个网络图的变动。

（2）时标网络计划的适用范围

时标网络计划的适用范围是：工作项目较少、工艺过程比较简单的工程；局部网络计划；作业性网络计划；使用实际进度前锋线进行进度控制的网络计划。

（3）时标网络计划的一般规定

1）时标网络计划必须以水平时间坐标为尺度表示工作时间。时标的时间单位应根据需要在编制网络计划之前确定，可以是时、天、周、月或季等。

2）时标网络计划应以实箭线表示工作，以虚箭线表示虚工作，以波形线表示工作的自由时差。

3）时标网络计划中所有符号在时间坐标上的水平投影位置，都必须与其时间参数相对应。节点中心必须对准相应的时标位置。虚工作必须以垂直方向的虚箭线表示，有自由时差时加波形线表示。

2. 双代号时标网络计划的绘制

时标网络计划宜按工作的最早开始时间绘制。编制时标网络计划之前，应先按已确定的时间单位绘出时标计划表。时标可标注在时标计划表的顶部或底部。时标的长度单位必须注明。必要时，可在顶部时标之上或底部时标之下加注日历的对应时间。时标计划表格式宜符合表 4-9 的规定。时标计划表中部的刻度线宜为细线。为使图面清楚，此线也可以不画或少画。

时标网络计划表 表 4-9

日历																	
（时间单位）	1	2	3	4	5	6	7	8	9	10	11	12	13	14	15	16	17
网络计划																	
（时间单位）	1	2	3	4	5	6	7	8	9	10	11	12	13	14	15	16	17

时标网络计划的绘制方法常用的有两种：间接绘制法、直接绘制法。一般应先绘制无时标的双代号网络计划草图，然后按上述的两种方法之一完成时标网络计划的绘制。

（1）间接绘制法

所谓间接绘制法，是指先计算无时标网络计划的时间参数，再根据时间参数按草图在时标计划表上进行绘制。

【例 4-14】 已知某工程网络计划如图 4-41 所示，试绘制时标网络计划。

解：① 计算各节点最早时间（即各工作的最早开始时间），如图 4-41 所示。

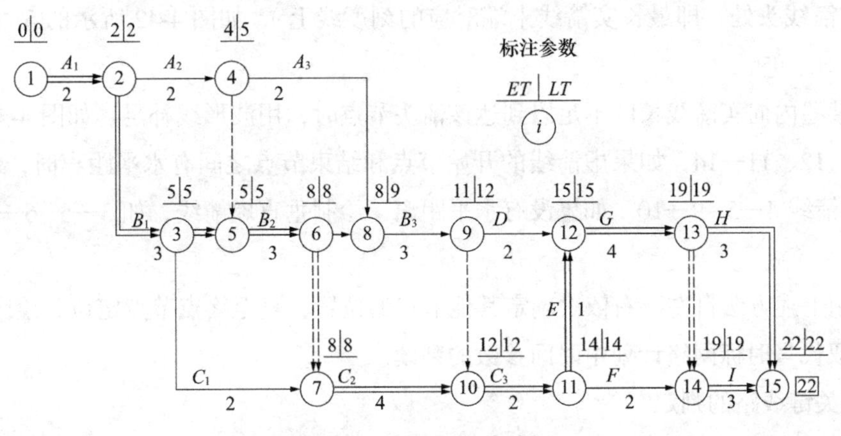

图 4-41　某工程网络计划

② 在时标表上，按最早开始时间确定每项工作的开始节点位置（图形尽量与草图一致）。

③ 按各工作的时间长度绘制相应工作的实线部分，使其在时间坐标上的水平投影长度等于工作时间；虚工作因为不占时间，故只能以垂直虚线表示。

④ 用波形线把实线部分与其紧后工作的开始节点连接起来，以表示自由时差。

完成后的时标网络计划如图 4-42 所示。

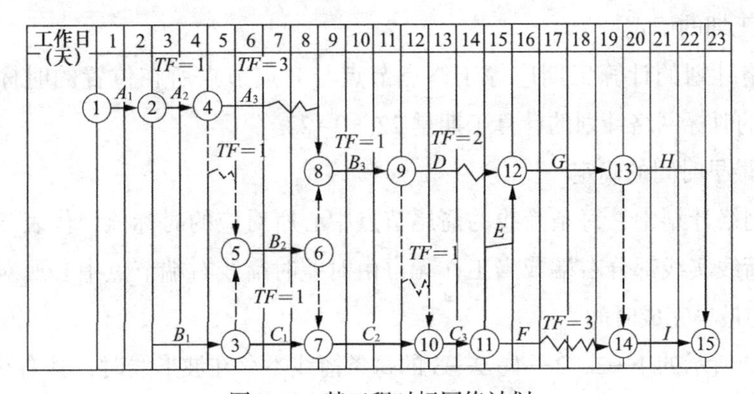

图 4-42　某工程时标网络计划

（2）直接绘制法

所谓直接绘制法，是指不计算时间参数，直接根据无时标网络计划在时标表上进行绘制。仍以图 4-41 为例，绘制时标网络计划的步骤如下：

1）绘制时标表。

2）将起点节点定位在时标表的起始刻度线上，如图 4-42 所示的节点①。

3）按工作持续时间绘制起点节点的外向箭线，如图 4-42 所示的 1—2。

4）有一条内向箭线的节点只要其内向箭线绘出之后，就可直接定位，如图 4-42 所示的②、③、④、⑨、⑪、⑬。

5）有多条内向箭线的节点必须在其所有内项箭线都绘出后，定位在这些箭线中最晚完成的实箭线头处（即最长实箭线末端对应的刻度线上），如图 4-42 所示的⑤、⑦、⑧、⑩、⑫、⑭、⑮。

6）某些内向实箭线长度不足以到达该箭头节点时，用波形线补足。如图 4-42 所示的 4—8、9—12、11—14，如果虚箭线的开始节点和结束节点之间有水平距离时，以波形线补足，如箭线 4—5、9—10。如果没有水平距离，绘制垂直虚箭线，如 3—5、6—7、6—8、13—14。

7）用上述方法自左至右依次确定其他节点的位置，直至终点节点定位，绘图完成。

3. 双代号时标网络计划中时间参数的判读

（1）关键线路的判定

时标网络计划中的关键线路可以从网络计划的终点节点开始，逆着箭线方向朝起点节点观察，凡自始至终不出现波形线的线路即为关键线路。因为不出现波形线，就说明在这条线路上相邻两项工作之间的时间间隔全部为零，也就是在计算工期等于计划工期的前提下，这些工作的总时差和自由时差全部为零。

例如图 4-42 所示的时标网络计划中，①→②→③→⑦→⑩→⑪→⑫→⑬→⑮为关键线路。

（2）时间参数的确定

1）计算工期的确定

时标网络计划的计算工期应等于终点节点与起点节点所在位置的时标值之差。如图 4-42 所示的时标网络计划的计算工期是 22－0=22。

2）工作最早时间的确定

在时标网络计划中，每条箭线的箭尾节点中心所对应的时标值，代表该工作的最早开始时间，箭线实线部分右端或当工作无自由时差时箭线右端节点中心所对应的时标值代表该工作的最早完成时间。

如图 4-42 所示的 1—2、2—4、2—3 的每条箭线不存在波形线时，其右端节点中心所对应的时标值为该工作的最早完成时间，即 1—2、2—4、2—3 的最早完成时间分别是 2、4 和 5；如图 4-42 所示的 4—8、9—12、11—14 的每条箭线中存在波形线时，它们的最早开始时间分别为 4、11 和 14，而它们的最早完成时间分别为 6、13 和 16。

3）工作自由时差的确定

时标网络计划中，工作自由时差等于其波形线在坐标轴上水平投影的长度。例如图4-42所示的工作4—8的自由时差为2，工作4—5的自由时差为1，工作9—10的自由时差为1，工作9—12的自由时差为2，工作11—14的自由时差为3，其他工作无自由时差。

4）工作总时差的计算

总时差不能从图上直接判定，需要进行计算。计算应自右向左进行，且符合下列规定：

① 以终点节点为箭头节点的工作的总时差 TF_{i-n} 按式（4-51）计算。

$$TF_{i-n}=T_P-EF_{i-n} \tag{4-51}$$

例如在图4-42中，

$$TF_{13-15}=T_P-EF_{13-15}=22-22=0$$

$$TF_{14-15}=T_P-EF_{14-15}=22-22=0$$

② 其他工作的总时差应为

$$TF_{i-j}=\min\{TF_{j-k}+FF_{i-j}\} \tag{4-52}$$

例如在图4-42中，

$$TF_{12-13}=TF_{13-15}+FF_{12-13}=0+0=0$$

$$TF_{11-14}=TF_{14-15}+FF_{11-14}=0+2=2$$

$$TF_{2-4}=\min\{TF_{4-5}+FF_{2-4},\ TF_{4-8}+FF_{2-4}\}=\min\{1+0,\ 3+0\}=1$$

5）工作最迟时间的计算。

工作最迟开始时间和最迟完成时间按式（4-53）、式（4-54）计算：

$$LS_{i-j}=ES_{i-j}+TE_{i-j} \tag{4-53}$$

$$LF_{i-j}=EF_{i-j}+TF_{i-j} \tag{4-54}$$

例如，

$$LS_{2-4}=ES_{2-4}+TF_{2-4}=2+1=3$$

$$LF_{2-4}=EF_{2-4}+TF_{2-4}=4+1=5$$

4.2.4　网络计划优化

网络计划的绘制和时间参数的计算，只是完成网络计划的第一步，得到的只是计划的初始方案，是一种可行方案，但不一定是最优方案。由初始方案形成最优方案，就要对计划进行网络计划的优化。

网络计划的优化，就是在满足既定约束条件下，按选定目标，通过不断改进网络计划寻求满意方案。

网络优化的优化目标，应按计划任务的需要和条件选定，包括工期目标、费用目标、资源目标。网络计划优化的内容有：工期优化、费用优化和资源优化。

1. 工期优化

所谓网络计划的工期优化，就是缩短网络计划初始方案的计算工期，达到要求工期；或在一定的约束条件下使工期缩短。工期优化，一般是通过压缩关键工作的持续时间来实现的，但在优化过程中不能将关键工作压缩成非关键工作。当优化过程中出现有多条关键线路时，必须同时压缩各条关键线路的持续时间，否则不能有效地缩短工期。

工期优化的计算，应按下列步骤进行：

（1）计算并找出初始网络计划的计算工期、关键线路及关键工作。

（2）按要求工期计算应缩短的持续时间。

（3）确定各关键工作能缩短的持续时间。

（4）选择关键工作，压缩其持续时间，并重新计算网络计划的计算工期；选择应缩短持续时间的关键工作时，宜考虑以下因素：缩短持续时间对质量和安全影响不大的工作；有充足备用资源的工作；缩短持续时间所需增加费用最小的工作。

（5）当计算工期仍超过要求工期时，则重复以上（1）～（4）的步骤，直到满足工期要求或工期已不能再缩短为止。

（6）当所有关键工作的持续时间都已达到其能缩短的极限而工期仍不满足要求时，则应对计划的原技术方案、组织方案进行调整或对要求工期重新审定。

【例 4-15】 某网络计划如图 4-43 所示，图中括号内数据为工作最短持续时间，假定要求工期为 100 天，试对其进行工期优化。

解： 工期优化的步骤如下：

第一步，用工作正常持续时间计算节点的最早时间和最迟时间以找出网络计划的关键工作及关键线路（也可用标号法确定），如图 4-44 所示。其中关键线路用双箭线表示，为①→③→④→⑥，关键工作为 1—3，3—4，4—6。

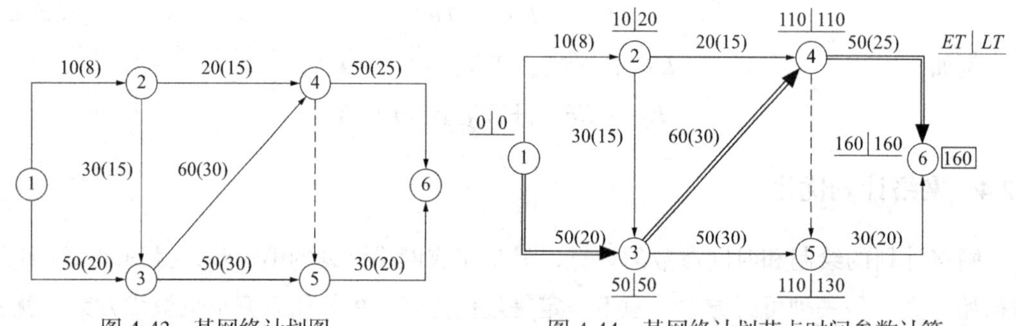

图 4-43　某网络计划图　　　　图 4-44　某网络计划节点时间参数计算

第二步，计算需缩短时间。根据图 4-44 所计算的工期需要缩短时间 60 天。根据图 4-43 中的数据，关键工作 1—3 可压缩 30 天；关键工作 3—4 可压缩 30 天；关键工作 4—6 可压缩 25 天。这样，原关键线路总计可压缩的工期为 85 天。由于只需压缩 60 天，且考虑到前述原则，因缩短工作 4—6 增加劳动力较多，故仅压缩 10 天，另外两项工作则分别压缩 20 天和 30 天，重新计算网络计划工期如图 4-45 所示，图中标出了新的关键线路，工期为 120 天。

第三步，一次压缩后不能满足工期要求，再作第二次压缩。

按要求工期尚需压缩 20 天，仍根据前述原则，选择工作 2—3，3—5 较宜。用最短工作持续时间置换工作 2—3 和工作 3—5 的正常持续时间，重新计算网络计划，如图 4-46 所示。对其进行计算，可知已满足工期要求。

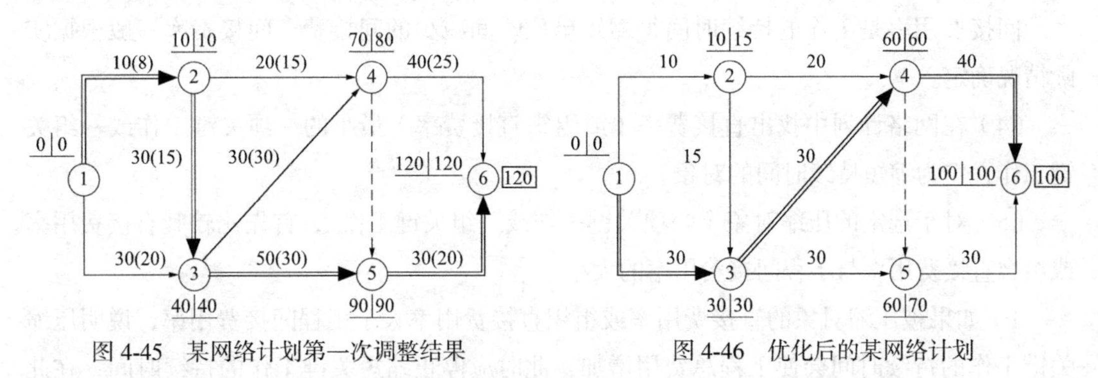

图 4-45　某网络计划第一次调整结果　　　　图 4-46　优化后的某网络计划

2. **费用优化**

费用优化又称工期成本优化，是指寻求工程总成本最低的工期安排，或按要求工期寻求最低成本的计划安排的过程。

网络计划的总费用由直接费和间接费组成。它们与工期之间的关系，如图 4-47 所示。缩短工期，会引起直接费用的增加和间接费用的减少；延长工期会引起直接费用的减少和间接费用增加。总费用曲线为 U 形曲线，当工期长，总费用则提高；当工期短，总费用也提高。U 形曲线的最低点相对应的工期即为最优工期。

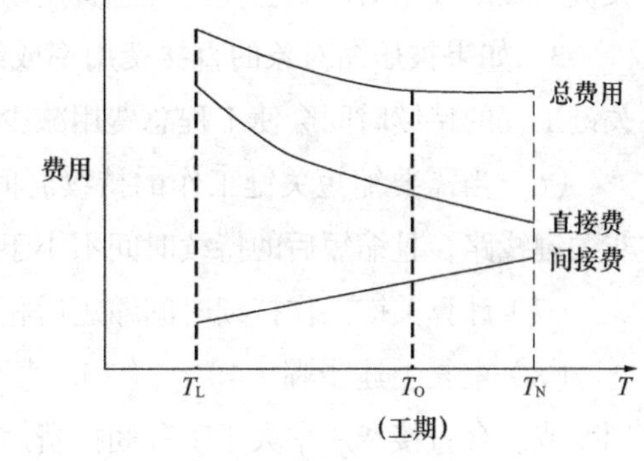

图 4-47　工期—费用曲线

费用优化可按下述步骤进行：

（1）按工作的正常持续时间，确定计算工期和关键线路。

（2）计算各项工作的直接费用率。

工作的持续时间每缩短单位时间而增加的直接费称为直接费用率。直接费用率等于最短时间直接费和正常时间直接费所得之差除以正常持续时间减最短持续时间所得之差而得出的商值，即

$$\Delta C_{i-j}=\frac{CC_{i-j}-CN_{i-j}}{DN_{i-j}-DC_{i-j}} \tag{4-55}$$

式中　ΔC_{i-j}——工作 $i-j$ 的直接费用率；

CC_{i-j}——工作 $i-j$ 的最短时间直接费，即将工作 $i-j$ 的持续时间缩短为最短持续时间后，完成该工作所需直接费；

CN_{i-j}——工作 $i-j$ 的正常时间直接费，即按正常持续时间完成工作 $i-j$ 所需的直接费；

DN_{i-j}——工作 $i-j$ 的正常持续时间；

DC_{i-j}——工作 $i-j$ 的最短持续时间。

（3）确定间接费用率。

间接费用率是工作的持续时间每缩短单位时间减少的间接费，间接费率一般根据实际情况确定。

（4）在网络计划中找出直接费率（或组织直接费率）最小的一项关键工作或一组关键工作，作为缩短持续时间的对象。

（5）对于选定的压缩对象（一项关键工作或一组关键工作），首先比较其直接费用率或组合直接费用率与工程间接费用率的大小：

1）如果被压缩对象的直接费用率或组织直接费用率大于工程间接费用率，说明压缩关键工作的持续时间会使工程总费用增加，此时应停止缩短关键工作的持续时间，在此之前的方案即为优化方案；

2）如果被压缩对象的直接费用率或组合直接费用率等于工程间接费用率，说明压缩关键工程的技术时间不会使工程总费用增加，故应缩短关键工程的持续时间；

3）如果被压缩对象的直接费用率或组合直接费用率小于工程间接费用率，说明压缩关键工程的持续时间会使工程总费用减少，故应缩短关键工作的持续时间。

（6）当需要缩短关键工作的持续时间时，其缩短值必须符合所在关键线路不能变成非关键线路，且缩短后的持续时间不小于最短持续时间的原则。

（7）计算关键工作持续时间缩短后相应增加的总费用。

（8）重复上述步骤（4）～（7），直至计算工期满足要求工期或被压缩对象的直接费用率或组合直接费用率大于工程间接费用率为止。

现在举例说明优化方法和步骤。

【例 4–16】 某工程双代号网络计划如图 4-48 所示。该工程的间接费用率为 0.8 万元 / 天，试对其进行费用优化。

解：（1）根据各项工作的正常持续时间，用标号法确定网络计划的计算工期和关键线路，如图 4-48 所示。计算工期为 19 天，关键线路有两条，即①→③→④→⑥和①→③→⑤→⑥。

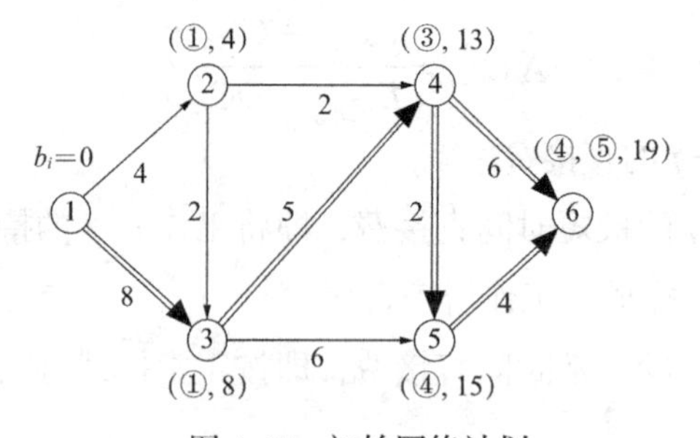

图 4-48　初始网络计划

（2）计算各项工作的直接费用率，根据式（4-50）进行计算，计算结果列在表4-10中。

已知数据及工作的直接费用率计算表　　表4–10

工作	正常持续时间			直接费用			
	正常施工（天）	最短施工（天）	可缩短的时间（天）	正常施工（万元）	最短施工（万元）	差额（万元）	费用率（万元/天）
1—2	4	2	2	7.0	7.4	0.4	0.2
1—3	8	6	2	9.0	11.0	2.0	1.0
2—3	2	1	1	5.7	6.0	0.3	0.3
2—4	2	1	1	5.5	6.0	0.5	0.5
3—4	5	3	2	8.0	8.4	0.4	0.2
3—5	6	4	2	8.0	9.6	1.6	0.8
4—5	2	1	1	5.0	5.7	0.7	0.7
4—6	6	4	2	7.5	8.5	1.0	0.5
5—6	4	2	2	6.5	6.9	0.4	0.2
总计				62.2			

（3）计算工程总费用

① 直接费用总和=7.0+9.0+5.7+5.5+8.0+8.0+5.0+7.5+6.5=62.2万元。

② 间接费总和=0.8×19=15.2万元。

③ 工程总费用=62.2+15.2=77.4万元。

（4）通过压缩关键工作的持续时间进行费用优化。

① 第一次压缩。

从图4-48可知，该网络计划中有两条关键线路，为了同时缩短两条关键线路的总持续时间，有以下四个压缩方案:

A. 压缩工作1—3，直接费用率为1.0万元/天;

B. 压缩工作3—4，直接费用率为0.2万元/天;

C. 同时压缩工作4—5和4—6，组合直接费用率为: 0.7+0.5=1.2万元/天;

D. 同时压缩工作4—6和5—6，组合直接费用率为: 0.5+0.2=0.7万元/天。

在上述压缩方案中，由于工作3—4的直接费用率最小，故选择工作3—4作为压缩对象。工作3—4的直接费用率0.2万元/天，小于间接费用率0.8万元/天，说明压缩工作3—4可使工程总费用降低。由于将工作3—4的持续时间压缩至最短持续时间3天，关键工作将被压缩成关键工作，故将其持续时间压缩1天，第一次压缩后的网络计划如图4-49所示。

② 第二次压缩。

从图 4-49 可知，该网络计划中有三条关键线路，为了同时缩短三条关键线路的总持续时间，有以下五个压缩方案：

A. 压缩工作 1—3，直接费用率为 1.0 万元 / 天；

B. 压缩工作 3—4 和 3—5，组合直接费用率为 0.2+0.8=1.0 万元 / 天；

C. 同时压缩工作 3—4 和 5—6，组合直接费用率为 0.2+0.2=0.4 万元 / 天；

D. 同时压缩工作 3—5、4—5 和 4—6，组合直接费用率为 0.8+0.7+0.5=2.0 万元 / 天；

E. 同时压缩工作 4—6 和 5—6，组合直接费用率为 0.5+0.2=0.7 万元 / 天。

在上述压缩方案中，由于工作 3—4 和工作 5—6 的组合直接费用率 0.4 万元 / 天，小于间接费用率 0.8 万元 / 天，说明同时压缩工作 3—4 和工作 5—6 可使工程总费用降低。由于工作 3—4 的持续时间只能压缩 1 天，工作 5—6 的持续时间也只能压缩 1 天。将这两项工作的持续时间同时压缩 1 天后，利用标号法重新确定计算工期和关键线路。此时，关键线路由压缩前的三条变成两条，原来的关键工作 4—5 未经压缩而被动地变成了非关键工作。第二次压缩后的网络计划如图 4-50 所示。

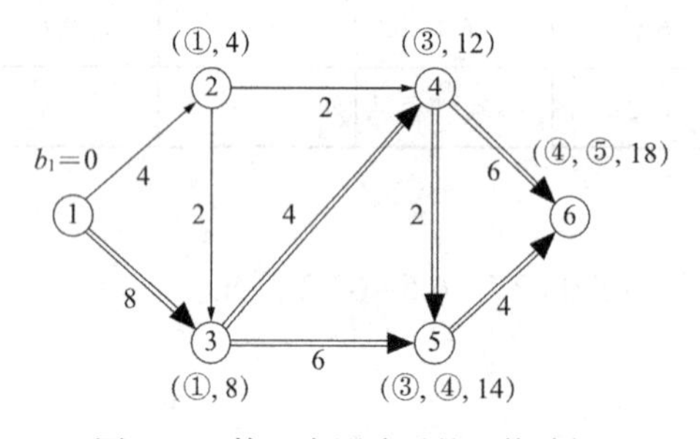

图 4-49 第一次压缩后的网络计划图

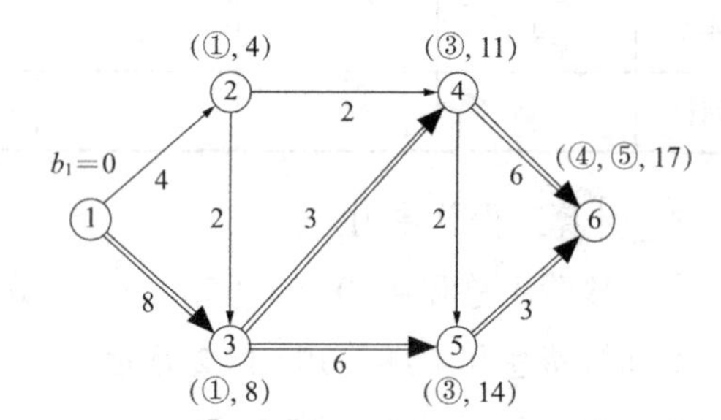

图 4-50 第二次压缩后的网络计划

③ 第三次压缩。

从图 4-50 可知，由于工作 3—4 不能再压缩，而为同时缩短两条关键线路的总持续时间，有以下三个压缩方案：

A. 压缩工作 1—3，直接费用率为 1.0 万元 / 天；

B. 同时压缩工作 4—6 和 5—6 的组合直接费用率 0.7 万元 / 天为最小，且小于间接费用率 0.8 万元 / 天，说明同时压缩工作 4—6 和工作 5—6 可使工程总费用降低。由于工作 5—6 的持续时间只能压缩 1 天后，利用标号法重新确定计算工期和关键线路。此时关键线路仍然为两条。第三次压缩后的网络计划如图 4-51 所示。

④ 第四次压缩。

从图 4-51 可知，由于工作 3—4 和工作 5—6 不能再压缩，而为了同时缩短两条关键线路的总持续时间，只有以下两个压缩方案：

A. 压缩工作 1—3，直接费用率为 1.0 万元 / 天；

B. 同时压缩工作 3—5 和 4—6，组合直接费用率为 0.8+0.5=1.3 万元 / 天。

在上述压缩方案中，由于工作 1—3 的直接费用率最小，故应选择工作 1—3 作为压缩对象。但由于工作 1—3 的直接费用率 1.0 万元 / 天，大于间接费用率 0.8 万元 / 天，说明压缩工作 1—3 会使工程总费用增加。因此，不需要压缩工作 1—3，优化方案已经得到费用优化后的网络计划如图 4-52 所示。图中箭线上方括号内数字为工作的直接费。以上费用优化过程见表 4-11。

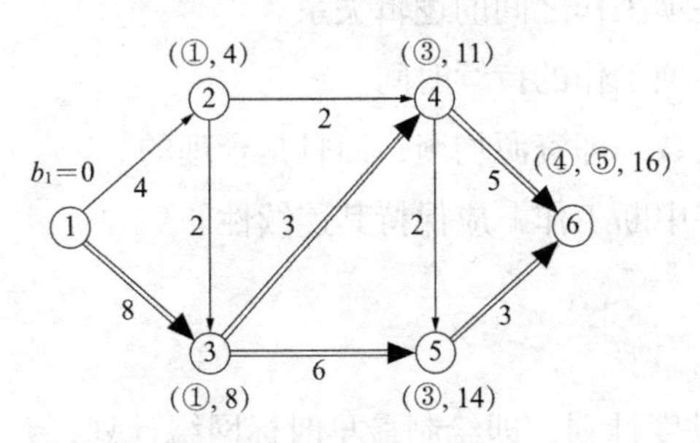

图 4-51　第三次压缩后的网络计划

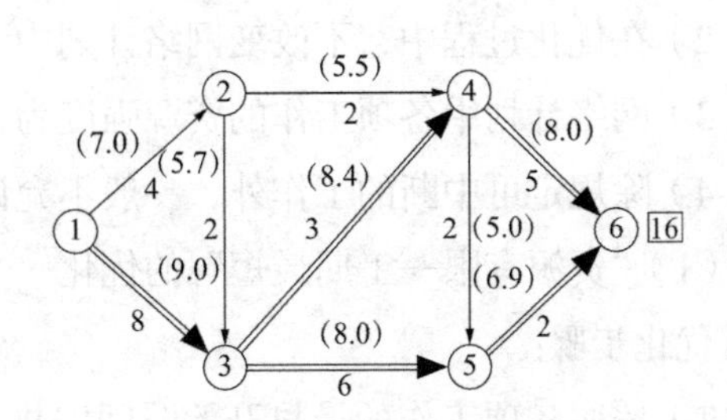

图 4-52　费用优化后的网络计划

费用优化表　　表 4–11

压缩次数	被压缩的工作代号	直接费用率或组合直接费用率	费率差（万元 / 天）	缩短时间	费用增加值	总工期（天）	总费用（万元）
0	—	—	—	—	—	19	77.4
1	3—4	0.2	− 0.6	1	− 0.6	18	76.8
2	3—4 5—6	0.4	− 0.4	1	− 0.4	17	76.4
3	4—6 5—6	0.7	− 0.1	1	− 0.1	16	76.3
4	1—3	1.0	+0.2	—	—	—	—

注：费率差是指工作直接费用率与工程间接费用率之差，它表示工期缩短单位时间时工程总费用增加的数值。

（5）计算优化后的工程总费用。

① 直接费总和=7.0+9.0+5.7+5.5+8.4+8.0+5.0+8.0+6.9=63.5 万元。

② 间接费总和=0.8 × 16=12.8 万元。

③ 工程总费用=63.5+12.8=76.3 万元。

3. 资源优化

资源是指为完成一项计划任务所需的人力、材料、机械设备和资金等的统称。完成一项工程任务所需的资源量最基本上是不变的，不可能通过资源优化将其减少。资源优化的目的是通过改变工作的开始时间和完成时间，使资源按照时间的分布符合优化目标。

一项工作在单位时间内所需的某种资源的数量称为资源强度；网络计划中各项工作在

某一单位时间内所需某种资源数量之和称为资源需用量；单位时间内可供使用的某种资源的最大数量称为资源限量。

资源优化主要有“资源有限—工期最短”和“工期固定—资源均衡”两种。前者是通过调整计划安排，在满足资源限制条件下，使工期延长最少的过程；而后者是通过调整计划安排，在工期保持不变的条件下，使资源需用量尽可能均衡的过程。

进行资源优化时的前提条件是:

1）在优化过程中，不改变网络计划中各项工作之间的逻辑关系。

2）在优化过程中，不改变网络计划中各项工作的持续时间。

3）网络计划中各项工作的资源强度为常数，即资源均衡，而且是合理的。

4）除规定可中断的工作外，一般不允许中断工作，应保持其连续性。

（1）“资源有限—工期最短”的优化

优化步骤:

1）按照各项工作的最早开始时间安排进度计划，即绘制最早时标网络计划，并计算网络计划每个时间单位的资源需要量。

2）从计划开始日期起，逐个检查每个时间单位资源需要量是否超过所能供应的资源限量。如果在整个工期范围内每个时间单位的资源需要量均能满足资源限量的要求，则可行优化方案就编制完成；否则必须进行计划调整。

3）分析超过资源限量的时段，按式（4-56）计算 $\Delta D_{m'-n',\ i'-j'}$ 值，依据它确定新的安排顺序。

$$\Delta D_{m'-n,\ i'-j'}=\min\{\Delta D_{m-n,\ i-j}\} \tag{4-56}$$

$$\Delta D_{m-n,\ i-j}=EF_{m-n}-LS_{i-j} \tag{4-57}$$

式（4-56）中　$\Delta D_{m'-n',\ i'-j'}$——在各种顺序安排中，最佳顺序安排所对应的工期延长时间的最小值;

$\Delta D_{m-n,\ i-j}$——在资源冲突的诸工作中，工作 $i-j$ 安排在工作 $m-n$ 之后进行，工期所延长的时间。

4）当最早完成时间 $EF_{m'-n'}$ 最小值和最迟开始时间 $LS_{i'-j'}$ 最大值同属一个工作时，应找出最早完成时间 $EF_{m'-n'}$ 为次小，最迟开始时间 $LS_{i'-j'}$ 为次大的工作，分别组成两个顺序方案，再从中选取较小者进行调整。

5）绘制调整后网络计划，重新计算每个时间单位的资源需要量。

6）重复上述（2）～（4），直至网络计划整个工期范围内每个时间单位的资源需要量均满足资源限量为止。

【例 4-17】 某网络计划如图 4-53 所示，图中箭线上的数为工作持续时间，箭线下的数为工作资源强度，假定每天只有 9 个工人可供使用，如何安排各工作最早开始时间使工期达到最短?

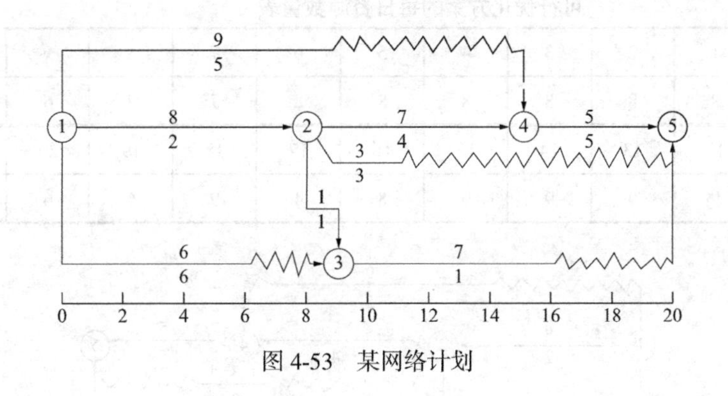

图 4-53 某网络计划

解: ① 计算每日资源需要量：见表 4-12（也可通过绘制劳动力动态曲线得到每日资源需要量）。

每日资源数量表 **表 4-12**

工作日	1	2	3	4	5	6	7	8	9	10	11
资源数量	5	5	5	9	11	8	8	4	4	8	8
工作日	12	13	14	15	16	17	18	19	20	21	22
资源数量	8	7	7	4	4	4	4	4	5	5	5

② 逐日检查是否满足要求：在表 4-12 中看到第一天资源需用量就超过可供资源量（9 人）要求，必须进行工作最早开始时间调整。

③ 分析资源超限的时段。在第 1 ～ 6 天，有工作 1—4、1—2、1—3，分别计算 EF_{i-j}、LS_{i-j}，确定调整工作最早开始时间方案，见表 4-13。

超过资源限量的时段的工作时间参数表 **表 4-13**

工作代号 $i-j$	EF_{i-j}	LS_{i-j}
1—4	9	6
1—2	8	0
1—3	6	7

根据式（4-51）和式（4-52），确定 $\Delta D_{m'-n', i'-j'}$ 最小值，min｛EF_{m-n}｝和 max｛LS_{i-j}｝属于同一工作 1—3，找出 EF_{m-n} 的次小值及 LS_{i-j} 的次大值是 8 和 6，组成两组方案。

$$\Delta D_{1-3,\ 1-4}=6-6=0$$

$$\Delta D_{1-2,\ 1-3}=8-7=1$$

选择工作 1—4 安排在工作 1—3 之后进行，工期不增加，每天资源需用量从 13 人减少到 8 人，满足要求。如果有多个平行作业工作，当调整一项工作的最早开始时间后仍不能满足要求，就应继续调整。

重复以上计算方法与步骤。可行优化方见表 4-14 及如图 4-54 所示。

可行优化方案的每日资源数量表　　表 4–14

工作日	1	2	3	4	5	6	7	8	9	10	11
资源数量	8	8	8	8	8	8	7	7	6	9	9
工作日	12	13	14	15	16	17	18	19	20	21	22
资源数量	9	9	9	9	8	4	9	6	6	6	6

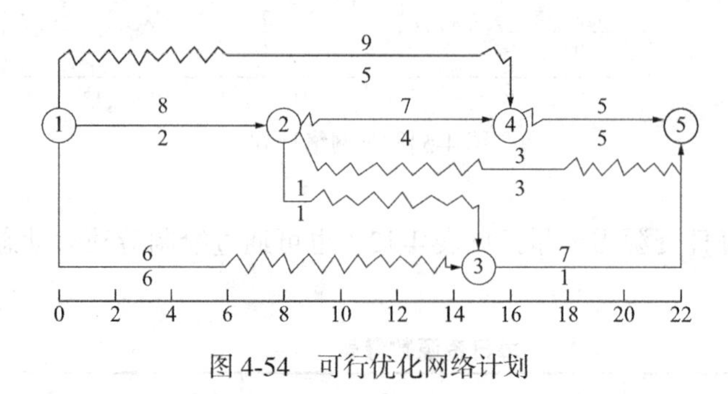

图 4-54　可行优化网络计划

（2）“工期固定—资源均衡”的优化

“工期固定—资源均衡”的优化是在工期保持不变的条件下，调整工程施工进度计划，使资源需要量尽可能均衡，即整个工程每个单位时间的资源需要量不出现过高的高峰和低谷。这样可以大大减少施工现场各种临时设施的规模，不仅有利于工程建设的组织与管理，而且可以降低工程施工费用。

“工期固定—资源均衡”的优化方法有多种，如削高峰法、方差值最小法、极差值最小法等。这里仅介绍削高峰法，削高峰法的步骤如下：

1）计算网络计划每天资源需用量。

2）确定削峰目标，其值等于每天资源需用量的最大值减去一个单位量。

3）找出高峰时段的最后时间 T_h 及有关工作的最早开始时间 ES_{i-j} 和总时差 TF_{i-j}。

4）按式（4-58）计算有关工作的时间差值 ΔT_{i-j}。

$$\Delta T_{i-j}=TF_{i-j}-(T_h-ES_{i-j}) \tag{4-58}$$

优先以时间差值最大的工作 $i'-j'$ 作调整对象，$ES_{i'-j'}=T_h$。

5）若峰值不能再减少，即求得资源均衡优化方案，否则，重复以上步骤。

【例 4–18】 某时标网络计划如图 4-55 所示，图中箭线上的数为工作持续时间，箭线下的数为工作资源强度，试对其进行资源均衡优化。

解： ① 计算每日所需资源数量：见表 4-15。

② 确定削峰目标：其值等于表 4-15 中最大值减去一个单位量。削峰目标定为 10（11－1）。

③ 找出 T_h 及有关工作的最早开始时间 ES_{i-j} 和总时差 TF_{i-j}。

$$T_h=5$$

在第 5 天有 2—5、2—4、3—6、3—10 四个工作，相应的 FF_{i-j} 和 ES_{i-j} 分别为 2、4、0、4、12、3、15、3。

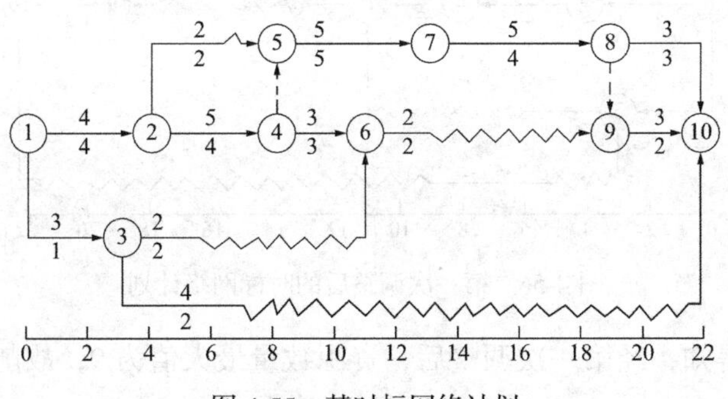

图 4-55 某时标网络计划

每日资源数量表（初始） 表 4-15

工作日	1	2	3	4	5	6	7	8	9	10	11
资源数量	5	5	5	7	9	8	8	6	6	8	8
工作日	12	13	14	15	16	17	18	19	20	21	11
资源数量	8	7	7	4	4	4	4	4	5	5	5

④式（4-53）计算有关工作的时间差值 ΔT_{i-j}：

$$\Delta T_{2-5}=2-(5-4)=1$$

$$\Delta T_{2-4}=0-(5-4)=-1$$

$$\Delta T_{3-6}=12-(5-3)=10$$

$$\Delta T_{3-10}=15-(5-3)=13$$

其中工作 3—10 的 ΔT_{3-10} 值最大，故优先将该工作向右移动 2 天（即第 5 天以后开始），然后计算每日资源数量，看峰值是否小于或等于削峰目标（=10）。如果由于工作 3—10 最早开始时间改变，在其他时段中出现超过削峰目标的情况时，则重复③—⑤步骤，直至不超过削峰目标为止。本例工作 3—10 调整后，其他时间里没有再出现超过削峰目标，见表 4-16 及如图 4-56 所示。

每日资源数量表（第一次优化） 表 4-16

工作日	1	2	3	4	5	6	7	8	9	10	11
资源数量	5	5	5	7	9	8	8	6	6	8	8
工作日	12	13	14	15	16	17	18	19	20	21	22
资源数量	8	7	7	4	4	4	4	4	5	5	5

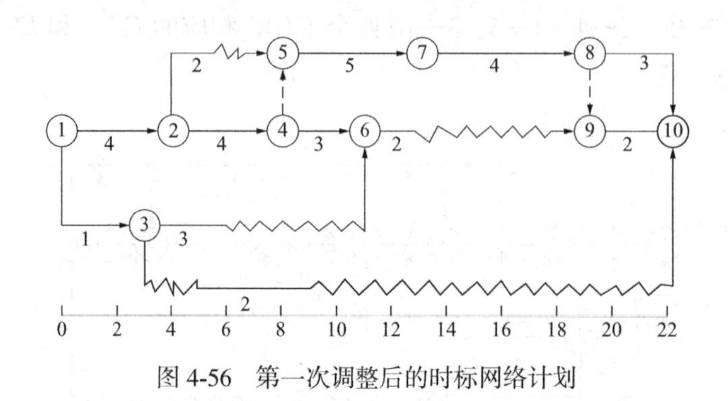

图 4-56 第一次调整后的时标网络计划

⑤ 从表 4-15 得知，经第一次调整后，资源数量最大值为 9，故削峰目标定为 8。逐日检查至第 5 天，资源数量超过削峰目标值，在第 5 天中有工作 2—4、3—6、2—5，计算各 ΔT_{i-j} 值：

$$\Delta T_{2-4}=0-(5-4)=-1$$

$$\Delta T_{3-6}=12-(5-3)=10$$

$$\Delta T_{2-5}=2-(5-4)=1$$

其中 ΔT_{3-6} 值为最大，故优先调整工作 3—6，将其向右移动 2 天，资源数量变化见表 4-17。

每日资源数量表（第二次优化） **表 4–17**

工作日	1	2	3	4	5	6	7	8	9	10	11
资源数量	5	5	5	4	6	11	11	6	6	8	8
工作日	12	13	14	15	16	17	18	19	20	21	22
资源数量	8	7	7	4	4	4	4	4	5	5	5

从表 4-17 可知在第 6、7 两天资源数量又超过 8。在这一时段中有工作 2—5、2—4、3—6、3—10，再计算 ΔT_{i-j} 值：

$$\Delta T_{2-5}=2-(7-4)=-1$$

$$\Delta T_{2-4}=0-(7-4)=-3$$

$$\Delta T_{3-6}=10-(7-5)=8$$

$$\Delta T_{3-10}=12-(7-5)=10$$

按理应选择 ΔT_{i-j} 值最大的工作 3—10，但因为它的资源强度为 2，调整它仍然不能达到削峰目标，故选择工作 3—6（它的资源强度为 3），满足削峰目标，将其向右移动 2 天。

通过重复上述计算步骤，最后削峰目标定为 7，不能再减少了，优化计算结果见表 4-18 及如图 4-57 所示。

每日资源数量表（最终优化） **表 4-18**

工作日	1	2	3	4	5	6	7	8	9	10	11
资源数量	5	5	5	4	6	6	6	7	7	5	7
工作日	12	13	14	15	16	17	18	19	20	21	22
资源数量	7	7	7	7	7	7	7	6	5	5	5

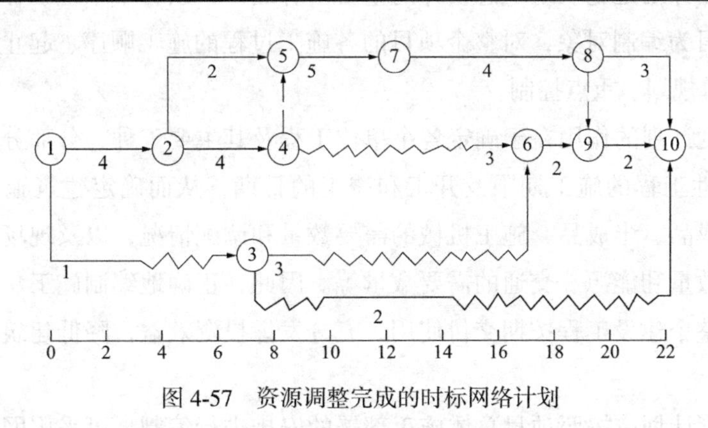

图 4-57 资源调整完成的时标网络计划

4.3 施工进度计划

【引例】 2009 年 10 月 1 日起实行《建筑施工组织设计规范》GB/T 50502—2009 中施工组织设计（construction organization plan）：以施工项目为对象编制的，用以指导施工的技术、经济和管理的综合性文件。施工组织设计的主要内容为“一案一表一图”，其中“一表”即为施工进度计划（construction schedule）。

施工进度计划是为实现项目设定的工期目标，对各项施工过程的施工顺序、起止时间和相互衔接关系所作的统筹策划和安排。

施工进度计划是施工组织设计的重要内容，是施工项目的各项施工活动在时间上和空间上的体现。根据施工项目规定的工期目标，既定的施工部署与施工方案，技术与物资等供应条件等，遵循施工程序，用图表形式表示各项施工任务的搭接关系、起止与持续时间、开竣工时间的一种计划安排。

4.3.1 施工进度计划概述

施工进度计划是施工组织设计的关键内容，是控制工程施工进度和工程施工期限等各项施工活动的依据，进度计划是否合理，直接影响施工速度、成本和质量。因此施工组织设计的一切工作都要以施工进度为中心来安排。

施工进度计划有长期的进度计划，也被称为进度规划；也有短期的，如周、旬、月度计划；但最终施工进度计划的种类需要和施工组织设计相适应，同时满足计划的作用与性质。

1. 施工进度计划分类

（1）根据施工组织设计编制对象和范围的不同，施工进度计划可以分为施工总进度计划、单位工程施工进度计划和分部（分项）工程或专项工程施工进度计划。

1）施工总进度计划

施工总进度计划是施工组织总设计的重要内容之一，以若干单位工程组成的群体工程或特大型项目为编制对象，对整个项目的各施工过程的施工顺序、起止时间、总工期目标等进行统筹规划、重点控制。

施工总进度计划的作用在于确定各个单位工程及其主要工种、分部分项工程、准备工作和全工地性工程的施工期限及开工和竣工的日期，从而确定建筑施工现场上劳动力、原材料、成品、半成品、施工机械的需要数量和调配情况，以及现场临时设施的数量、水电供应数量和能源、交通的需要数量等。因此，正确地编制施工总进度计划是保证各项目以及整个建设工程按期交付使用，充分发挥投资效益，降低建筑工程成本的重要条件。

施工总进度计划应按照项目总体施工部署的安排进行编制，可采用网络图或横道图表示，并附必要说明。

2）单位工程施工进度计划

单位工程施工进度计划是单位工程施工组织设计的重要内容之一，以单位工程或子单位工程为编制对象，对单位工程或子单位工程的分部分项工程的衔接关系、持续时间进行指导与制约。

单位工程施工进度计划应按照施工部署和施工方案进行编制，可采用网络图或横道图表示，并附必要说明；对于工程规模较大或较复杂的工程，宜采用网络图表示。

单位工程施工进度计划的主要作用有：

① 控制施工项目的施工进度，保证在施工合同规定的工期内保质、保量地完成施工任务。

② 确定施工项目各个施工过程的施工顺序、施工持续时间及相互的衔接、穿插、平行搭接和合理的配合关系。

③ 为编制施工作业计划提供依据。

④ 是编制施工现场劳动力、材料、机具等资源需要量计划的依据。

⑤ 是编制施工准备工作计划的依据。

⑥ 对施工项目的施工起到指导作用。

3）分部（分项）工程或专项工程施工进度计划

分部（分项）工程或专项工程施工进度计划是分部分项工程施工或专项工程施工方案的重要内容之一，以分部（分项）工程或专项工程为编制对象，具体指导其各施工过程（工序）的实施情况。

分部（分项）工程或专项工程施工进度计划主要作用是确定各施工工序的作业时间、前后次序、工作面关系等，时间一般应细分到天，任务一般应具体至施工工序。

分部（分项）工程或专项工程施工进度计划应按照施工安排，并结合总承包单位的施工进度计划进行编制，可采用网络图或横道图表示，并附必要说明。

（2）根据编制计划的作用和性质，施工进度计划可分为控制性施工进度计划、指导性施工进度计划和实施性施工进度计划。

1）控制性施工进度计划

一般而言，一个工程项目的施工总进度规划或施工总进度计划是工程项目的控制性施工进度计划。对于特大型工程项目，可先编制施工总进度规划，待条件成熟时再编制施工总进度计划。

控制性施工进度计划的主要作用如下：论证施工总进度目标；施工总进度目标的分解，确定里程碑事件的进度目标；编制实施性进度计划的依据；编制与该项目相关的其他各种进度计划的依据或参考依据；施工进度动态控制的依据。

2）指导性施工进度计划

指导性施工进度计划按分项工程或施工工序来划分施工过程，具体确定各施工过程的施工时间及其相互搭接、配合关系，适用于施工任务具体而明确、施工条件基本落实、各项资源供应正常及施工工期不太长的工程。

对于工程结构较复杂、规模较大、工期较长而需要跨年度施工的工程；或工程规模虽然不大、结构也并不复杂但各项资源（劳动力、机械、材料等）不落实的；以及建筑结构等情况可能变化的，可以先编制控制性施工进度计划，编制时按分部工程划分施工过程，控制各分部工程的施工时间及其相互搭接配合关系。

3）实施性施工进度计划

实施性施工进度计划是用于直接组织施工作业的计划，施工的月度施工计划和旬施工作业计划都属于实施性施工进度计划。

实施性施工进度计划的编制应结合工程施工的具体条件，并以控制性或指导性施工进度计划所确定的里程碑事件的进度目标为依据。

实施性施工进度计划的主要作用如下：

① 确定施工作业的具体安排；

② 确定（或据此可计算）一个月度或旬的人工需求（工种和相应的数量）；

③ 确定（或据此可计算）一个月度或旬的施工机械的需求（机械名称和数量）；

④ 确定（或据此可计算）一个月度或旬的建筑材料（包括成品、半成品和辅助材料等）的需求（建筑材料的名称和数量）；

⑤ 确定（或据此可计算）一个月度或旬的资金的需求等。

2. 施工进度计划表达方式

施工进度计划表达方式有多种，常用的图表形式是横道图、网络图，这样施工进度计划通常就有横道图计划和网络图计划两种表达方式。

（1）横道图计划

横道图也称甘特图，是美国人甘特（Cantt）在 20 世纪 20 年代提出的。横道图中的进度线（横道线）与时间坐标相对应，表示方式形象、直观，且易于编制和理解，因而，长期以来被广泛应用于施工项目进度控制之中，见表 4-19。

施工进度计划表 **表 4–19**

序号	施工过程名称	工程量		施工定额	需用劳动量		需用机械台班量		每天工作班次	每班安排工人数或机械台数	工作天数（天）	施工进度							
												月				月			
		单位	数量		工种名称	数量（工日）	机械名称	数量（台班）				1	2	3	…	1	2	3	…

表 4-19 一般由两个基本部分组成，即左边部分是施工过程名称、工程量、施工定额、劳动量或机械台班量、每天工作班次、每班安排的工人数或机械台数及工作时间等计算数据；右边部分是进度线（横道线），表示施工过程的起讫时间、延续时间及相互搭接关系，以及整个施工项目的开工时间、完工时间和总工期。

利用横道图表示进度计划，有很大的优点，也存在下列缺点：

1）施工过程中的逻辑关系可以设法表达，但不易表达清楚，因而在计划执行中，当某些施工过程的进度由于某种原因提前或拖延时，不便于分析对其他施工过程及总工期的影响程度，不利于施工项目进度的动态控制。

2）不能明确地反映进度计划影响工期的关键工作和关键线路，也就无法反映出整个施工项目的关键所在，因而不便于施工进度控制人员抓住主要矛盾。

3）不能反映出各项工作所具有的机动时间（时差），看不到施工进度计划潜力所在，无法进行最合理的组织和指挥。

4）不能反映施工费用与工期之间的关系，因而不便于缩短工期和降低施工成本。

5）不能应用电子计算机进行计算，适用于手工编制施工进度计划，计划的调整优化也只能用手工方式进行，因而工作量较大。

由于横道图计划存在以上不足，给施工项目进度控制工作带来了很大不便。即使进度控制人员在进度计划编制时已充分考虑了各方面的问题，在横道图计划上也不能全面地反映出来，特别是当工程项目规模较大、工程结构及工艺关系较复杂时，横道图计划就很难充分地表达出来。由此可见，横道图计划虽然被广泛应用于施工项目进度控制中，但也有较大的局限性。

（2）网络图计划

网络计划方法的基本原理：首先绘制施工项目施工网络图，表达计划中各工作先后顺序的逻辑关系；然后通过各时间参数的计算找出关键工作及关键线路；继而通过不断改进网络计划，寻求最优方案，并付诸实施；最后在执行过程中进行有效的控制和监督。

施工进度计划用网络计划来表示，可以使施工项目进度得到有效控制。国内外实践证明，网络计划技术是用来控制施工项目进度的最有效工具。

利用网络计划控制施工项目进度，可以弥补横道图计划的许多不足。与横道图计划相比，网络计划具有以下主要特点：

1）网络计划能够明确表达各项工作之间相互依赖、相互制约的逻辑关系。

所谓逻辑关系，是指各项工作之间客观上存在和主观上安排的先后顺序关系。包含两类，一类是工艺关系，即由施工工艺和操作规程所决定的各项工作之间客观上存在的先后顺序关系，称为工艺逻辑；另一类是组织关系，即在施工组织安排中，考虑劳动力、材料、施工机具或施工工期影响，在各项工作之间主观上安排的先后顺序关系，称为组织逻辑。网络计划能够明确地表达各项工作之间的逻辑关系；对于分析各项工作之间的相互影响及处理它们之间的协作关系，具有非常重要的意义，同时也是网络计划比横道图计划先进的主要特征。

2）通过网络计划各时间参数的计算，可以找出关键工作和关键线路。

通过网络计划各时间参数的计算，能够明确网络计划中的关键工作和关键线路，能反映出整个施工项目的关键所在，也就明确了施工进度控制中的重点，便于施工进度控制人员抓住主要矛盾，这对提高施工项目进度控制的效果具有非常重要的意义。

3）通过网络计划各时间参数的计算，可以明确各项工作的机动时间。

所谓工作的机动时间，是指在执行进度计划时除完成任务所必需的时间外，尚剩余的可供利用的富裕时间，亦称为“时差”。在一般情况下，除关键工作外，其他各项工作（非关键工作）均有富余时间，这种富余时间可视为一种“潜力”，既可以用来支援关键工作，也可以用来优化网络计划，降低单位时间资源需求量。

4）网络计划可以利用电子计算机进行计算、优化和调整。

对进度计划进行计算、优化和调整是施工项目进度控制工作中的一项重要内容。由于影响施工进度的因素有很多，仅靠手工对施工进度计划进行计算、优化和调整是非常困难的，只有利用电子计算机对施工进度计划进行计算、优化和调整，才能适应施工实际变化的要求，网络计划就能做到这一点，因而网络计划成为控制施工项目进度最有效工具。

网络计划与横道图计划相比，具有横道图计划不具有的优点，同时也有不够形象、直观、不易编制和理解等缺点。

选择施工进度计划的表达方式时，应根据计划的规模、复杂程度、编制对象及计划的性质和作用，选用合适的、能够发挥计划作用的图表形式。

3. 施工进度计划与 BIM 技术

施工进度计划是根据项目的施工合同、工期目标、施工部署、施工方案、技术与资源等客观条件编制的计划安排，但在很大程度上依赖于施工项目管理者、计划编制人的经验，项目的唯一性和个人经验的主观性难免使得施工进度计划存在不合理之处，并且由于编制方法和工具相对比较抽象，对施工进度计划的检查较为不易，而一旦施工进度计划存在问题，那么按施工进度计划进行的施工过程必然不会顺利。

BIM（Building Information Modeling）技术，即建筑信息模型技术是建筑业的一次重要变革，在建筑业有着非常广泛与深入的应用，被誉为建筑物“智慧大脑”，以建筑工程项目的各项相关信息数据作为模型的基础，进行建筑模型的建立，从而对工程项目进行设计、建造、运营的全过程管理。

BIM 技术将建筑业人员从复杂抽象的图表、文字等解放出来，以形象的三维模型作为施工项目的信息载体，方便项目各阶段、各专业及相关人员的交流和沟通，减少因为信息过载或信息流失带来的损失，提高了工作的效率和质量（图 4-58）。

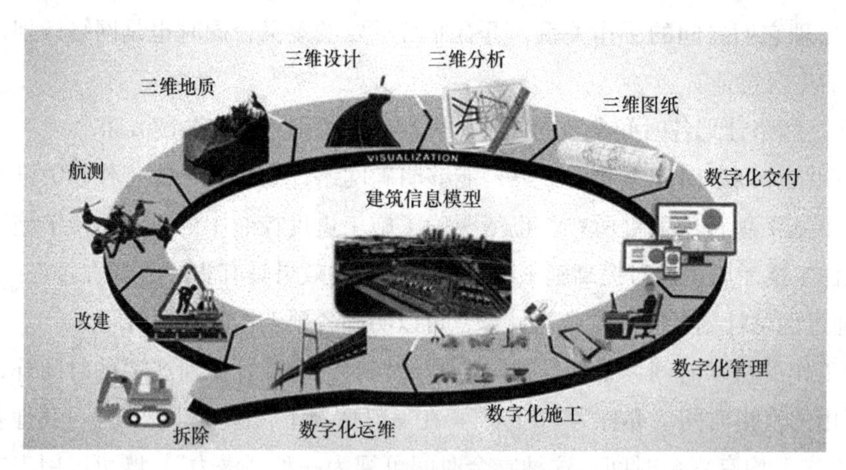

图 4-58　BIM 在建筑业的应用

基于 BIM 的三维模型附加时间维度，通过在计算机上建立项目模型并借助可视化设备，按照施工计划（施工进度计划、资源计划等）对项目施工过程进行虚拟建造，从而发现计划可能存在的问题和风险，并针对这些问题和风险调整和修改模型和计划，进而优化施工计划。

BIM施工进度计划与传统的施工进度计划比较，具有信息的完整性、施工过程的可视性和操作性、各专业与各工种的协同性等不可替代的优点和先进性。

4.3.2 单位工程施工进度计划编制

施工项目施工进度计划是在既定施工方案的基础上，根据施工合同规定工期和各种资源供应条件，按照施工过程合理的施工顺序，用图表形式，对施工项目各施工过程作出时间和空间上的计划安排。

1. 单位工程施工进度计划的作用

单位工程施工进度计划根据工程规模大小、结构难易程度、工期长短、资源供应情况等因素考虑，编制条件不够明确和落实时，先编制控制性施工进度计划，待条件落实明确后，编制指导性施工进度计划。

单位工程施工进度计划的主要作用是:

（1）控制施工项目的施工进度，保证在施工合同规定的工期内保质、保量地完成施工任务。

（2）确定施工项目各个施工过程的施工顺序、施工持续时间及相互的衔接、穿插、平行搭接和合理的配合关系。

（3）为编制施工作业计划提供依据。

（4）是编制施工现场劳动力、材料、机具等资源需要量计划的依据。

（5）是编制施工准备工作计划的依据。

（6）对施工项目的施工起到指导作用。

2. 单位工程施工进度计划的编制依据

在施工项目施工方案确定以后就可以编制施工进度计划，编制的主要依据有:

（1）经会审的全套施工图、工艺设计图、标准图及有关技术资料。

（2）施工工期及开工、竣工日期要求。

（3）已经确定的施工方案。

（4）施工定额。

（5）劳动力、材料、机具等资源的供应情况。

（6）施工条件及分包单位情况。

（7）施工现场情况。

（8）其他有关参考资料，如施工合同、单位工程施工组织设计实例等。

3. 单位工程施工进度计划的编制程序

施工进度计划的编制程序，如图4-59所示。

4. 单位工程施工进度计划的编制

编制施工项目施工进度计划是在满足施工合同规定工期要求的情况下，对选定的施

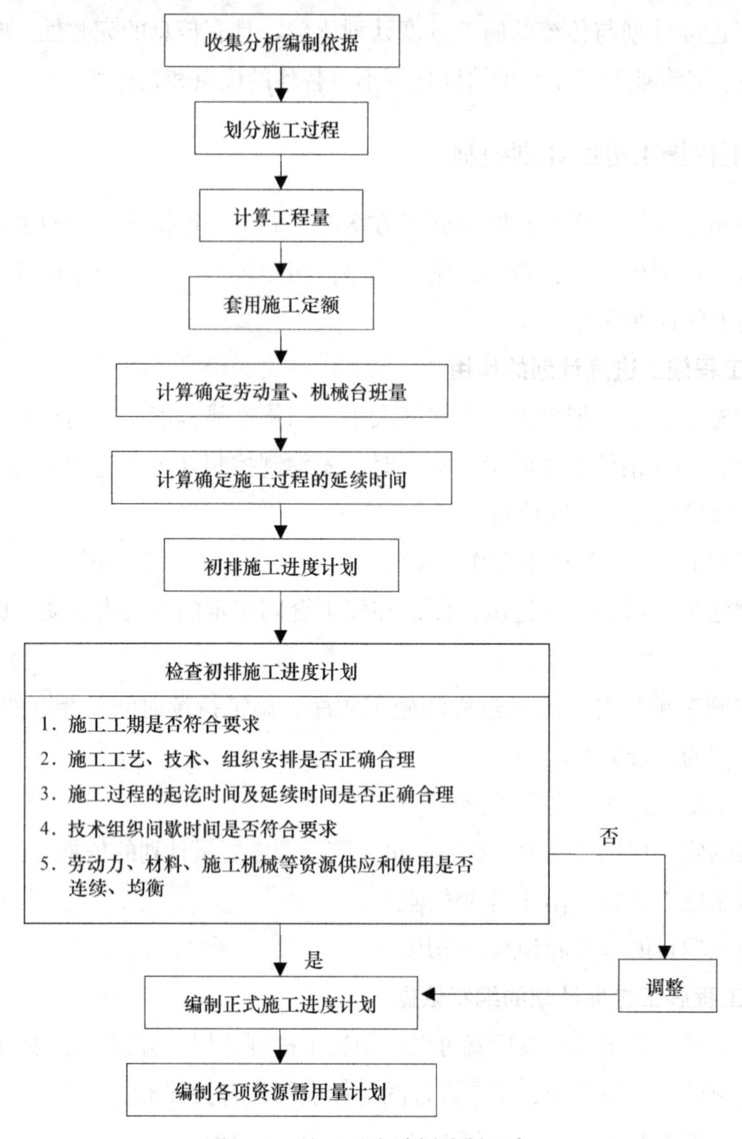

图 4-59　施工进度计划编制程序

工方案、资源的供应情况、协作单位配合施工情况等所作的综合研究和周密部署。其具体编制方法和步骤如下：

（1）划分施工过程。

编制施工进度计划时，首先按照施工图纸划分施工过程，并结合施工方法、施工条件、劳动组织等因素，加以适当整理，再进行有关内容的计算和设计。施工过程划分应考虑下述要求：

1）施工过程划分的粗细程度的要求。

对于控制性施工进度计划，其施工过程的划分可以粗一些，一般可按分部工程划分施工过程。如：开工前准备、地基与基础工程、主体结构工程、屋面及装饰工程等。

对于指导性施工进度计划，其施工过程的划分应细一些，要求每个分部工程所包括的主要分项工程均应一一列出，起到指导施工的作用。

2）对施工过程进行适当合并，达到简明清晰的要求。

施工过程划分太细，施工进度图表就会显得繁杂，重点不突出，反而失去指导施工的意义，并且增加编制施工进度计划的难度。

因此，为了使得计划简明清晰，突出重点，一些次要的施工过程应合并到主要施工过程中去，如基础防潮层可合并到基础施工过程内；有些虽然重要但工程量不大的施工过程也可与相邻的施工过程合并，如挖土可与垫层施工合并为一项，组织混合班组施工；同一时期由同工种施工的施工内容也可以合并在一起，如墙体砌筑，不分内墙、外墙、隔墙等，而合并为墙体砌筑一项。

3）施工过程划分的工艺性要求。

现浇钢筋混凝土工程施工，一般可分为安装模板、绑扎钢筋、浇筑混凝土等施工过程，是合并还是分别列项，应视工程施工组织、工程量、结构性质等因素考虑确定。

一般现浇钢筋混凝土框剪结构的施工应分别列项，可分为：绑扎柱、墙钢筋，安装柱、墙模板，浇捣柱、墙混凝土，安装梁、支模板，绑扎梁、绑钢筋，浇捣梁、浇混凝土等施工过程。但在现浇钢筋混凝土工程量不大的工程对象中，一般不再细分，可合并为一项，如砌体结构工程中的现浇雨篷、圈梁、楼板、构造柱等，即可列为一项，由施工班组的各工种互相配合施工。

装饰工程中的外装饰可能有若干种装饰做法，划分施工过程时，一般合并为一项，但也可分别列项。内装饰中应按楼地面、顶棚及墙面抹灰、楼梯间及踏步抹灰等分别列项，以便组织施工和安排进度。

施工过程的划分，还应考虑已选定的施工方案。如在装配式钢筋混凝土单层工业厂房基础工程施工中采用敞开式施工方案时，柱基础和设备基础可合并为一个施工过程；而采用封闭式施工方案时，则必须列出柱基础、设备基础这两个施工过程。

多层砌体结构民用房屋、多层及高层现浇钢筋混凝土结构房屋、装配式单层工业厂房的水暖煤卫电等房屋设备安装是建筑工程重要组成部分，应单独列项；装配式钢筋混凝土单层工业厂房的各种机电等设备安装也要单独列项，但不必细分，可由专业队或设备安装单位单独编制其施工进度计划。

土建施工进度计划中列出设备安装的施工过程，表明其与土建施工的配合关系。

4）明确施工过程对施工进度的影响程度。

根据施工过程对施工进度的影响程度可分为以下三类：

第一类为资源驱动的施工过程，这类施工过程直接在施工项目上进行作业、占用时间、消耗资源，对施工项目的完成与否起着决定性的作用，它在条件允许的情况下，可以缩短或延长工期。

第二类为辅助性施工过程，它一般不占用施工项目的工作面，虽需要一定的时间和消耗一定的资源，但不占用工期，故可不列入施工进度计划以内。如交通运输，场外构件加工等。

第三类施工过程虽然直接在施工项目上进行作业，但它的工期不以人的意志为转移，随着客观条件的变化而变化，它应根据具体情况列入施工进度计划，如混凝土的养护等。

（2）计算工程量。

当确定了施工过程之后，应计算每个施工过程的工程量。工程量应根据施工图纸、工程量计算规则及相应的施工方法进行计算。计算工程量时应注意以下几个问题：

1）注意工程量的计量单位。

每个施工过程的工程量的计量单位与采用的施工定额的计量单位相一致。如模板工程以平方米为计量单位；钢筋工程以吨为计量单位；混凝土以立方米为计量单位等。这样，在计算劳动量、材料消耗及机械台班量时就可直接套用施工定额，不需要再进行换算。

2）注意采用的施工方法。

计算工程量时，应与采用的施工方法相一致，以便计算的工程量与施工的实际情况相符合。例如：挖土时是否放坡，是否增加工作面，坡度和工作面尺寸是多少。

3）结合施工组织要求。

工程量计算中应结合施工组织要求，分区、分段、分层，以便组织流水作业。

4）正确取用预算文件中的工程量。

如果编制施工进度计划时，已编制出预算文件（施工图预算或施工预算），则工程量可从预算文件中摘出并汇总。例如：要确定施工进度计划中列出的“砌筑墙体”这一施工过程的工程量，可先分析它包括哪些施工内容，然后从预算文件中摘出这些施工内容的工程量，再将它们全部汇总即可求得。

但是，施工进度计划中某些施工过程与预算文件的内容不同或有出入时，则应根据施工实际情况加以修改、调整或重新计算。

（3）套用施工定额。

划分了施工过程及计算工程量之后，即可套用施工定额，以确定劳动量和机械台班量。

在套用国家或当地颁布的定额时，必须注意结合本单位工人的技术等级、实际操作水平、施工机械情况和施工现场条件等因素，确定定额的实际水平，使计算出来的劳动量、机械台班量符合实际需要。

有些采用新技术、新材料、新工艺或特殊施工方法的施工过程，定额中尚未编入，这时可参考类似施工过程的定额、经验资料，按实际情况确定。

（4）计算确定劳动量及机械台班量。

根据工程量及确定采用的施工定额，并结合施工的实际情况，即可确定劳动量及机械台班量。一般按任务 4.1 中的式（4-4）计算，这里不再重复叙述。

【例 4–19】 某基础工程土方开挖，施工方案确定为人工开挖，工程量为 600m³，采用的劳动定额为 4m³/ 工日。计算完成该基础工程开挖所需的劳动量。

解:

$$p=\frac{Q}{S}=\frac{600}{4}=150\text{工日}$$

【例 4–20】 某基坑土方开挖，施工方案确定采用 W-100 型反铲挖土机开挖，工程量为 2200m³，经计算采用的机械台班产量是 120m³/ 台班。计算完成此基坑开挖空所需的机械台班量。

解:

$$p=\frac{Q}{S}=\frac{2200}{120}=18.33\text{台班}$$

取 18.5 台班。

当某一施工过程由两个或两个以上不同分项工程合并组成时，其总劳动量或总机械台班量按式（4-59）计算:

$$P_{\text{总}}=\sum_{i=1}^{n}P_i=P_1+P_2+P_3+\cdots+P_n \tag{4-59}$$

【例 4–21】 某钢筋混凝土杯形基础施工，其支设模板、绑扎钢筋、浇筑混凝土三个施工过程的工程量分别为 600m²、5t、250m³，查劳动定额得其时间定额分别是 0.253 工日 /m²、5.28 工日 /t、0.833 工日 /m³，试计算完成钢筋混凝土基础所需劳动量。

解: $P_{\text{模}}=600\times0.253=151.8$ 工日

$P_{\text{筋}}=5\times5.28=26.4$ 工日

$P_{\text{混凝土}}=250\times0.833=208.3$ 工日

$P_{\text{杯基}}=P_{\text{模}}+P_{\text{筋}}+P_{\text{混凝土}}=151.8+26.4+208.3=386$ 工日

当某一施工过程是由同一工种，但不同做法、不同材料的若干分项工程合并组成时，应先按式（4-60）计算其综合定额，再求其劳动量。

$$\overline{S}=\frac{\sum_{i=1}^{n}Q_i}{\sum_{i=1}^{n}P_i} \tag{4-60a}$$

$$\overline{H}=\frac{1}{\overline{S}} \tag{4-60b}$$

式中 $\overline{S}$——某施工过程的综合产量定额，单位有 m³/ 工日、m²/ 工日、m/ 工日、t/ 工日，m³/ 台班、m²/ 台班、m/ 台班、t/ 台班等;

$\overline{H}$——某施工过程的综合时间定额，单位有工日 /m³、工日 /m²、工日 /m、工日 /t，台班 /m³、台班 /m²、台班 /m、台班 /t 等;

$\sum_{i=1}^{n}Q_i$——总工程量（实物计量单位），单位有 m³、m²、m、t 等;

$\sum_{i=1}^{n}P_i$——总劳动量（工日）或总机械台班量（台班）。

【例 4–22】 某工程外墙装饰有外墙涂料、真石漆、贴面砖三种做法，其工程量分别为 850.5、500.3、320.3m^2；采用的产量定额分别是 7.56、4.35、4.05m^2/ 工日。计算它们的综合产量定额及外墙面装饰所需的劳动量。

解:

① 综合产量定额

$$\overline{S}=\frac{\sum_{i=1}^{n}Q_i}{\sum_{i=1}^{n}P_i}=\frac{850.5+500.3+320.3}{\frac{850.5}{7.56}+\frac{500.3}{4.35}+\frac{320.3}{4.06}}=5.45\text{m}^2\text{ / 工日}$$

② 外墙面装饰所需的劳动量

$$P_{外墙装饰}=\frac{\sum_{i=1}^{n}Q_i}{\overline{S}}=\frac{850.5+500.3+320.3}{5.46}=\frac{1671.1}{5.46}=306.6\text{工日}$$

取 P 外墙装饰=307 工日

（5）计算确定施工过程的延续时间。

施工过程持续时间的确定方法有三种：经验估算法、定额计算法和倒排计划法。具体内容见任务 4.1 流水节拍的计算，对应公式见式（4-5）、式（4-6），这里仅做简单叙述。

1）经验估算法。

经验估算法也称三时估算法，即先估计出完成该施工过程的最乐观时间、最悲观时间和最可能时间三种施工时间，再根据式（4-6）计算出该施工过程的延续时间。

这种方法适用于新结构、新技术、新工艺、新材料等无定额可循的施工过程。

2）定额计算法。

这种方法是根据施工过程需要的劳动量或机械台班量，配备的劳动人数或机械台数以及每天工作班次，确定施工过程持续时间。其计算见式（4-5）。

从式（4-5）可知，要计算确定某施工过程持续时间，除已确定的 P 外，还必须先确定 R 及 N 的数值。

要确定施工班组人数或施工机械台班数 R，除了考虑必须能获得或能配备的施工班组人数（特别是技术工人人数）或施工机械台数之外，在实际工作中，还必须结合施工现场的具体条件、机械必要的停歇维修与保养时间等因素考虑，才能计算确定出符合实际可能和要求的施工班组人数及机械台数。

每天工作班制 N 的确定，当工期允许、劳动力和施工机械周转使用不紧迫、施工工艺上无法连续施工时，通常每天采用一班制施工，在建筑业中往往采用 1.25 班制即 10h。当工期较紧或为了提高施工机械的使用率及加快机械周转使用，或工艺上要求连续施工时，某些施工过程可考虑每天二班甚至三班制施工。但采用多班制施工，必然增加有关设施及费用，因此，须慎重研究确定。

【例 4-23】 某基础工程混凝土浇筑所需劳动量为 536 工日，每天采用三班制，每班安排 20 人施工。试求完成此基础工程混凝土浇筑所需的持续时间。

解:

$$D=\frac{P}{RN}=\frac{536}{20\times 3}=8.93\text{天}$$

取 D=9 天。

3）倒排计划法。

这种方法是根据施工的工期要求，先确定施工过程的延续时间及每天工作班次，再确定施工班组人数或机械台数 R。计算公式如下:

$$R=\frac{P}{DN} \tag{4-61}$$

式中符号同式（4-5）。

如果按上式计算出来的结果，超过了本部门每天能安排现有的人数或机械台数，则要求有关部门进行平衡、调度及支持；或从技术、组织上采取措施，如组织平行立体交叉流水施工，提高混凝土早期强度及采用多班组、多班制的施工等。

【例 4-24】 某工程砌墙所需劳动量为 810 工日，要求在 20 天内完成，每天采用一班制施工。试求每班安排的工人数。

解:

$$R=\frac{P}{DN}=\frac{810}{20\times 1}=40.5\text{人}$$

取 R=41 人。

上例所需施工班组人数为 41 人，若配备技工 20 人，普工 21 人，其比例为 1 ∶ 1.05，是否有这些劳动人数，是否有 20 个技工，是否有足够的工作面，这些都需经过分析研究才能确定。现按 41 人计算，实际采用的劳动量为 41 × 20 × 1=820 工日，比计划劳动 810 个工日多 10 个工日。

（6）编制施工进度计划。

当上述划分施工过程及各项计算内容确定之后，便可进行施工进度计划的设计。横道图施工进度计划编制的一般步骤叙述如下:

1）填写施工过程名称与计算数据。

施工过程划分和确定之后，应按照施工顺序要求列成表格，编排序号，依次填写到施工进度计划表的左边各栏内。

多层砌体结构民用房屋各施工过程依次填写的顺序一般是: 施工准备工作→基础工程→主体工程→屋面工程→装饰工程→其他工程→设备安装工程。

多层及高层现浇钢筋混凝土结构房屋各施工过程依次填写的顺序一般是：施工准备工

作→基础及地下室结构工程→主体结构工程→围护工程→装饰工程→其他工程→设备安装工程。

装配式钢筋混凝土单层工业厂房各施工过程依次填写的顺序一般是：施工准备工作→基础工程→预制工程→结构安装工程→围护工程→装饰工程→其他工程→设备安装工程。

上述施工顺序，如有打桩工程，可填在基础工程之前；施工准备工作如不纳入施工工期计算范围内，也可以不填写，但必须做好必要的施工准备工作；装配式钢筋混凝土单层工业厂房的设备基础，如采用敞开式施工方案，可合并在基础工程之内，如采用封闭式施工方案可填写在围护工程之前，结构安装工程之后。还有一些施工机械安装、脚手架搭设是否要填写，应根据具体情况分析确定，一般来说，安装塔吊及人货电梯要占据一定的施工时间，所以应填写；井字架的搭设可在砌筑墙体工程时平行操作，一般不占用施工时间，可以不填写；脚手架搭设配合砌筑墙体工程进行，一般可以填写，但它不占施工时间。

以上内容还应按施工工艺顺序的内容进行细分，填写完成后，应检查是否有遗漏、重复、错误等，待检查修正没有错误，就进行初排施工进度计划。

2）初排施工进度计划。

根据选定的施工方案，按各分部分项工程的施工顺序，从第一个分部工程开始，一个接一个分部工程初排，直至排完最后一个分部工程。

在初排每个分部工程的施工进度时，首先要考虑施工方案中已经确定的流水施工组织，并考虑初排该分部工程中一个或几个主要的施工过程。初排完每一个分部工程的施工进度后，应检查是否有错误，没有错误以后，再排下一个分部工程的施工进度，这时应注意该分部工程与前面分部工程在施工工艺、技术、组织安排上的衔接、穿插、平行搭接的关系。

3）检查与调整施工进度计划。

当整个施工项目的施工进度初排后，必须对初排的施工进度方案作全面检查，如有不符合要求或错误之处，应进行修改并调整，直至符合要求为止，使之成为指导施工项目施工的正式的施工进度计划。具体内容如下：

① 检查整个施工项目施工进度计划初排方案的总工期是否符合施工合同规定工期的要求。当总工期不符合施工合同规定工期的要求，且相差较大时，有必要对已选定的施工方案进行重新研究修改与调整；

② 检查整个施工项目每个施工过程在施工工艺、技术、组织安排上是否正确合理。如有不合理或错误之处，应进行修改与调整；

③ 检查整个施工项目每个施工过程的起讫时间和延续时间是否正确合理。

当初排施工进度计划的总工期不符合施工合同规定工期要求时，要进行修改与调整；检查整个施工项目某些施工过程应有技术组织间歇时间是否符合要求。如不符合要求应进行修改与调整，例如混凝土浇筑以后的养护时间；钢筋绑扎完成以后的隐蔽工程检查验收时间等；检查整个施工项目施工进度安排，劳动力、材料、机械设备等资源供应与使用是否连续、均衡，如出现劳动力、材料、机械设备等资源供应与使用过分集中，应进行修改与调整。

建筑施工是一个复杂的过程，每个施工过程的安排并不是孤立的，它们必须相互制约、相互依赖、相互联系。在编制施工进度计划时，必须从施工全局出发，进行周密的考虑、充分的预测、全面的安排、精心的设计，对施工项目的施工起到指导作用。

4.3.3 各项资源需要量计划编制

在施工项目的施工方案已选定、施工进度计划编制完成后，就可编制劳动力、主要材料、构件与半成品、施工机具等各项资源用量计划。

单位工程施工进度计划编制 - 劳动量、机械台班量

各项资源需用量计划不仅是为了明确各项资源的需用量，也是为施工过程中各项资源的供应、平衡、调整、落实提供了可靠的依据，是项目经理部编制施工作业计划的主要依据。

1. 劳动力需用量计划

劳动力需用量计划是根据施工项目的施工进度计划、施工预算、劳动定额编制的，主要用于平衡调配劳动力及安排生活福利设施。其编制方法是：将施工进度计划上所列各施工过程每天所需工人人数按工种进行汇总，即得出每天所需工种及其人数。

劳动力需用量计划的表格形式，见表 4-20。

劳动力需用量计划 表 4–20

序号	工种名称	需用总工日数	需用人数	需用时间												备注
				×月			×月			×月			×月			
				上	中	下	上	中	下	上	中	下	上	中	下	

2. 主要材料需用量计划

主要材料需用量计划是根据施工项目的施工进度计划、施工预算、材料消耗定额编制的，主要用于备料、供料和确定仓库、堆场位置和面积及组织材料的运输。其编制方法是：将施工进度计划上各施工过程的工程量，按材料品种、规格、数量、需用时间进行计算并汇总。

主要材料需用量计划的表格形式，见表 4-21。

主要材料需用量计划 表 4-21

序号	材料名称	规格	需用量		需 用 量												备注
			单位	数量	×月			×月			×月			×月			
					上	中	下	上	中	下	上	中	下	上	中	下	

3. 构件和半成品需用量计划

构件和半成品需用量计划是根据施工项目的施工图、施工方案、施工进度计划编制的，主要用于落实加工订货单位、组织加工运输和确定堆场位置及面积。其编制方法是：将施工进度计划上有关施工过程的工程量，按构件和半成品所需规格、数量、需用时间进行计算并汇总。

构件和半成品需用量计划的表格形式，见表 4-22。

构件和半成品需用量计划 表 4-22

序号	构件和半成品名称	规格	图号	需用量		加工单位	供应日期	备注
				单位	数量			

4. 施工机具需用量计划

施工机具需用量计划是根据施工项目的施工方案、施工进度计划编制的，主要用于施工机具的来源及组织进、退场日期。其编制方法是：将施工进度计划上有关施工过程所需的施工机具按其类型、数量、进退场时间进行汇总。

施工机具需用量计划的表格形式，见表 4-23。

施工机具需用量计划 表 4-23

序号	施工机具名称	类型型号	需用量		来源	使用起讫时间	备注
			单位	数量			

4.4 BIM 施工进度计划实训

4.4.1 分部（分项）工程或专项工程施工进度计划实训

1. 实训背景

分部工程是单位工程的组成部分，分部工程一般是按单位工程的结构形式、工程部位、构件性质、使用材料、设备种类等的不同而划分的。例如一般工业与民用建筑工程的分部工程包括：地基基础工程、主体结构工程、装饰装修工程、屋面工程、给水排水及采暖工程、电气工程、智能建筑工程、通风与空调工程、电梯工程。具体分部分项工程的划分可参见《建筑工程施工质量验收统一标准》GB 50300—2013 附录 B 的规定。

分部（分项）工程或专项工程施工进度计划是以一个分部（分项）工程或专项工程为对象编制的实施性施工进度计划，是施工项目的一项重要的进度文件，也是单位工程施工进度计划的细化和保证。

调研某一实际在建工程项目（单位工程），选取其中一至两项分部（分项）工程或专项工程，根据工程的施工图、施工合同、资源供应条件等，确定分部（分项）工程或专项工程的工期，使用相应的 BIM 进度计划编制软件，编制符合工期要求的横道图和网络图施工进度计划。

2. 实训目的

通过本次训练，使学生能够熟悉分部分项工程的划分，清楚分部分项工程工期确定的考虑因素；掌握实施性施工进度计划的编制过程和步骤，会正确适当分解施工任务并确定其合理的逻辑关系，会套用施工定额并进行相应的计算；能够熟练运用流水施工原理组织施工；熟悉 BIM 进度计划软件的使用，会用软件编制时标网络计划和横道图计划。

3. 实训任务

根据调研的情况，收集所需调研资料，以下训练任务：

（1）根据选定的施工项目资料，确定分部工程的工期。

（2）运用流水施工原理，组织分部工程流水。

（3）套用施工定额，计算确定各施工过程的持续时间、资源数量。

（4）初排分部工程实施性进度，检查修改，满足工期等要求。

（5）运用 BIM 进度计划软件，绘制时标网络计划与横道图计划。

4. 实训成果

根据训练任务要求，完成指定的分部工程或专项工程实施性进度计划，应有必要的计算与说明，图表形式为横道图与时标网络图，以电子版或打印稿形式，提交完成的成果。

4.4.2 BIM 单位工程施工进度计划实训

1. **实训背景**

《建筑工程施工质量验收统一标准》GB 50300—2013 对单位工程定义如下：具备独立施工条件并能独立形成使用功能的建筑物或构筑物为一个单位工程。从施工的角度看，单位工程就是一个独立的交工系统，有自身的项目管理方案和目标，是独立施工和交工的最小单元。

网络计划图绘制实训

单位工程施工进度计划作为单位工程施工组织设计的重要内容之一，在施工项目管理中具有重要的作用，也是施工项目进度管理的重要一环。

调研某一实际在建（或已完工）施工项目，收集必要的施工资料，包括建筑、结构、水电等施工图与地质勘查报告等勘察设计文件，施工合同及相关批准文件、资源供应条件及施工现场情况等，完成选取的单位工程施工进度计划的编制训练。

2. **实训目的**

通过本次训练，使学生能够熟悉单位工程施工进度计划编制的各项依据资料；熟悉单位工程施工进度计划的编制流程；熟悉单位工程主要资源需要量计划的编制；掌握指导性施工进度计划编制的步骤和方法；进一步熟练流水施工原理的应用；进一步熟悉 BIM 进度计划软件的使用；进一步掌握横道图计划和时标网络计划的表达。

3. **训练任务**

根据调研的情况，收集所需调研资料，完成以下实训任务：

（1）收集单位工程施工进度计划编制所需的依据资料。

（2）分解单位工程任务，合理划分分部分项工程。

（3）根据任务分解的结果，组织合适的分部施工流水。

（4）根据工艺组合原则，得到单位工程流水，初排单位工程施工进度计划。

（5）优化初始进度计划，满足工程目标的要求。

（6）BIM 进度计划软件绘制横道图计划和时标网络计划，并根据确定的资源，形成主要的资源动态图。

4. **训练成果**

根据训练任务要求，完成单位工程施工进度计划的编制和绘制，应包括必要的计算和文字说明，图表应提交横道图和时标网络图两种形式，以电子版或打印稿形式，提交完成的成果。

思考题与习题

1. 组织施工有哪几种方式？各自有哪些特点？

2. 组织流水施工的技术经济效果如何？流水施工的组织条件有哪些？

3．流水施工中，主要参数有哪些？试分别叙述它们的含义与确定方法。

4．流水施工按节奏特征不同可分为哪几种方式？各自有什么特点？

5．参观实际工程，查阅、收集实际工程的单位施工进度计划，分析进度计划的优缺点。

6．什么叫双代号网络图？什么叫时标网络计划？

7．什么是逻辑关系？网络计划有哪几种逻辑关系？有何区别？

8．何谓虚工作？虚工作有何作用？

9．简述关键工作与关键线路的定义？如何确定？

10．什么是工作总时差和工作自由时差？说明其意义与关系。

11．试说明工程网络计划优化概念和种类。

12．试根据给出的工作逻辑关系表4-24和表4-25，绘制双代号网络图。

逻辑关系表　　表4-24

工作名称	A	B	C	D	E	G	H
紧前工作	C、D	E、H	—	—	—	H、D	—

逻辑关系表　　表4-25

工作名称	A	B	C	D	E	F	G	H
紧前工作	—	A	B	B	B	C、D	C、E	F、G

13．施工进度计划按编制对象可以分哪几类？分别有何作用？

14．常用的施工进度计划表达形式有哪两种？

15．施工进度计划的编制依据有哪些？

16．简述单位工程施工进度计划的编制步骤。

17．划分施工过程时应考虑的主要因素有哪些？

18．施工持续时间的确定方法有哪几种？分别说明计算方法与适用情况。

5　BIM三维施工现场布置

知识点：施工现场布置的依据、施工现场布置的原则、施工现场布置的程序、施工现场布置的步骤、施工现场布置与BIM技术的运用。

教学目标：通过BIM三维施工现场布置的学习，使学生熟悉施工现场布置的依据、原则、程序和步骤，掌握工程的BIM施工现场布置的技术要点。

施工现场布置是对拟建工程的施工现场所作的平面规划和布置，是施工组织设计的主要内容，是现场文明施工的基本保证，是布置施工现场的依据，也是施工准备工作的一项重要依据。具体而言，它是用以解决施工所需的各项设施和永久建筑（拟建的和已建的）相互间的合理布局，按照施工布置、施工方案和施工进度计划，将各项生产、生活设施在现场平面上进行周密规划和布置。同时，也是实现文明施工、节约场地、减少临时设施费用的先决条件。

5.1　施工现场布置

施工场地平面布置是施工组织设计的重要组成部分之一，它对指导现场文明施工有着重要意义。否则，施工场地布置不合理会造成施工秩序的混乱。一个项目的施工场地要容纳上百人以上的队伍进行施工，各自承担不同的任务难免会互相干扰，再加上施工场地布置得不明确或考虑不周到，施工过程中就有可能占用其他队伍的施工场地，影响其他队伍的施工，就会产生纠纷。许多材料、机械需要存放，进行施工场地平面布置时如欠全面考虑，就会可能出现存放位置占用建筑物的设计位置等。这样都会因此影响施工进度而增加施工成本。由于施工场地布置粗糙直接影响施工安全，并容易发生触电、失火、水淹等危害，造成经济损失和人身安全事故。因此，必须在平面图设计前进行调查研究，详细分析资料，充分估计到施工的发展和变化，遵循方便、经济、高效、安全的原则，认真进行。

设计全场性施工平面图时，必须特别注意，节约用地，同时要保证施工安全与方便，这样就既需要紧凑地布置现场，缩短各种管线道路，节约投资，少占农田和便于施工管理，又要合理布置现场，保证临时设施不致妨碍工程施工，减少物资接运、升运次数，并符合安保要求和防火规则。

5.1.1 施工现场布置的依据

一般可根据建筑总平面图、现场地形地貌、现有水源、电源、热源、道路、四周可以利用的房屋和空地、施工组织总设计、本工程的施工方案与施工方法、施工进度计划及各临时设施的计算资料来绘制。其中，较为重要的为如下几点：

1. 建筑总平面图

在设计施工平面布置图前，应对施工现场的情况做深入详细的调查研究，掌握一切拟建及已建的房屋和地下管道的位置。如果对施工有影响，则需考虑提前拆除或者迁移。

2. 单位工程施工图

要掌握结构类型和特点，建筑物的平面形状、高度，材料做法等。

3. 已拟订好的施工方法和施工进度计划

了解单位工程施工的进度及主要施工方法，以便布置各阶段的施工现场。

4. 施工现场的现有条件

掌握施工现场的水源、电源、排水管沟、弃土地点以及现场四周可利用的空地；了解建设单位能提供的原有可利用的房屋及其他生活设施（如食堂、锅炉房、浴室等）的条件。

5.1.2 施工现场布置的原则

1. 布置紧凑，占地要省，不占或少占农田

在满足施工条件下，要尽可能地减少施工用地。少占施工用地除了在解决城市场地拥挤和少占农田方面有重要意义外，对于建筑施工而言也减少了场内运输工作量和临时水电管网，既便于管理又减少了施工成本。为了减少占用施工场地，常可采取一些技术措施予以解决。例如，合理地计算各种材料现场的储备量，以减少堆场面积，对于预制构件可采用叠浇方式，尽量采用商品混凝土、采用多层装配式活动房屋作临时建筑等。

施工现场布置的依据和原则

2. 尽量降低运输费用，保证运输方便，减少场内二次搬运

最大限度地减少场内材料运输，特别是减少场内二次搬运。为了缩短运距，各种材料尽可能按计划分期、分批进场，充分利用场地。合理安排生产流程，施工机械的位置及材料、半成品等的堆场应根据使用时间的要求，尽量靠近使用地点。要合理地选择运输方式和铺设工地的运输道路，以保证各种建筑材料和其他资源的运距及转运次数为最少。在同等条件下，应优先减少楼面上的水平运输工作。

3. 在保证工程顺利进行的前提下，力争减少临时设施的工程量，降低临时设施费用

为了降低临时工程的施工费用，最有效的办法是尽量利用已有或拟建的房屋和各种管线为施工服务。另外，对必须建造的临时设施，应尽量采用装拆式或临时固定式。尽可能利用施工现场附近的原有建筑物作为施工临时设施等。临时道路的选择方案应使土方量最小，临时水电系统的选择应使管网线路的长度为最短等。

4. 要满足安全、消防、环境保护和劳动保护的要求，符合国家有关规定和法规

为了保证施工的顺利进行，要求场内道路畅通，机械设备所用的缆绳、电线及有关排水沟、供水管等不得妨碍场内交通。易燃设施（如木工房、油漆材料仓库等）和有碍人体健康的设施（如熬柏油、化石灰等）应满足消防要求，并布置在空旷和下风处。主要的消防设施（如灭火器等）应布置在易燃场所的显眼处并设有必要的标志。

5. 要便于工人生产与生活

正确合理地布置行政管理和文化、生活、福利等临时用房的相对位置，使工人因往返而消耗的时间最少。

5.1.3 施工现场布置的内容

施工平面图中规定的内容要因时间、需要，结合实际情况来决定。工程施工平面图一般应标明以下内容：

（1）建筑总平面图上已建和拟建地上、地下的一切建筑物、构筑物和管线位置或尺寸；

（2）测量放线标桩、杂土及垃圾堆放场地；

（3）垂直运输设备的平面位置，脚手架、防护棚位置；

（4）材料、加工成品、半成品、施工机具设备的堆放场地；

施工现场布置的程序和步骤

（5）生产、生活用临时设施（包括搅拌站、钢筋棚、木工棚、仓库、办公室、临时供水、供电、供暖线路和现场道路等）并附一览表，一览表中应分别列出名称、规格、数量及面积大小；

（6）安全、防火设施；

（7）必要的图例、比例尺，方向及风向标记。

在工程实际中施工平面图，可根据工程规模、施工条件和生产需要适当增减。例如，当现场采用商品混凝土时，混凝土的制作往往在场外进行，这样施工现场的临时堆场就简单多了，但现场的临时道路要求相对高一些。

5.1.4 施工现场布置的步骤

单位工程施工平面图的一般设计步骤是：确定垂直起重运输机械的位置→布置材料、构件、仓库和搅拌站的位置→布置运输道路→布置行政管理、文化、生活、福利用房等临时设施→布置临时供水管网、临时供电管网。

起重垂直运输机械的布置

1. 布置起重机位置及开行路线

起重机的位置影响仓库、材料堆场、砂浆搅拌站、混凝土搅拌站等的位置及场内道路和水电管网的布置，因此要首先布置。

布置起重机的位置要根据现场建筑物四周的施工场地的条件及吊装工艺。如起重机、挖土机的起重臂操作范围内，使起重机的起重幅度能将材料和构件运至任何施工地点，避免出现“死角”。

2. 布置材料、预制构件仓库和搅拌站的位置

（1）在起重机布置位置确定后，布置材料、预制构件堆场及搅拌站位置。

搅拌站、材料、构件堆场以及仓库、加工厂的位置

材料堆放尽量靠近使用地点，减少或避免二次搬运，并考虑到运输及卸料方便。

（2）如用固定式垂直运输设备，则材料、构件堆场应尽量靠近垂直运输设备，以减少二次搬运。

（3）预制构件的堆放位置要考虑到吊装顺序。先吊的放在上面，后吊的放在下面，吊装构件进场时间应密切与吊装进度配合，力求直接卸到就位位置，避免二次搬运。

3. 布置运输道路

尽可能将拟建的永久性道路提前建成后为施工使用，或先造好永久性道路的路基，在交工前再铺路面。现场的道路最好是环行布置，以保证运输工具回转、调头方便。

施工道路的布置

布置道路时还应考虑下列几方面要求：

（1）尽量使道路布置成环形，以提高运输车辆的行车速度，使道路形成循环，提高车辆的通过能力；消防通道宽度不小于3.5m。

（2）应考虑第二期开工的建筑物位置和地下管线的布置;要与后期施工结合起来考虑，以免临时改道或道路被切断影响运输。

（3）布置道路应尽量把临时道路与永久道路相结合，即可先修永久性道路的路基，作为临时道路使用，尤其是对需修建场外临时道路时，要着重考虑这一点，可节约大量投资。在有条件的地方，能把永久性道路路面也事先修建好，这更有利于运输。

道路的布置还应满足一定的技术要求，如路面的宽度，最小转弯半径等，可参考表5-1。

施工现场最小道路宽度及转弯半径　　表5-1

车辆、道路类别	道路宽度（m）	最小转弯半径（m）
汽车单行道	≥3.5	9
汽车双行道	≥6.0	9
平板拖车单行道	≥4.0	12
平板拖车双行道	≥8.0	12

单位工程施工平面图的道路布置，应与全工地性施工总平面图的道路相配合。

4. 布置行政管理及生活用临时房屋

工地出入口要设门岗，办公室布置要靠近现场，工人生活用房尽可能利用建设单位永久性设施。若系新建企业，则生活区应与现场分隔开。一般新建企业的行政管理及生活用临时房屋由全工地施工总平面来考虑。

生产性临时设施是指直接为生产服务的临时设施，如临时加工厂、现场作业棚、检修间等，表 5-2 ～表 5-5 列出了部分生产性设施搭设数量的参考指标。

临时设施的布置

临时加工厂所需面积参考指标 表 5-2

序号	材料名称	储备天数（天）	每 m^2 储备量	单位	堆置限制高度(m)	仓库类型
1	钢材 工字钢、槽钢 角钢 钢筋（直筋） 钢筋（箍筋）	40 ～ 50	1.5 0.8 ～ 0.9 1.2 ～ 1.8 1.8 ～ 2.4 0.8 ～ 1.2	t	1.0 0.5 1.2 1.2 1.0	露天 露天 露天 露天 棚或库约占 20%
2	钢板	40 ～ 50	2.4 ～ 2.7	t	1.0	露天
3	五金	20 ～ 30	1.0		2.2	库
4	水泥	30 ～ 40	1.4		1.5	库
5	生石灰（块）	20 ～ 30	1 ～ 1.5		1.5	棚
	生石灰（带装）	10 ～ 20	1 ～ 1.3		1.5	棚
	石膏	10 ～ 20	1.2 ～ 1.7		2.0	棚
6	砂、石子（机械堆置）	10 ～ 30	2.4	m^2	3.0	露天
7	木材	40 ～ 50	0.8		2.0	露天
8	红砖	10 ～ 30	0.5	千块	1.5	露天
9	玻璃	20 ～ 30	6 ～ 10	箱	0.8	棚或库
10	卷材	20 ～ 30	20 ～ 30	卷	2.0	库
11	沥青	20 ～ 30	0.8	t	1.2	露天
12	钢筋骨架	3 ～ 7	0.12 ～ 0.18		—	露天
13	金属结构	3 ～ 7	0.16 ～ 0.24		—	露天
14	铁件	10 ～ 20	0.9 ～ 1.5		1.5	露天或棚
15	钢门窗	10 ～ 20	0.65		2	棚
16	水、电及卫生设备	20 ～ 30	0.35		1	棚、库各 1/2
17	模版	3 ～ 7	0.7	m^2	—	露天
18	轻质混凝土制品	3 ～ 7	0.1		2	露天

现场作业棚所需面积参考指标　　表 5-3

序号	名称	单位	面积
1	木工作业棚	m^2/ 人	2
2	钢筋作业棚	m^2/ 人	3
3	搅拌棚	m^2/ 台	10 ～ 18
4	卷扬机棚	m^2/ 台	6 ～ 12
5	电工房	m^2	15
6	白铁工房	m^2	20
7	油漆工房	m^2	20
8	机、钳工修理房	m^2	20

仓库面积计算数据参考指标　　表 5-4

序号	材料名称	储备天数（天）	每 m^2 储存量	单位	堆置限制高度(m)	仓库类型
1	钢材 工字钢、槽钢 角钢 钢筋（直筋） 钢筋（箍筋）	40 ～ 50	1.5 0.8 ～ 0.9 1.2 ～ 1.8 1.8 ～ 2.4 0.8 ～ 1.2	t	1.0 0.5 1.2 1.2 1.0	露天 露天 露天 露天 棚或库约占 20%
2	钢板	40 ～ 50	2.4 ～ 2.7	t	1.0	露天
3	五金	20 ～ 30	1.0		2.2	库
4	水泥	30 ～ 40	1.4		1.5	库
5	生石灰（块）	20 ～ 30	1 ～ 1.5		1.5	棚
	生石灰（带装）	10 ～ 20	1 ～ 1.3		1.5	棚
	石膏	10 ～ 20	1.2 ～ 1.7		2.0	棚
6	砂、石子（机械堆置）	10 ～ 30	2.4	m^2	3.0	露天
7	木材	40 ～ 50	0.8		2.0	露天
8	红砖	10 ～ 30	0.5	千块	1.5	露天
9	玻璃	20 ～ 30	6 ～ 10	箱	0.8	棚或库
10	卷材	20 ～ 30	20 ～ 30	卷	2.0	库
11	沥青	20 ～ 30	0.8	t	1.2	露天
12	钢筋骨架	3 ～ 7	0.12 ～ 0.18		—	露天
13	金属结构	3 ～ 7	0.16 ～ 0.24		—	露天
14	铁件	10 ～ 20	0.9 ～ 1.5		1.5	露天或棚
15	钢门窗	10 ～ 20	0.65		2	棚
16	水、电及卫生设备	20 ～ 30	0.35		1	棚、库各 1/2
17	模版	3 ～ 7	0.7	m^2	—	露天
18	轻质混凝土制品	3 ～ 7	0.1		2	露天

行政生活福利临时设施建筑面积参考指标　　表 5-5

临时房屋名称		参考指标（m^2/ 人）	说明
办公室		3 ~ 4	按管理人员人数
宿舍	双层床	2.0 ~ 2.5	按高峰年（季）平均职工人数（扣除不在工地住宿人数）
	单层床	3.5 ~ 4.5	
食堂		3.5 ~ 4	按高峰年平均职工人数
浴室		0.5 ~ 0.8	
活动室		0.07 ~ 0.1	
现场小型设施	开水房	0.01 ~ 0.04	
	厕所	0.020 ~ 0.07	

5. 布置临时水管网

（1）基本要求

一般需要考虑施工现场的生产用水和生活用水。一般由建设单位的干管或自行布置的干管接到用水地点。布置时应力求管网总长度最短。临时供水首先要经过计算、设计，然后进行设置。施工组织设计的供水计算和设计可以简化或根据经验进行安排，一般 5000 ~ 10000m^2 的建筑工程施工，施工用水主干管为 50 ~ 100mm，支管为 40mm 或 25mm。

（2）工地临时供水计算

用水量计算:

1）施工现场用水量计算

$$q_1 = 1.1 \times \frac{\sum Q_1 N_1 K_1}{t \times 8 \times 3600}$$

式中　q_1——施工用水量（L/S）；

K_1——未预计的施工用水系数（1.25 ~ 1.5）；

Q_1——年（季）度工程量（以实物计量单位来表示）；

N_1——施工用水定额;

t——每天工作班数（班）；

1.1——未预计的施工用水系数。

2）施工机械用水量计算

$$q_2 = 1.1 \times \frac{\sum Q_2 N_2 K_2}{8 \times 3600}$$

式中　q_2——机械用水量（L/S）；

Q_2——同一种机械台数;

N_2——施工机械台班用水定额;

K_2——施工现场用水不均衡系数（取 1.1 ~ 2）。

3）施工现场生活用水量计算

$$q_3 = 1.1 \times \frac{\sum P_1 N_3 K_3}{24 \times 3600}$$

式中 q_3——施工现场生活用水量（L/S）；

P_1——施工现场高峰昼夜人数；

N_3——施工现场用水定额（20～60/人·班）；

K_3——施工现场用水不均衡系数（1.3～1.5）。

4）生活区生活用水量

$$q_4 = \frac{P_2 K_4 N_4}{24 \times 3600}$$

式中 q_4——生活区生活用水（L/S）；

P_2——生活区居民人数；

K_4——生活区用水不均衡系数（2～2.5）；

N_4——生活区昼夜全部生活用水定额，每人每昼夜约为100～120L。

5）消防用水量

消防用水量 q_5 应根据建筑工地的大小及居住人数确定，可按照表5-6中定额来确定。

消防用水量定额表 表5-6

项次	用水项目	按火灾同时发生次数计	耗水量（L/S）
1	居住区消防用水		
	5000人以内	一次	10
	10000人以内	二次	10～15
	25000人以内	二次	15～20
2	施工现场消防用水		
	现场面积在25hm²以内	二次	10～15
	每增加25hm²递增		5

注：公顷的单位符号为hm²。

6）总用水量计算

①当 $q_1+q_2+q_3+q_4 \leqslant q_5$ 时，则：

$$Q = q_5 + \frac{1}{2}(q_1 + q_2 + q_3 + q_4)$$

②当 $q_1+q_2+q_3+q_4 > q_5$ 时，则：

$$Q = q_1 + q_2 + q_3 + q_4$$

③当工地面积小于5hm²，且 $q_1+q_2+q_3+q_4 < q_5$ 时，则：

$$Q = q_5$$

供水管径计算

$$D = \sqrt{\frac{4Q \times 1000}{\pi v}}$$

式中 D——供水管直径（mm）；

Q——总用水量；

v——管网中的水流速度（m/s）考虑消防供水时取2.5～3。

7）临时供水水源的选择、管网布置及管径的计算

临时供水的水源，可用现成的给水管、地下水（如井水）及地面水（如河水、湖水等）等。在选择水源时，应该注意：①水量能满足最大需水量的需要；②生活用水的水质应符合卫生要求；③搅拌混凝土及灰浆用水的水质应符合搅拌用水的要求。

临时供水方式有三种情况：

① 利用现有的城市给水或工业给水系统。

② 在新开辟地区没有现成的给水系统时，在可能条件下，应尽量先修建永久性给水系统。

③ 当没有现成的给水系统，而永久性给水系统又不能提前完成时，应设立临时性给水系统。

配水管网布置的原则是在保证连续供水的情况下，管道铺设越短越好。分期分区施工时，应按施工区域布置，并同时还应考虑到，在工程进展中各段管网应便于移置。

临时给水管网的布置有下列三种方案（图5-1）：

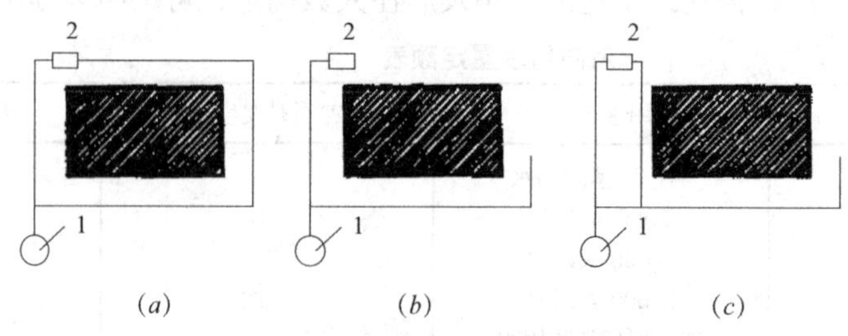

图5-1 临时供水管网布置图

（a）环状布置；（b）枝状布置；（c）混合布置

1—水源；2—混凝土搅拌站

A. 环形管网 管网为环形封闭形状，优点是能够保证可靠地供水，当管网某一处发生故障时，水仍能沿管网其他支管供水。缺点是管线长，造价高，管材耗量大。

B. 枝形管网 管网由干线及支线两部分组成。管线长度短，造价低，但供水可靠性差。

C. 混合式管网 主要用水区及干管采用环形管网，其他用水区采用枝形支线供水，这种混合式管网，兼备两种管网的优点，在工地中，采用较多。

临时给水管网的布置常采用枝式管网，因为这种布置的总长度最小，但此种管网若在其中某一点发生局部故障时，有断水之威胁。从保证连续供水的要求上看，环式管网最为可靠，但这种方案所铺设的管网总长度较大。混合式总管采用环式，支管采用枝式，可以兼有以上两种方案的优点。

临时水管的铺设，可用明管或暗管。其中暗管最为合适，它既不妨碍施工，又不影

响运输工作。

布置供水管网时还应考虑室外消防栓的布置要求：室外消防栓应沿道路设置，间距不应超过 120m，距房屋外墙为 1.5 ～ 5m，距道路不应大于 2m。现场消防栓处昼夜要设有明显标志，配备足够的水龙带，周围 3m 以内，不准存放任何物品。室外消防栓给水管的直径，不小于 100mm。高层建筑施工，应设置专用高压泵和消防竖管。消防高压泵应用非易燃材料建造，设在安全位置。

为了防止水的意外中断。可在建筑物附近设置简单蓄水池，储有一定数量的生产和消防用水。如果水压不足时，尚应设置高压水泵。为便于排除地面水和地下水，要及时修通永久性下水道，并结合现场地形在建筑物四周设置排泄地面水和地下水的沟渠。

管线可埋于地下，也可铺设在地面上，由当时的气温条件和使用期限的长短而定。最好埋设在地面以下，以防汽车及其他机械在上面行走时压坏。严寒地区应埋设在冰冻线以下，明管部分应做保温处理。

6. 布置临时电管网

（1）基本要求

1）配电线路的布置与水管网相似，亦是分为环状、枝状及混合式三种，其优缺点与给水管网也相似。工地电力网，一般 3 ～ 10kV 的高压线路采用环状；380V/220V 的低压线采用枝状。供电线路应尽可能接到各用电设备、用电场所附近，以便各施工机械及动力设备或照明引线接用电。一般来说，各变压器应设置在该变压器所负担的用电设备集中、用电量大的地方，以使供电线路布置较短。

2）各供电线路布置宜在路边，一般用木杆或水泥杆架空设置，杆距为 25 ～ 40m。应保持线路的平直，高度一般为 4 ～ 6m，离开建筑物的距离为 6m，离铁路轨顶不应小于 7.5m。任何情况下，各供电线路都不得妨碍交通运输和施工机械的进、退场及使用。同时要避开堆场、临时设施、开挖沟槽和后期拟建工程。

3）从供电线路上引入用电点的接线必须从电杆引出。各用电设备必须装配与设备功率相应的闸刀开关，其高度与装设点应便于操作，单机单闸，不允许一闸多机使用。配电箱及闸刀开关在室外装配时，应有防雨措施，严防漏电、短路及触电事故发生。

（2）工地临时供电量计算

1）工地临时供电包括施工及照明用电两个方面，计算公式如下：

$$P=1.1(K_1\sum P_c+K_2\sum P_a+K_3\sum P_b)$$

式中 P——计算用电量（kW），即供电设备总需要容量；

P_c——全部施工动力用电设备额定用量之和；

P_a——室内照明设备额定用电量之和；

P_b——室外照明设备额定用电量之和；

K_1——全部施工用电设备同时使用系数；

总数 10 台以内取 0.75，10 ～ 30 台取 0.7；30 台以上取 0.6；

K_2——室内照明设备同时使用系数，取 0.8；

K_3——室外照明设备同时使用系数，取 1.0。

综合考虑施工用电约占总用电量 90%，室内外照明电约占总用电量 10%，则有

$$P = 1.1(K_1 \sum P_c + 0.1P) = 1.24 K_1 \sum P_c$$

2）变压器容量计算：

变压器容量计算公式如下：

$$P_0 = \frac{1.05P}{\cos\phi} = 1.4P$$

其中　P_0——变压器容量（kVA）；

1.05——功率损失系数；

$\cos\phi$——用电设备功率因素，一般建筑工地取 0.75。

3）配电导线截面计算：

①　按导线的允许电流选择：

三相四线制低压线路上的电流可以按照下式计算：

$$I_l = \frac{1000P}{\sqrt{3} \cdot U_l \cdot \cos\phi} = 2P$$

式中　I_l——线路工作电流值（A）；

U_l——线路工作电压值（V），三相四线制低压时取 380V。

②　按导线的允许电压降校核：

配电导线截面的电压可以按照下式计算：

$$e = \frac{\sum P \cdot L}{C \cdot S} = \frac{\sum M}{C \cdot S} \leqslant [e] = 7\%$$

式中　$[e]$——导线电压降（%），对工地临时网路取 7%；

P——各段线路负荷计算功率（kW），即计算用电量；

L——各段线路长度（m）；

C——材料内部系数，三相四线铜线取 77.0，三相四线铝线取 46.3；

S——导线截面积（mm^2）；

M——各段线路负荷矩（kW・m）。

5.1.5　施工现场布置 BIM 技术应用

本章节主要介绍通过品茗 BIM 三维施工策划软件结合实际项目图纸完成施工三维场地部署，并输出并输出三维场地模型、场景漫游视频等（本教材配套案例图纸下载链接：http://www.pmsjy.com/m/BIM 场布实训图纸.rar）。

BIM 场地布置

1. 新建工程

软件打开时就会打开欢迎界面，在该界面您可以选择打开之前建好的工程，或者新建一个工程，可以进行CAD平台切换和正式版的加密锁验证方式的设置，如果不会使用可以点击学习视频，常见问题，QQ群来进行学习。

新建工程在输入完工程名称保存后就会打开下面的选择工程模板的界面，工程模板是制定一些构件属性，适用于企业标准，这里选择默认模板。

楼层阶段设置中楼层管理设置的是软件内各层的相关信息，这个主要是在导入Pbim模型时使用的，软件内包括基坑、拟建建筑、地形等都是布置在一层的，所以建议不要去设置修改。自然地坪标高这个参数是作为多数构件的默认标高参数使用的，标高±0.000=高程多少米是设置地形使用的。阶段设置的阶段数量根据自己的需要设置，开始时间和结束时间可以在后面的进度关联里快速的设置部分构件的起始时间。

本软件操作界面主要分菜单栏、常用命令栏、构件布置区、构件列表、构件属性栏、构件大样图栏、常用编辑工具栏、阶段及楼层控制栏、命令栏、绘图区，如图5-2所示。

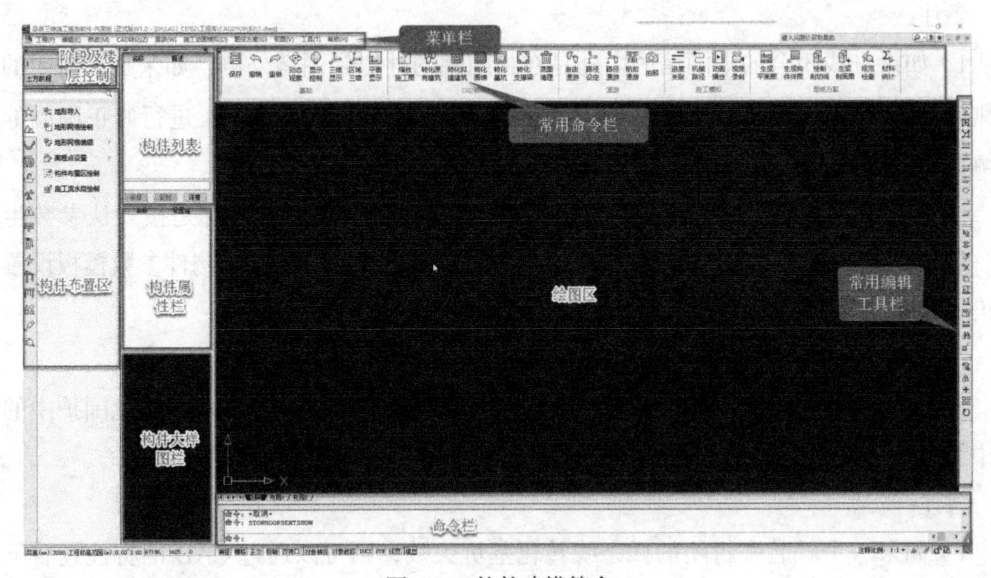

图5-2 软件建模简介

2. 导入CAD图纸与转化

工程新建好后，就可以把施工现场总平面图CAD电子图，通过复制（快捷命令Ctrl+C）和粘贴（快捷命令Ctrl+V）。建议在CAD中使用右键中的带基点复制命令来复制图纸，然后在策划软件的原点附近粘贴图纸。

图纸复制到软件中后，为了快速布置可以使用转化模型命令，如图5-3所示，通过转化模型按钮快速生成相应构件。

转化原有建筑　转化拟建建筑　转化围墙　转化基坑　转化内支撑

转化模型

图 5-3　转化模型按钮

（1）转化原有 / 拟建建筑物

点击转化原有建筑按钮，再选择工程周边原有建筑 CAD 图块和封闭线条，可以快速转化成原有建筑；使用转化拟建建筑可以快速把 CAD 图块和封闭线条转化成拟建建筑。

（2）转化围墙

使用转化围墙按钮可以快速把 CAD 图纸中的线条（选择总平图上的建筑红线）转化成砌体围墙。

备注:

1）如果红线闭合的则围墙的内外是在封闭圈的外侧是围墙外侧，如果是不封闭的线条则转化的围墙的内外侧可能是错误的，可以使用对称翻转命令  进行修正围墙的内外侧。

2）同时转化的多道围墙的属性是一样的，转化的构件的参数都是按默认参数生成的，转化完成后需要再进行编辑，默认参数可以通过菜单栏 - 工具 - 构件参数模板设置进行设置调整。

（3）转化基坑

使用转化基坑按钮可以快速把 CAD 中的封闭线条转化成基坑（建议转化围护中的冠梁中线）。

备注:

1）如果一个看起来封闭的样条线转化基坑失败，则可以通过 CAD 的特性查看下这个样条线是不是闭合的，不闭合的无法转化。

2）同时转化的多个基坑的属性是一样的，转化的构件的参数都是按默认参数生成的，转化完成后需要再进行编辑，默认参数可以通过菜单栏 - 工具 - 构件参数模板设置进行设置调整。建议坑中坑转化的时候可以分开来转化，便于后期对底标高的修改。

（4）转化支撑梁

使用转化支撑梁按钮就可以打开下面的支撑梁识别界面见下图 5-4，转化时设置好支撑梁道数和顶标高，提取支撑梁所在的图层，点击转化就可以快速把 CAD 图纸中的梁边线转化成支撑梁同时自动在支撑梁交点位置生成支撑柱。

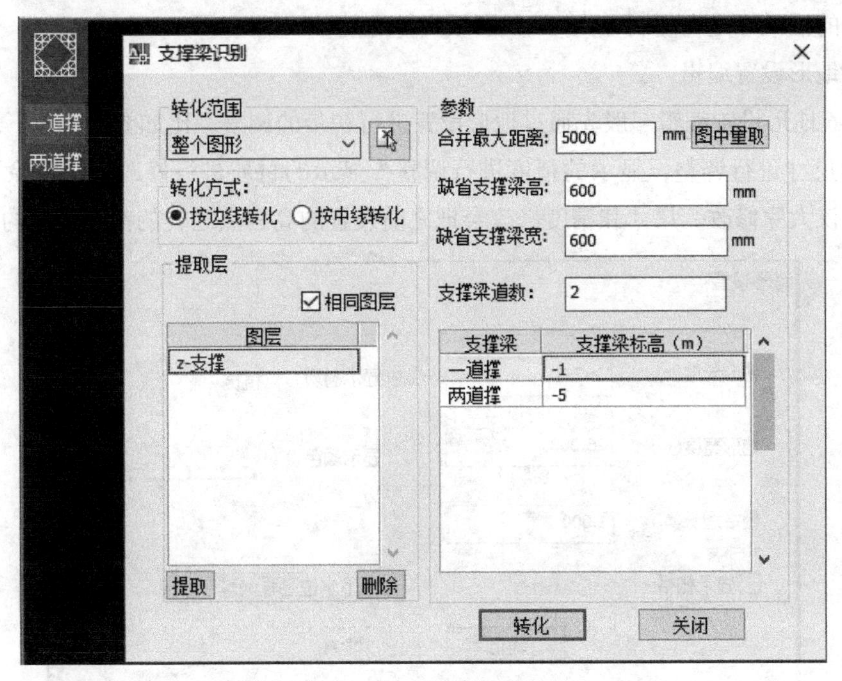

图 5-4 支撑梁识别

备注：支撑梁转化时一定要选取图层，不然默认是会把复制或者导入的图形中所有图层都识别一遍的。

3. 地形布置

图纸复制到软件中后，可以选择导入地形，或者绘制地形网格然后再在三维中用地形编辑工具进行地形编辑。当然在二维中手动设置高程点也是可以的，见图 5-5。

（1）二维地形绘制

一般如果导入好图纸之后，最简单的地形做法就是把总平图用绘制的地形网格全部覆盖，然后再在建筑红线范围内绘制构件布置区。当然具体的地形大家可以根据总平图上的各个高程点，使用增加、删除高程点命令来进行调整，如果需要修改高程数值，直接双击绘图区中的高程点数值就好。

（2）地形导入

当然如果有地形参数的 EXCEL 文件，这时可以通过地形导入来快速生成地形，地形参数是不同坐标的不同高程，点位越多显示的越细致，当然具体的地形细致程度还要根据地形网格设置中的栅格边长来决定的。建议大家如果使用地形导入的话要注意下原文件中的参数的单位，软件中默认的都是 M 的，而且使用

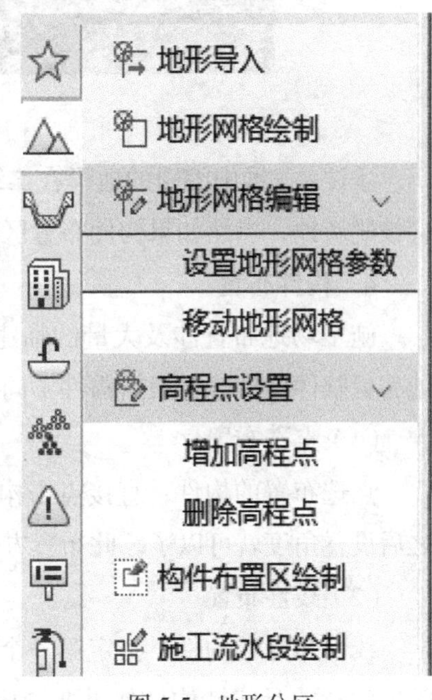

图 5-5 地形分区

地形导入的话最好是在复制导入 CAD 图纸文件之前。

（3）地形设置编辑

图 5-6 地形设置编辑一般先通过地形设置进行初步的调整，比如要不要地下水，对地形网格的尺寸进行调整，显示的精度进行调整，显示的材质进行修改。一般除了地下水之外不建议大家修改。尺寸和精度修改会把之前设置的高程点之类的都清理掉的。

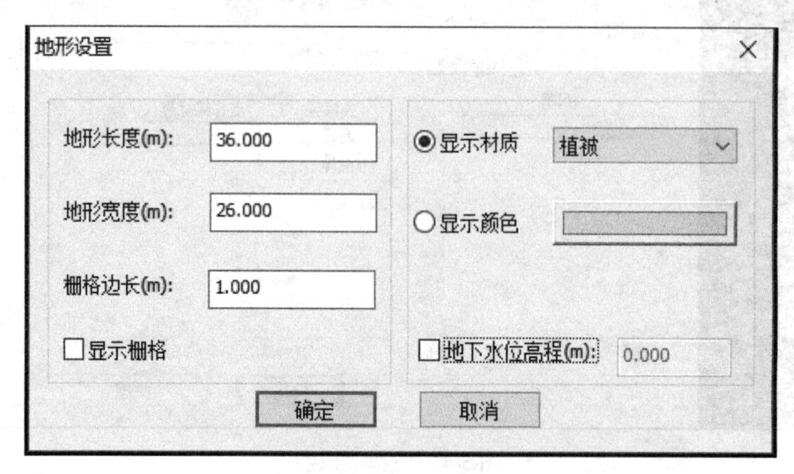

图 5-6　地形设置

在三维编辑状态时，图 5-7 可以使用下陷、上凸、平整、柔化命令在三维中修改现有地形。

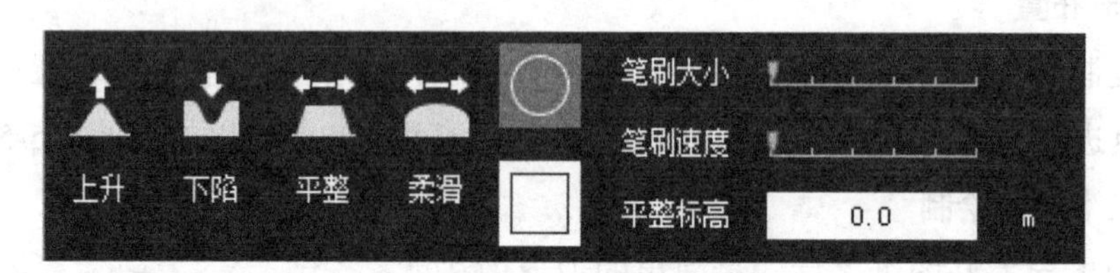

图 5-7　地形编辑

备注：三维中编辑的地形在二维中如果进行了高程点修改、地形网格尺寸精度修改都会被刷新掉，当然如果构件布置区移动了留下的坑也是会被刷新的。

4. 构件布置

施工场地布置涉及大量的临建设施设备，本节主要讲解布置方式。BIM 三维施工场地布置软件构件布置根据构件不同类别，主要有以下几种：

（1）点选布置

点选布置的构件，直接点击构件布置栏的构件名称就可以直接在绘图区指定插入点，之后设置角度就可以了。此布置方式用于板房、加工棚、机械设备等块状类型构件。

（2）线性布置

线性布置的构件，指定第一个点，根据命令提示行绘制后续的各点，直到完成布置。需要注意的是线性构件如果要画成闭环的，那么最后闭合的一段要用命令提示行的闭合命令完成。如果构件有内外面的注意下绘制过程中的箭头指向都是外侧，顺逆时针绘制是不同的。此布置方式用于道路、围墙、排水沟等线型类型构件。

（3）面域布置

面域布置的构件，指定第一个点，根据命令提示行绘制后续的各点，直到完成布置，注意最后闭合的一段要用命令提示行的闭合命令完成，否则容易出现造型错误。本布置方式用于地面硬化、基坑绘制、拟建建筑绘制等面域封闭类型构件。

5. 构件编辑

（1）私有属性编辑

私有属性编辑指的是在二维或三维状态下使用鼠标左键双击构件，这个时候会弹出私有属性编辑对话框，如需编辑需要先去掉面板下方的参数随属性命令的勾选。这时候对构件的修改只是针对这个选中构件的。构件变成私有属性构件之后属性是不会随同公有属性修改而进行调整的。

（2）公有属性编辑

公有属性修改指的是在二维或三维状态下在属性栏、构件大样图、双击大样图的构件编辑界面修改的构件属性，这时候的修改针对的是所有的同名构件，如图 5-8 所示。

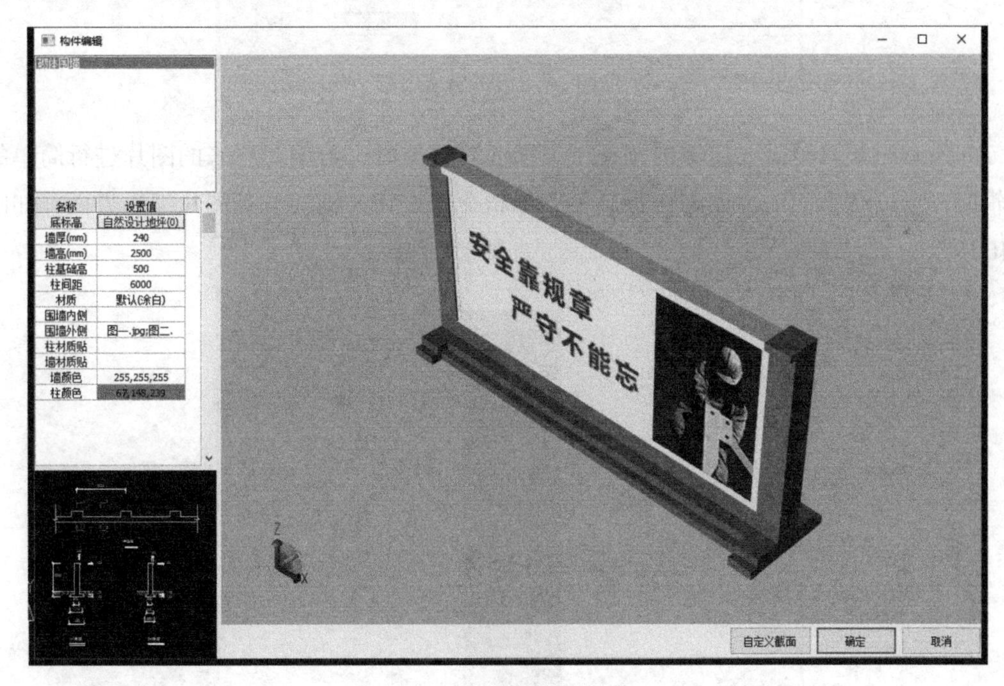

图 5-8　构件属性编辑

（3）通过编辑命令编辑

通过右侧的构件编辑工具栏（或菜单栏）中的命令，对构件使用变斜，标高调整，打断，移动，旋转阵列等编辑操作。或者像土方构件、脚手架等构件具有其他独立的编辑命令的进行编辑的。

（4）材质图片编辑

构件的材质图片主要的编辑方式就是替换材质图片，软件中可以在构件的属性栏双击需要修改的材质属性、私有属性或者公有属性界面中双击需要更换材质的部位（这个部位的材质参数必须在属性栏里有），双击后会打开贴图材质界面如图 5-9 所示，根据自己的需要选择的不同的材质图片，材质图片可以下载或者自己用 PS 绘制。

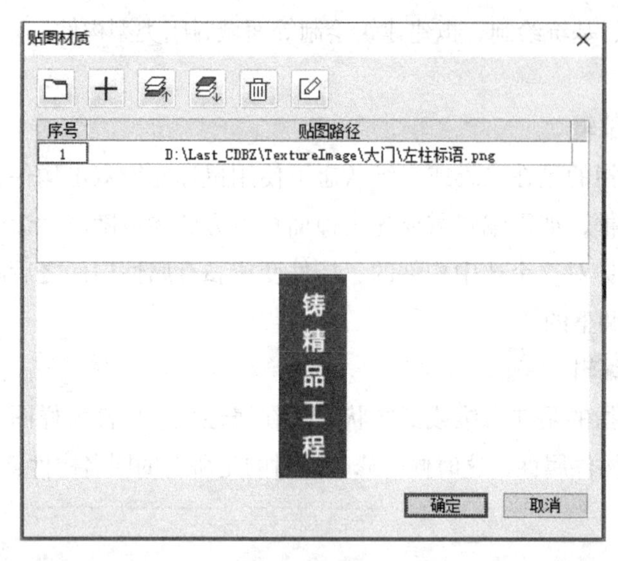

图 5-9　贴图材质

如果有时候只是需要简单的调整下文字内容之类时，希望对原来的图片进行简单的编辑时，可以在上面的界面单击最后一个编辑命令按钮。则会展开图片编辑界面，如图 5-10 所示。

图 5-10　图片编辑

在图 5-10 中可以增加其他图片，比如如果有透明的公司 LOGO 的 png 图片，就可以增加到里面。需要说明的是，像这种使用一张图片进行拉伸布置的在该界面你的图片怎么填充这个图框的，最后也会怎么保存出来。比如要换个文字图片，就把原来的图片删除，增加个图层填充上背景色。然后点击增加文字，打开图 5-11 文字编辑界面。文字的大小是要在上面的界面中拖拉图层修改。

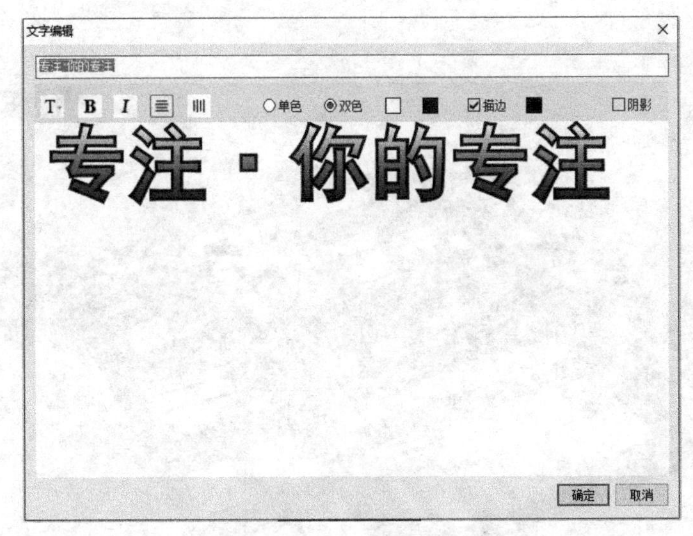

图 5-11　文字编辑

6. 规范检查

当对场地进行布置完成后可以点击规范检查按钮，如图 5-12 软件会自动根据 JGJ 59—2011、GB 50720—2011 两本规范对现场进行检查，并给出检查意见。

检查结果

安全检查标准JGJ59-2011　消防安全技术规范GB50720-2011

阶段	问题描述	判断依据	整改意见	构件
土方阶段				
1	未按规定悬挂安全标志	3.1.4-4	施工现场入口处及主要施工区域、危险部位应设置相应	安全警示牌、安全警示灯
2	未设置大门	3.2.3-2	施工现场进出口应设置大门，并应设置门卫值班室	大门
3	未设置车辆冲洗设施	3.2.3-2	施工现场出入口应标有企业名称或标识，并应设置车辆	洗车池
4	未采取防尘措施	3.2.3-3	施工现场应有防止扬尘措施	防扬尘喷洒设施
5	未采取防止泥浆、污水、废水污染环境措施	3.2.3-3	施工现场应有防止泥浆、污水、废水污染环境的措施	沉淀池
6	未设置吸烟处	3.2.3-3	施工现场应设置专门的吸烟处，严禁随意吸烟	茶水亭/吸烟室
7	未进行绿化布置	3.2.3-3	温暖季节应有绿化布置	花坛、草坪、树、灌木、花
8	施工现场消防通道、消防水源的设置不符合规范要求	3.2.3-6	施工现场应设置消防通道、消防水源，并应符合规范要	消防栓
9	生活区未设置供作业人员学习和娱乐场所	3.2.4-1	生活区内应设置供作业人员学习和娱乐的场所	健身器材
10	未设置宣传栏、读报栏、黑板报	3.2.4-2	应有宣传栏、读报栏、黑板报	宣传窗
11	未设置淋浴室	3.2.4-3	应设置淋浴室，且能满足现场人员要求	浴室
12	在建工程的孔、洞未采取防护措施	3.13.3-5	在建工程的预留洞口、楼梯口、电梯井口等孔洞应采取	水平洞口防护
13	未搭设防护棚	3.13.3-6	应搭设防护棚且防护严密、牢固	安全通道
结构阶段				
1	未按规定悬挂安全标志	3.1.4-4	施工现场入口处及主要施工区域、危险部位应设置相应	安全警示牌、安全警示灯
2	未设置大门	3.2.3-2	施工现场进出口应设置大门，并应设置门卫值班室	大门
3	未设置车辆冲洗设施	3.2.3-2	施工现场出入口应标有企业名称或标识，并应设置车辆	洗车池
4	未采取防尘措施	3.2.3-3	施工现场应有防止扬尘措施	防扬尘喷洒设施
5	未采取防止泥浆、污水、废水污染环境措施	3.2.3-3	施工现场应有防止泥浆、污水、废水污染环境的措施	沉淀池
6	未设置吸烟处	3.2.3-3	施工现场应设置专门的吸烟处，严禁随意吸烟	茶水亭/吸烟室
7	未进行绿化布置	3.2.3-3	温暖季节应有绿化布置	花坛、草坪、树、灌木、花
8	施工现场消防通道、消防水源的设置不符合规范要求	3.2.3-6	施工现场应设置消防通道、消防水源，并应符合规范要	消防栓
9	生活区未设置供作业人员学习和娱乐场所	3.2.4-1	生活区内应设置供作业人员学习和娱乐的场所	健身器材

导出到Excel　确定　取消

图 5-12　规范检查

7. 三维显示

三维显示是集合了软件内的除动画外的所有三维功能，见图 5-13 主要有三维观察、三维编辑、自由漫游、路径漫游（包括漫游路径绘制）、航拍漫游、三维全景、三维设置（包括光源配置设置、相机设置）、构件三维显示控制、视角转换；另外三维视口具备二三维构件时时联动刷新，可双屏同时显示，同时界面右上角包含视频录制和屏幕置顶功能。

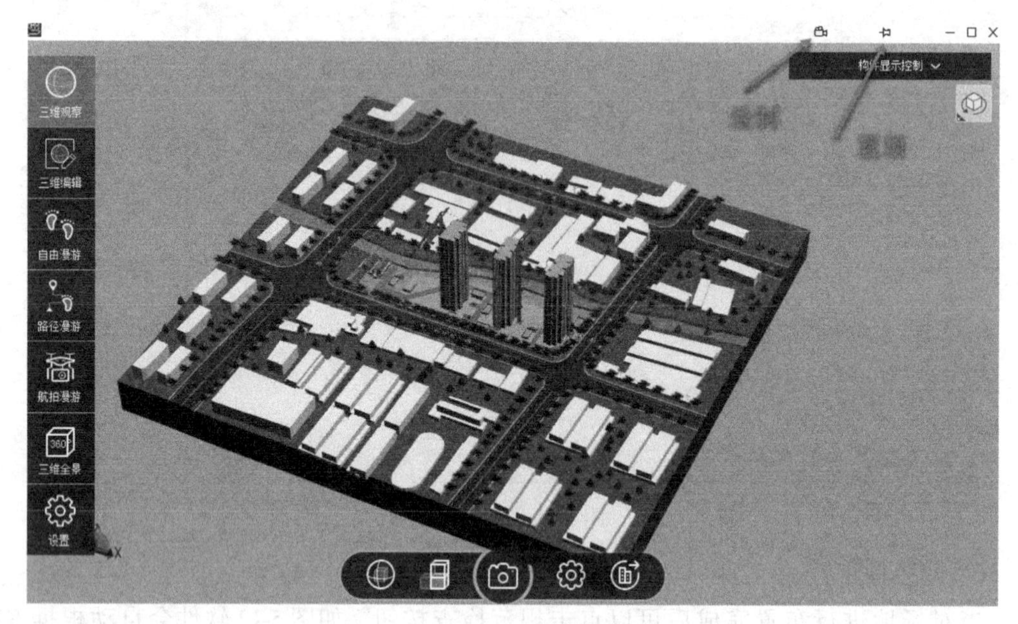

图 5-13　三维显示

（1）三维观察

三维显示后点击三维观察按钮如图 5-14 所示，主要功能为可动态观察所有的构件，另外该界面内可以进行自由旋转、剖切观察、拍照、相机设置、导出为 SKP 格式文件。

图 5-14　三维观察

自由旋转：整体三维可以进行顺时针或者逆时针旋转，可以通过鼠标来调整旋转方向以及旋转速度方便观察三维整体效果。

剖切观察：可以把整个布置区进行上下左右前后六个面进行自由剖切，从而观察特定剖切面三维

拍照：点击拍照会自动弹窗拍下并保存当前视口照片的 png 格式图片

相机设置：点击相机设置弹出下行窗口，可以同时保存三维观察时的5个视角（与自由漫游时保存的视角不共用），点击保存视角就可以在选定的视角框保存一个视角，点击保存的视角三维视口会自动跳转到该视角；画质设置可以直接设置拍照的图片的画质，高清渲染拍照需要消耗大量系统资源，需要根据电脑性能自行考虑。

（2）三维编辑

三维显示后点击三维编辑按钮如图5-15所示，主要功能为在三维视口中可以进行编辑构件和地形。

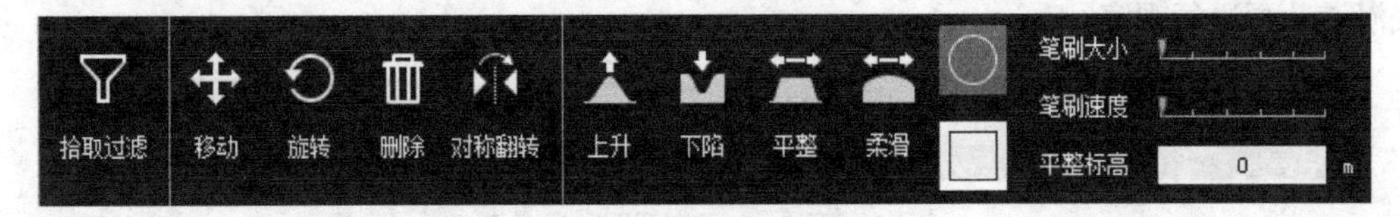

图5-15 三维编辑

拾取过滤命令的使用：拾取过滤相应构件或类构件，三维中该构件或该类构件就不能被选择

移动命令的使用：点击命令后选择需要移动的构件，右键确定选择，会出现可以移动的三维坐标，把构件移动到指定的位置，右键确定保存。

旋转命令的使用：点击命令后选择需要旋转的构件，右键确定选择，会出现可以旋转的红色箭头圆环，把构件旋转到指定的角度，右键确定保存。

删除命令的使用：点击命令后选择需要删除的构件，右键确定选择。

对称翻转命令的使用：点击命令后选择需要翻转的构件，右键确定选择。

上升、下陷、平整、柔化是地形编辑命令，可以调整地形的样子；圆圈和方块是笔刷的造型，笔刷大小影响笔刷单次修改的范围，笔刷速度影响单次修改的地形变化程度。平整标高设置的是平整命令时地形平整后的标高。

（3）自由漫游

三维显示后点击自由漫游按钮如图5-16所示，主要功能为以人的视角在三维视口中进行移动观察，并选取需要的角度进行拍照截图。

图5-16 自由漫游

在拍照按钮的右下角有个拍照设置的按钮点击后可以同时保存漫游观察时的5个视角（与三维观察时保存的视角不共用），点击保存视角就可以在选定的视角框保存一个视角，点击保存的视角三维视口会自动旋转到该视角；画质设置可以直接设置拍照的图片的画质，高清渲染拍照需要消耗大量系统资源，需要根据电脑性能自行考虑。

（4）路径漫游

三维显示后点击路径漫游按钮如图5-17所示，需要绘制漫游路径，按绘制的路径生成漫游动画进行观察。

图5-17　路径漫游

（5）航拍漫游

三维显示后点击航拍漫游按钮如图5-18所示，通过设置航拍点与帧生成航拍动画并导出。

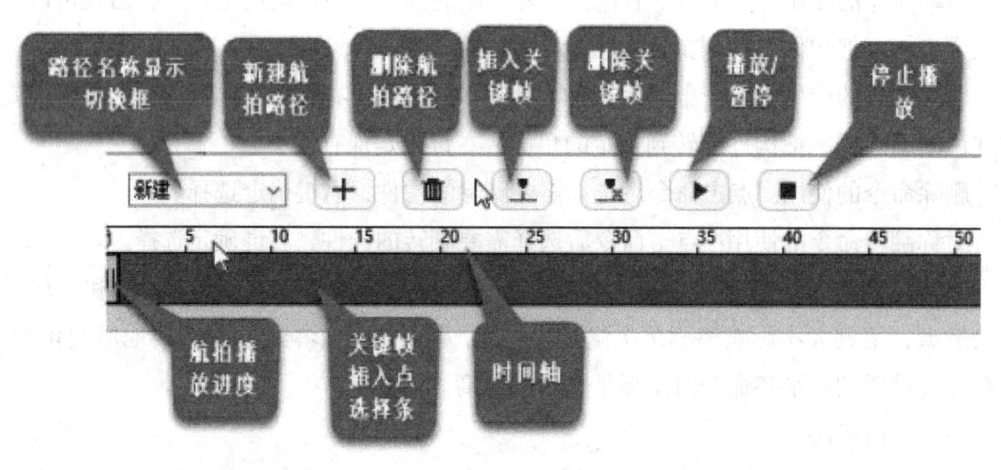

图5-18　航拍漫游

（6）三维全景

三维显示后点击三维全景按钮如图5-19所示，该功能主要是为了生成360°全景视图，并在各个相机视图之间进行切换漫游的功能，生成的成果可以通过二维码或者链接分享给朋友。

首先新建一个全景漫游场景，其次点击全景相机布置，此时三维视口会切换到俯视视角，用左键点击布置相机点，右键确定布置，布置后会在下面的相机点选择编辑界面增加一个相机点，如图5-20所示。

此时可以点击下面的全景相机1，此时会进入选中状态，三维视口也会切换到该相机点的视口如图5-21所示，可以右键点击该相机修改相机名称或删除相机。

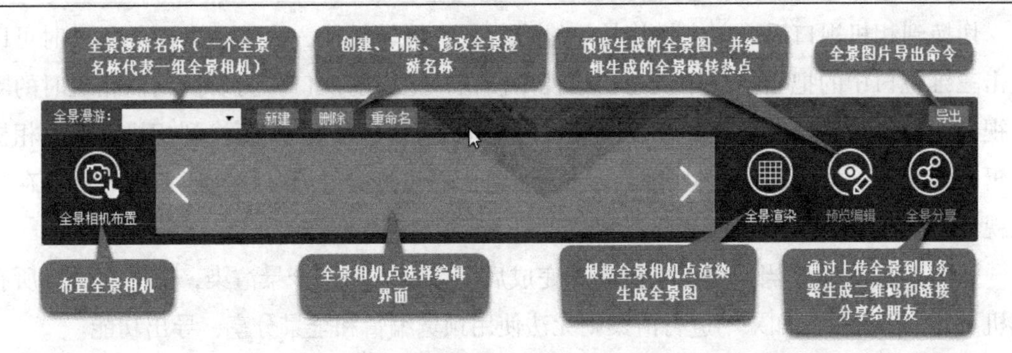

图5-19 三维全景

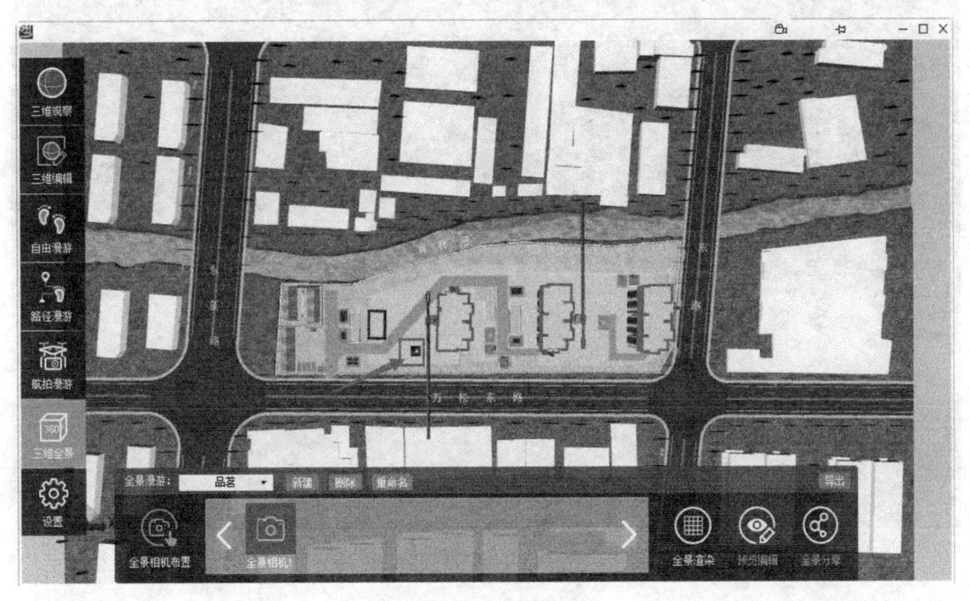

图5-20 全景相机布置

图5-21 全景相机视口

切换到相机视口后可以左键拖拉三维进行视口旋转切换，当选中合适的角度时可以点击三维视口中的把当前视角设为初始视角按钮，把当前视口作为切换到该相机时的默认视角。如果对相机的位置和高度不满意可以把上面的相机观察切换到相机编辑。相机编辑时跟漫游一样的操作移动相机，当移动到合适的位置时可以切换回相机观察保存默认视口。（可以重复添加和编辑全景相机）

如图 5-22 所示，当把全景相机添加完成后可以点击——全景渲染，此时会生成所有相机点的全景图片，如果不进行渲染则无法使用预览编辑和全景分享，导出功能。

图 5-22　全景渲染

等待渲染完成，点击预览编辑，此时会打开预览编辑界面，选择一个相机点，则会显示热点切换内容，勾选后会在视口中出现热点标识，此时点击该热点会切换到热点所代表的相机的默认视口，该标识可以在热点切换界面点击相应图标进行切换。可以一个个相机的调整编辑，完成后保存设置，并退出预览编辑。完成渲染后可以生成二维码进行分享。

（7）三维设置

三维显示后点击设置按钮见图 5-23，主要功能为调整三维界面中的渲染效果，阴影设置开启后会消耗大量资源，如果三维时比较卡，建议关闭。

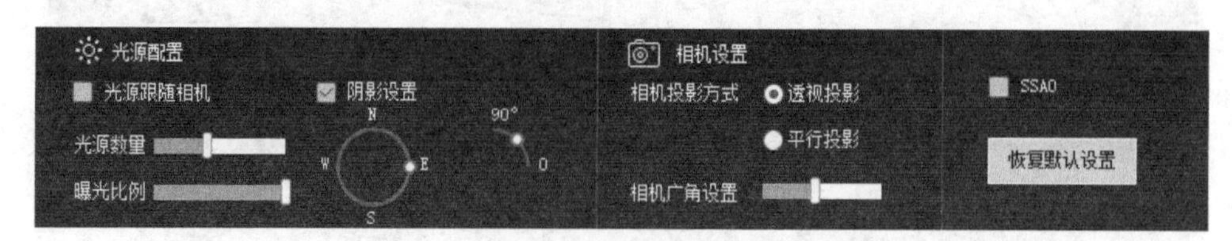

图 5-23　三维显示设置

光源配置里可以设置3个参数：光源跟随相机、光源数量、曝光比例因素，这几个修改了都会影响三维时的亮度。

阴影设置：开启后可以设置阴影的角度和方向，需要注意的是开启阴影后，光源配置中的光源跟随相机一定不要去勾选，不然阴影效果就会错乱。

相机设置中可以设置相机投影方式和相机广角设置，一般如果在三维中使用鼠标缩放构件感觉无法缩放了的时候，可以试试修改下相机广角设置，其余时候不建议修改。

大气雾化效果，可以在进入自由漫游或者路径漫游之前开启，这样漫游时看起来会更真实。

8. 机械路径设置

车辆设备如果需要它有行走动画时，可以在构件布置后点击机械路径按钮机械路径，这些能够设置机械路径的构件的属性栏中都有路径动画相关设置的参数，可以在属性栏先设置好是按速度或者按循环次数进行行走参数的设置。

点击命令后就会展开如图5-24所示机械路径设置面板，里面会显示所有的已经布置的可以设置机械路径的构件，也会标识出该构件有没有设置机械路径，包括机械在这个机械路径上同时出现的数量，动画时的循环方式。每个车辆设备只能设置一条机械路径。

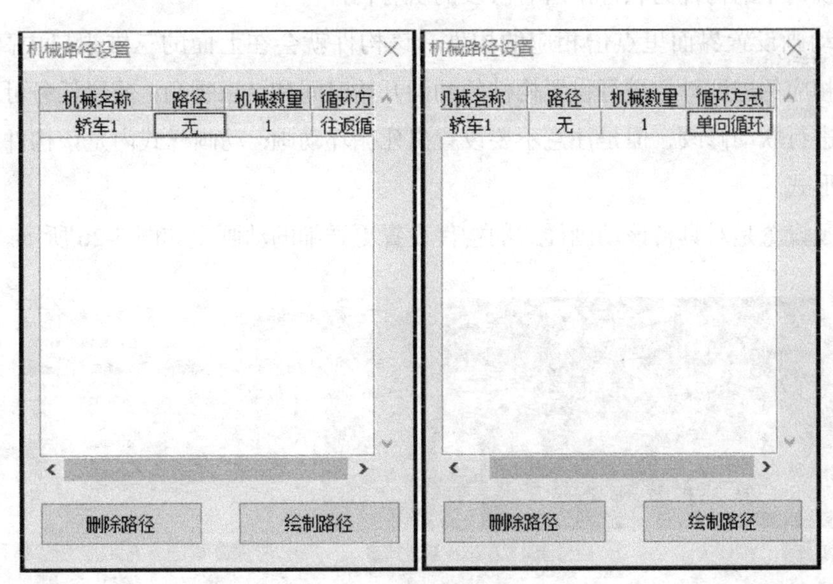

图5-24 机械路径设置

9. 施工模拟

构件布置完成后，当然也可以在布置完土方构件的时候就使用进度关联先完成土方开挖施工模拟动画的设置，然后在主体阶段布置完成后设置主体施工模拟动画的时间和动画方式。

首先点击施工模拟命令，打开施工模拟界面。

(1)动画编辑

进入施工模拟后可以看到如下图 5-25，有三维视口、构件动画设置界面、横道图。

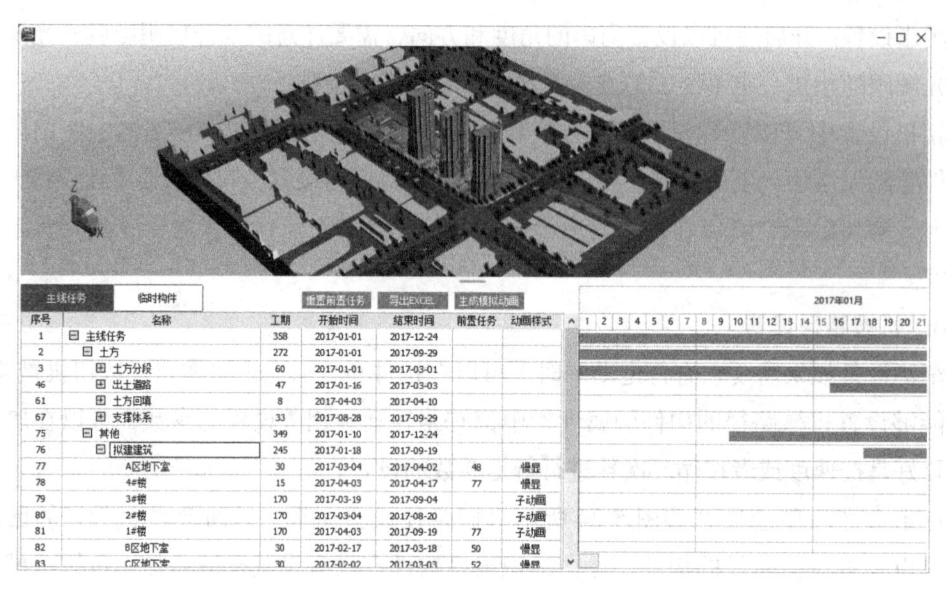

图 5-25　动画进度编辑

三维视口中的构件为软件中所有阶段的所有构件。

构件动画设置界面里点击相应的构件，该构件就会在上面的三维视口中高亮显示。可以根据相应的进度计划进行设置构件的动画开始时间和结束视角；前置任务可以通过任务关联来进行联动修改，但是注意不要设置出死循环动画；动画样式内是该构件可以设置的动画的形式。

子动画设置是对具备该动画样式的构件设置更详细的动画，如图 5-26 所示。

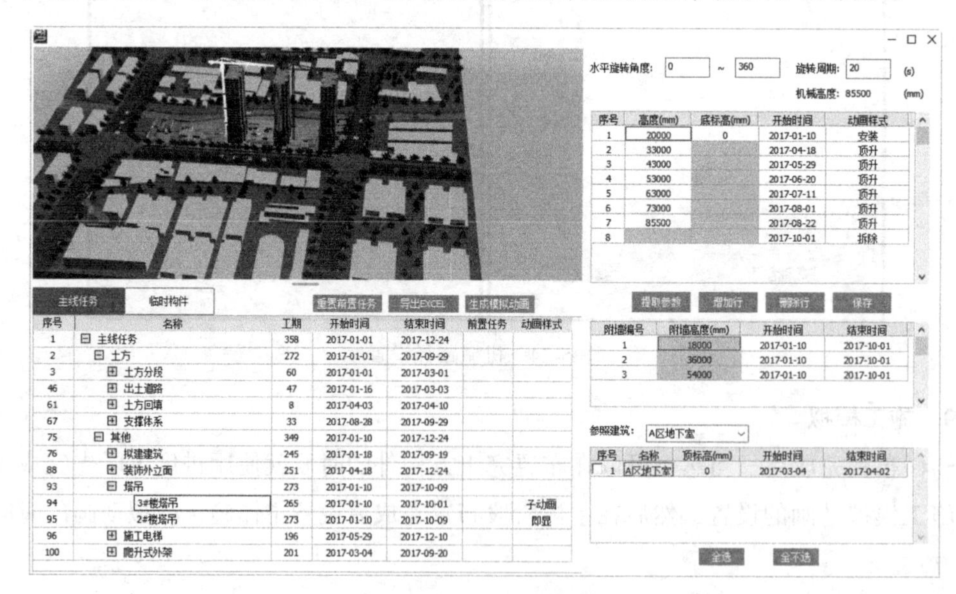

图 5-26　子动画设置

重置前置任务仅在主线任务里有是按默认设置重置掉构件的前置任务。

重置时间仅在临时构件里有是按照工程设置里的阶段设置里的时间以及构件通过阶段复制后同时存在多少个阶段自动计算重置开始时间和结束时间。

生成模拟动画有两种生成方式，独立动画会比较流畅，复合动画生成后还需要再设置关键帧动画（航拍漫游）。

（2）模拟动画

生成模拟动画后如图 5-27 所示就可以在三维视口里预览施工模拟动画，如果有不满意的地方可以点击返回动画编辑重新进行设置调整。

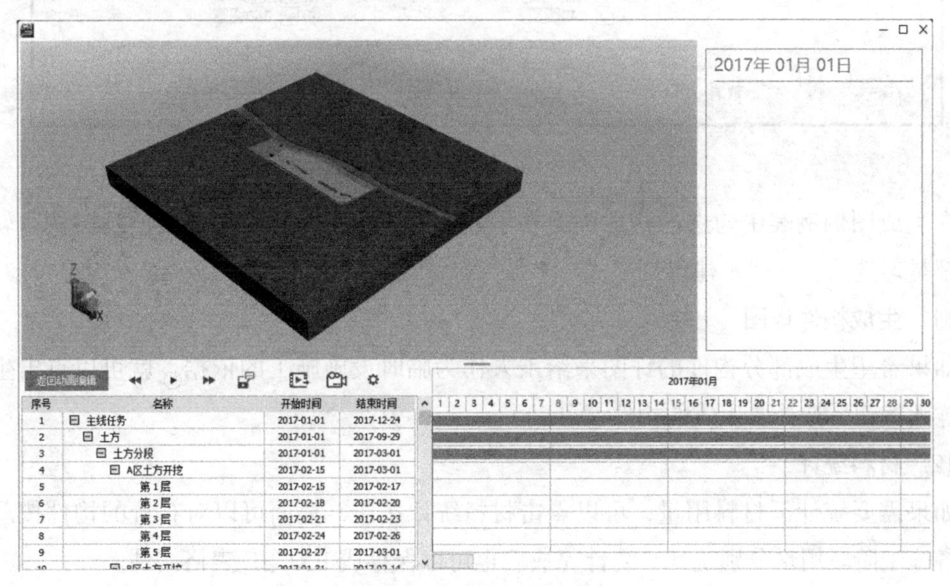

图 5-27　模拟动画生成

播放 / 暂停、加速、减速这几个是动画播放预览的命令。

动画信息这个命令点击会切换右上角的动画信息界面的显示隐藏。

导出视频是根据设置的动画信息自动生成施工模拟动画视频。

录制视频是会录制整个施工模拟界面上的所有界面和内容，然后生成视频。

视频格式设置是调整和设置视频的格式和帧数。

10. 生成平面图

构件布置完成后可以点击生成平面图按钮，展开图 5-28 生成平面图面板。

在生成平面图面板中可以看到导出样式、导出构件列表、生成图例例表（这个默认是收缩的，点击下面的图例按钮就可以展开）。

在导出样式中可以按时间或者施工阶段来生成不同阶段的平面布置图，比如土方阶段平面布置图、地下室阶段平面布置图等。

在生成平面图同时，在导出构件列表进行构件的整理，就可以导出生成消防平面布置图、临时用电平面布置图，临时用水平面布置图等。

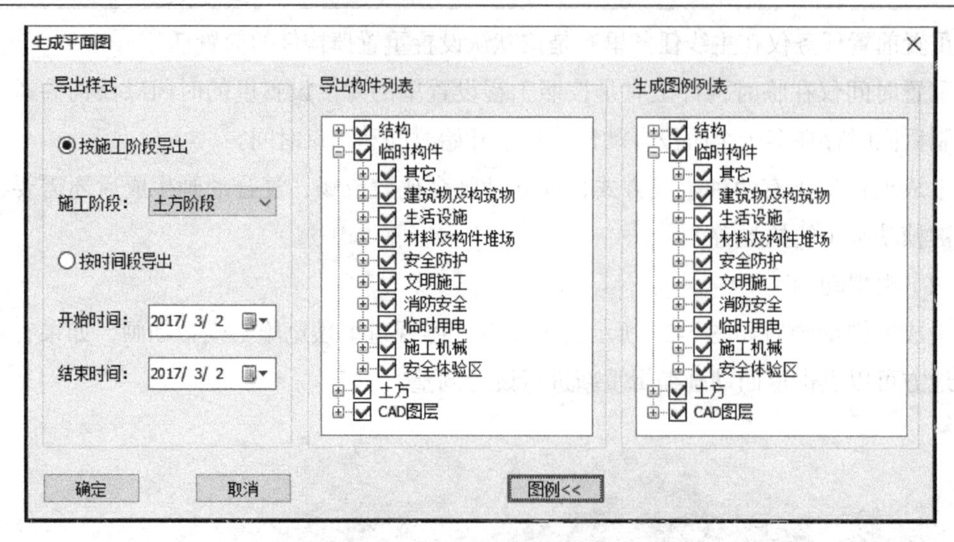

图 5-28　生成平面图

在生成图例例表中勾选的构件都会在生成的平面图中，同步生成相应的图例。软件默认都是勾选的。一般不建议调整。

11. 生成构件详图

如果希望生成部分构件的详图来给工人作为临时设施施工的依据，就可以点击生成构件详图按钮，选择要生成的构件就可以了。

12. 材料统计

如果需要统计下材料用量，可以点击材料统计按钮，里面可以对布置的构件按总量和按各施工阶段用量分别统计，统计完成后也可以保存成 EXCEL 表格文件。

5.2 BIM 施工现场布置实训

5.2.1 单位工程 BIM 施工现场布置（后简称场布）实训

1. 实训背景

根据建筑平面图、现场地形地貌、现有水源、电源、热源、道路、四周可以利用的房屋和空地、施工组织总设计、本单位工程的施工方案与施工方法、施工进度计划及各临时设施的计算资料，运用 BIM 三维场布软件，绘制单位工程三维施工平面布置图。

2. 训练目的

通过本次实训，使学生系统掌握单位工程施工平面布置图的设计依据、原则、程序和步骤，督促学生熟练掌握运用 BIM 软件进行单位工程三维施工平面布置图设计的技术要点。

3. 训练任务

运用 BIM 软件进行单位工程施工平面图设计：

① 确定起重垂直运输机械的位置;

② 确定搅拌站、仓库和材料、构件堆场以及加工厂的位置;

③ 施工道路的布置;

④ 临时设施的布置;

⑤ 临时供水、供电管网的布置;

⑥ 绘制施工平面图。

4. 训练成果

实训结束后，要求每位学生上交单位工程三维施工平面布置图。

5.2.2 全场性工程 BIM 施工场布实训

1. 实训背景

根据建筑总平面图、现场地形地貌、现有水源、电源、热源、道路、四周可以利用的房屋和空地、施工组织总设计、本单位工程的施工方案与施工方法、施工进度计划及各临时设施的计算资料，运用 BIM 软件，绘制全场性工程三维施工平面布置图。

2. 训练目的

通过本次实训，使学生系统掌握全场性工程施工平面布置图的设计依据、原则、程序和步骤，督促学生熟练掌握运用 BIM 软件进行全场性工程三维施工平面布置图设计的技术要点。

全场性工程 BIM 施工场布

3. 训练任务

运用 BIM 软件进行全场性工程施工平面图设计:

① 确定起重垂直运输机械的位置;

② 确定搅拌站、仓库和材料、构件堆场以及加工厂的位置;

③ 施工道路的布置;

④ 临时设施的布置;

⑤ 临时供水、供电管网的布置;

⑥ 绘制施工平面图。

4. 训练成果

实训结束后，要求每位学生上交全场性工程三维施工平面布置图。

思考题与习题

1. 施工平面图的概念是什么?
2. 施工平面图的作用是什么?
3. 施工平面图设计的原则是什么?
4. 施工平面图设计的依据有哪些?

5．施工现场布置的供水系统有哪些形式?

6．施工现场布置的供水系统用水量包括什么内容?

7．施工现场布置的供电系统的用电量计算有哪些内容?

8．施工现场布置道路的具体要求有哪些?

9．临时设施包括哪些设施?

10．参观实际工程，查阅、收集实际工程的施工现场平面布置图，指出平面图设计中存在的问题。

6 施工准备与资源配置

知识点：施工准备工作的意义与要求、施工准备工作的分类、施工准备工作计划的编制、原始资料的调查与研究、施工技术资料准备、资源准备、施工现场准备、季节性施工准备。

教学目标：通过本单元内容的学习，使学生了解施工准备工作的内容、要求和意义，能根据工程的实际情况，编制出有针对性的施工准备工作计划和资源配置方案，使施工能正常开展。

施工准备工作，就是指工程施工前所做的一切工作，它有组织、有计划、有步骤、分阶段地贯穿于整个工程建设的始终。施工准备工作是建筑施工管理的一个重要组成部分，是准确完成建筑工程任务的关键，必须实行统一领导和分工负责的制度，包括原始资料的调查与研究、施工技术资料准备、资源准备、施工现场准备和季节性施工准备等内容，要求能预见到施工中可能出现的各种问题，确保工程连续、均衡和科学合理的施工。

6.1 施工准备与资源配置

【引例1】《礼记·中庸》中的“凡事预则立，不预则废。”说的是“不论做什么事，事先有准备，就能得到成功，不然就会失败。”强调了准备工作的必要性与重要性。随着社会经济的飞速发展和建筑施工技术水平的不断进步，现代建筑施工过程已成为一项集科技、管理于一体的十分复杂的生产活动，不仅涉及成千上万的各种专业建筑工人和数量众多的各类建筑机械、设备的组织，还包括种类繁多的、数以几十甚至几百万吨计的建筑材料、制品和构配件的生产、运输、贮存和供应工作，施工机具的供应、维修和保养工作，施工现场临时供水、供电、供热，以及安排施工现场的生产和生活所需要的各种临时建筑物等工作。这些工作都必须在事前进行全面的、周密的、经济与可行的准备，这对于建筑工程能否顺利开工、顺利进行和完成具有十分重要的意义。

建筑工程施工准备工作是施工企业生产经营管理的重要组成部分，也是施工项目管理的重要内容，同时也是我国基本建设程序的要求，因此施工准备工作是搞好工程施工的基础和前提条件。实践证明，施工准备工作的好与坏，将直接影响建筑产品生产的全过程，凡是重视和做好施工准备工作，积极为工程项目创造一切有利的施工条件，则该工程就能顺利开工，取得施工的主动权；反之，则必然在施工中受到各种矛盾掣肘、处处被动，以致造成重大的经济损失。

6.1.1 施工准备工作计划的编制

1. 施工准备工作的概念、意义、要求

施工准备工作是指为了保证工程顺利开工和施工活动正常进行而事先做好的各项准备工作。它从签订施工合同开始，至工程施工竣工验收合格结束，不仅存在于工程开工之前，而且贯穿于整个工程施工的全过程。因此，应当自始至终坚持“不打无准备之仗”的原则来做好这项工作，否则就会丧失主动权，处处被动，甚至使施工无法开展。

（1）施工准备工作的意义

1）遵循建筑施工程序。

施工准备工作是建筑施工程序、施工项目管理程序中的一个重要阶段。现代建筑工程施工是十分复杂的生产活动，其技术规律和市场经济规律要求工程施工必须严格按照建筑施工程序和施工项目管理程序进行。施工准备工作是保证整个工程施工和安装顺利进行的重要环节，只有认真做好施工准备工作，才能取得良好的施工效果。

2）创造工程开工和顺利施工条件。

工程施工中不仅需要耗用大量的材料，使用多种施工机械设备，组织安排各工种的劳动力，而且还需要处理各种复杂的技术问题，协调各种协作配合关系，因此需要通过施工准备工作，进行统筹安排和周密准备，为拟建工程的施工建立必要的技术和物质条件，统筹安排施工力量和施工现场，为工程开工及施工创立必要的条件。

3）降低施工风险。

由于建筑产品及其施工生产的特点，其生产过程受外界干扰及自然因素的影响较大，因而施工中可能遇到的风险较多。只有根据周密的分析和多年积累的施工经验，采取有效防范控制措施，充分做好施工准备工作，加强应变能力，才能有效降低风险损失。

4）提高企业综合经济效益。

认真做好施工准备工作，有利于发挥企业优势，合理供应资源，加快施工进度、提高工程质量、降低工程成本、增加企业经济效益、赢得企业社会信誉，实现企业管理现代化，从而提高企业综合经济效益。

实践证明，只有重视且认真细致地做好施工准备工作，积极为工程项目创造一切施工条件，才能保证施工顺利进行。否则，就会给工程的施工带来麻烦和损失，以致造成施工停顿、质量安全事故等恶果。

（2）做好施工准备工作的要求

1）取得协作单位的支持和配合。

施工准备工作涉及面广，不仅施工单位要努力完成，还要取得建设单位、监理单位、设计单位、供应单位、银行及其他协作单位的大力支持，分工负责，统一协调，共同做好施工准备工作。

2）分阶段、有组织、有计划、有步骤地进行。

为落实各项施工准备工作，加强检查与监督，必须根据各项施工准备工作的内容、时间和人员，编制施工准备工作计划。还可以利用网络计划技术，进行施工准备期的调整，尽量缩短施工准备时间，确保各项施工准备工作有组织、有计划、分期分批地进行，贯穿于施工全过程。

3）应有严格的保证措施。

① 建立施工准备工作责任制。按施工准备工作计划将各项准备工作责任落实到有关部门和个人，明确各级技术负责人在施工准备工作中应负的责任，以便确保按计划要求的内容与时间进行。现场施工准备工作应由施工项目经理部全权负责。

工程开工报告 **表 6–1**

表号：监 A—04 编号：____

工程名称	
合同编号	

__________（监理单位）：

我单位承担__________工程施工任务，已完成开工前的各项准备工作（施工组织设计、施工概预算、分包单位等以及现场设施），已办妥各项手续（建筑许可、施工许可）。计划于____年____月____日开工，请审批。

附：施工组织设计（施工方案）及说明书等。

施工单位（章） 日期______
技术负责人______ 日期______

监理单位审查意见：

监理工程师______ 日期______
总监理工程师______ 日期______
监理单位（章） 日期______

本表由施工承包单位填报，一式三份，监理单位、施工承包单位、业主各一份。

② 建立施工准备工作检查制度。在施工准备工作实施过程中，应定期检查施工准备工作计划的执行情况，以便及时发现问题，分析原因，排除障碍，协调施工准备工作进度或调整施工准备工作计划。

③ 实行开工报告和审批制度。工程开工前施工准备工作完成后，施工项目经理部应申请开工报告，报由企业领导审批同意后方可开工。实行建设监理的工程，企业还应将开工报告送监理工程师审批，由监理工程师签发开工通知书，在限定时间内开工，不得拖延。开工报告见表 6-1。

4）施工准备工作应做好几个结合。

① 施工与设计的结合。施工合同签订后，施工单位应尽快与设计单位联系，在总体规划、平面布局、结构选型、构件选择、新材料、新技术的采用以及出图顺序等方面取得一致意见，便于日后施工。

② 室外准备与室内准备工作的结合。室内准备工作主要指各种技术经济资料的编制和汇集（如熟悉图纸、编制施工组织设计等）；室外准备工作主要指施工现场准备和物资准备。室内准备对室外准备起指导作用，室外准备是室内准备的具体落实。

③ 土建工程与专业工程的结合。工程总承包单位（一般为土建施工单位），在明确施工任务，拟定施工准备工作的初步计划后，应及时通知各相关协作专业单位，使各专业单位及时完成施工准备工作，做好与土建单位的协作配合。

④ 前期准备与后期准备的结合。施工准备工作不仅工程开工前要做，工程开工也要做，因此，要统筹安排前、后期的施工准备工作，既立足于前期准备，又着眼于后期准备，把握时机，及时完成施工准备工作。

2. 施工准备工作的分类

（1）按施工准备工作的范围不同进行分类。

1）施工总准备（全场性施工准备）。它是以整个建设项目为对象而进行的各项施工准备。其作用是为整个建设项目的顺利施工创造条件，既为全场性的施工活动服务，也兼顾单位工程施工条件的准备。

2）单项（单位）工程施工条件准备。它是以一个建筑物或构筑物为对象而进行的各项施工准备。其作用是为单项（单位）工程的顺利施工创造条件，即为单项（单位）工程做好一切准备，又要为分部（分项）工程施工进行作业条件的准备。

3）分部（分项）工程作业条件准备。它是以一个分部（分项）工程或冬雨期施工工程为对象而进行的作业条件准备。

（2）按工程所处的施工阶段不同进行分类。

1）开工前的施工准备工作。它是在拟建工程正式开工之前所进行的带有全局性和总体性的施工准备。其作用是为工程开工创造必要的施工条件。

2）各阶段施工前的施工准备。它是在工程开工后，某一单位工程或某个分部（分项）工程或某个施工阶段、某个施工环节施工前所进行的带有局部性或经常性的施工准备。

其作用是为每个施工阶段创造必要的施工条件，它一方面是开工前施工准备工作的深化和具体化；另一方面，要根据各施工阶段的实际需要和变化情况，随时做出补充修正与调整。

如一般框架结构建筑的施工，可以分为地基基础工程、主体结构工程、屋面工程、装饰装修工程等施工阶段，每个施工阶段的施工内容不同，所需要的技术条件、物资条件、组织措施要求和现场平面布置等方面也就不同，因此，在每个施工阶段开始之前，都必须做好相应的施工准备。

因此，施工准备工作具有整体性与阶段性的统一，且体现出连续性，必须有计划、有步骤、分期、分阶段地进行。

3. 施工准备工作计划的编制

为了落实各项施工准备工作，加强检查和监督，必须根据各项施工准备的内容、时间和人员，编制出施工准备工作计划，见表 6-2。

施工准备工作计划表 表 6-2

序号	施工准备工作名称	简要内容	施工准备工作要求	负责单位	负责人	起止时间		备注
						×月×日	×月×日	

由于各项施工准备工作不是分离的、孤立的，而是互相补充、互相配合的，为了提高施工准备工作的质量，加快施工准备工作的速度，除了用表 6-2 编制施工准备工作计划外，还可采用编制施工准备工作网络计划的方法，以明确各项准备工作之间的逻辑关系，找出关键线路，并在网络计划图上进行施工准备工期的调整，尽量缩短准备工作的时间，使各项工作有领导、有组织、有计划和分期分批地进行。

施工准备工作计划的编制程序如图 6-1 所示。

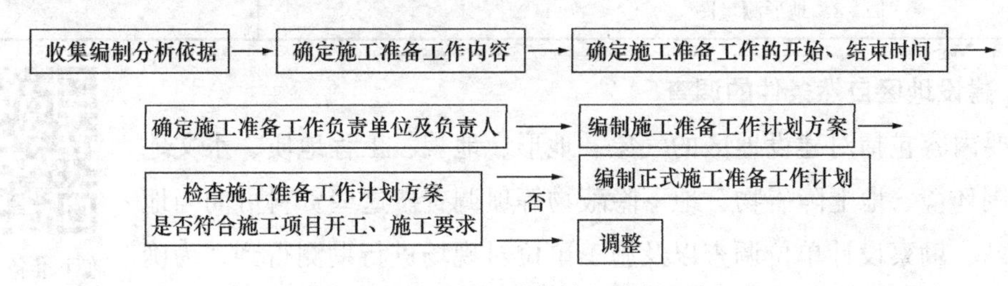

图 6-1 施工准备工作计划编制程序

6.1.2 原始资料的调查研究

1. 原始资料调查的目的和要求

施工准备与资源配置 - 原始资料调查的目的和要求

原始资料的调查研究是施工准备工作的一项重要内容，也是编制施工组织设计的重要依据。尤其当施工单位进入一个新的城市或地区，对建设地区的技术经济条件、场地特征和社会情况等不熟悉时显得尤为重要。原始资料的调查研究应有计划、有目的地进行，事先应拟定详细的调查提纲，调查范围、内容等应根据拟建工程规模、性质、复杂程度、工期及对当地了解程度确定。对调查收集的资料应注意整理归纳、分析研究，对其中特别重要的资料，必须复查数据的真实性和可靠性。

2. 项目特征与要求的调查

施工单位应按所拟定的调查提纲，首先向建设单位、勘察设计单位收集有关项目的计划任务书、工程选址报告、初步设计、施工图以及工程概预算等资料（表 6-3）；向当地有关行政管理部门收集现行的项目施工相关规定、标准以及与该项目建设有关的文件等资料；向建筑施工企业与主管部门了解参加项目施工的各家单位的施工能力与管理状况等。

向建设单位与设计单位调查的项目 表 6–3

序号	调查单位	调查内容	调查目的
1	建设单位	1. 建设项目设计任务书、有关文件 2. 建设项目性质、规模、生产能力 3. 生产工艺流程、主要工艺设备名称及来源、供应时间、分批和全部到货时间 4. 建设期限、开工时间、交工先后顺序、竣工投产时间 5. 总概算投资、年度建设计划 6. 施工准备工作计划的内容、安排、工作进度表	1. 施工依据 2. 项目建设部署 3. 制定主要工程施工方案 4. 规划施工总进度计划 5. 安排年度施工进度计划 6. 规划施工总平面 7. 确定占地范围
2	设计单位	1. 建设项目总平面图规划 2. 工程地质勘察资料 3. 水文勘察资料 4. 项目建筑规模，建筑、结构、装修概况，总建筑面积、占地面积 5. 单项（单位）工程个数 6. 设计进度安排 7. 生产工艺设计、特点 8. 地形测量图	1. 规划施工总平面图 2. 规划生产施工区、生活区 3. 安排大型临建工程 4. 概算施工总进度 5. 规划施工总进度 6. 计算平整场地土石方量 7. 确定地基、基础施工方案

3. 建设地区自然条件的调查

施工准备与资源配置 - 建设地区自然条件的调查

主要内容包括对建设地区的气象、地形、地貌、工程地质、水文地质、周围环境、地上障碍物、地下隐蔽物等项调查。这些资料可向当地气象台站、勘察设计单位调查以及施工单位对现场进行勘测得到，为确定施工方法、技术措施、冬雨期施工措施以及施工进度计划编制和施工平面规划布置等提供依据见表6-4。

建设地区自然条件调查的项目 表6-4

序号	调查项目	调查内容	调查目的
		气象	
1	气温	1. 年平均、最高、最低、最冷、最热月份月平均温度 2. 冬、夏季室外计算温度 3. ≤-3℃、0℃、5℃的天数，起止时间	1. 确定防暑降温措施 2. 确定冬季施工措施 3. 估计混凝土、砂浆强度
2	雨（雪）	1. 雨季起止时间 2. 月平均降雨（雪）量、最大降雨（雪）量、一昼夜最大降雨（雪）量 3. 全年雷暴日数	1. 确定雨季施工措施 2. 确定工地排、防洪方案 3. 确定防雷设施
3	风	1. 主导风向及频率（风玫瑰图） 2. ≥8级风的全年天数、时间	1. 确定临时设施布置方案 2. 确定高空作业及吊装技术安全措施
		工程地形、地质	
1	地形	1. 区域地形图：1/10000～1/25000 2. 工程位置地形图：1/1000～1/2000 3. 该地区城市规划图 4. 经纬坐标桩、水准基桩位置	1. 选择施工用地 2. 布置施工总平面图 3. 场地平整及土方量计算 4. 了解障碍物及数量
2	工程地质	1. 钻孔布置图 2. 地址剖面图：土层类别、厚度 3. 物理力学指标：天然含水率、孔隙比、塑性指数、渗透系数、压缩试验及地基土强度 4. 地层稳定性：断层滑块、流砂 5. 最大冻结深度 6. 枯井、古墓、防空洞及地下构筑物等情况	1. 选择土方施工方法 2. 确定地基土处理方法 3. 选择基础施工方法 4. 复核地基基础设计 5. 拟定障碍物拆除计划
3	地震	地震等级、烈度大小	对基础的影响、注意事项
		工程水文地质	
1	地下水	1. 最高、最低水位及时间 2. 水的流向、流速及流量 3. 水质分析：地下水的化学成分 4. 抽水试验	1. 选择基础施工方案 2. 确定降低地下水方法 3. 拟定防止侵蚀性介质的措施
2	地表水	1. 临近江河湖泊到工地距离 2. 洪水、平水、枯水期的水位、流量及航道深度 3. 水质分析 4. 最大、最小冻结深度及冻结时间	1. 确定临时给水方案 2. 确定运输方式 3. 选择水工工程施工方案 4. 确定防洪方案

4. 技术经济条件的调查

施工准备与资源配置-建设地区技术经济条件的调查

技术经济条件的调查包括交通运输方式的调查，机械设备与建筑材料条件调查，水、电、气供应条件的调查和劳动力与生活条件的调查。

（1）交通运输方式一般常见的有铁路、水路、公路、航空等。交通运输资料可向当地铁路、公路运输和航运、航空管理部门调查，主要为组织施工运输业务，选择运输方式提供技术经济分析比较的依据，见表6-5。

交通运输条件调查的项目 表6-5

序号	调查项目	调查内容	调查目的
1	铁路	1．邻近铁路专用线、车站到工地的距离及沿途运输条件 2．站场卸货线长度、起重能力和储存能力 3．装载单个货物的最大尺寸、重量的限制	1．选择运输方式 2．拟定运输计划
2	公路	1．主要材料产地到工地的公路登记、路面构造、路宽及完成情况，允许最大载重量，途经桥涵等级、允许最大尺寸、最大载重量 2．当地专业运输机构及附近村镇提供的装卸、运输能力、（吨公里）汽车、畜力、人力车数量及运输效率、运费、装卸费 3．当地有无汽车修配厂、修配能力及到工地距离	
3	航运	1．货源、工地到邻近河流、码头、渡口的距离，道路情况 2．洪水、平水、枯水期通航的最大船只及吨位，取得船只的可能性 3．码头装卸能力、最大起重量，增设码头的可能性 4．渡口的渡船能力，同时可载汽车、马车数、每日次数，为施工提供的运载能力 5．运费、渡口费、装卸费	

（2）机械设备指项目施工的主要生产设备，建筑材料指水泥、钢材、木材、砂、石、砖、预制构件、半成品及成品等。这些资料可以向当地的计划、经济、物资管理等部门调查，主要作为确定材料和设备采购（租赁）供应计划、加工方式、储存和堆放场地以及搭设临时设施的依据，见表6-6。

机械设备与建筑材料条件调查的项目 表6-6

序号	调查项目	调查内容	调查目的
1	三大材料	1．本地区钢材生产情况，质量、规格、钢号、供应能力等 2．本地区木材供应情况，规格、等级、数量等 3．本地区水泥厂数量，质量、品种、标号、供应能力	1．确定临时设施及堆放场地 2．确定堆放场地 3．确定水泥贮存方式
2	特殊材料	1．需要的品种、规格、数量 2．试制、加工及供应情况	1．制定供应计划 2．确定储存方式
3	主要设备	1．主要工艺设备名称、规格、数量及供货单位 2．供应时间，分批及全部到货的时间	1．确定临时设施及对方场地 2．拟定防雨措施
4	地方材料	1．本地区沙子供应情况、规格、等级、数量等 2．本地区石子供应情况、规格、等级、数量等 3．本地区砌筑材料供应情况、规格、等级、数量等	1．制定供应计划 2．确定对付场地

（3）水、电、气及其他能源资料可向当地城建、电力、电讯等部门和建设单位调查，主要为选择施工临时供水、供电、供气方式提供技术经济比较分析的依据，见表6-7。

水、电、气供应条件调查的项目 表6-7

序号	调查项目	调查内容	调查目的
1	给水排水	1. 工地用水与当地现有水源连接的可能性，供水量、管线铺设地点、管径、材料、埋深、水压、水质及水费，水源到工地的距离，沿途地形、地物状况 2. 自选临时江河水源的水质、水量、取水方式，到工地距离，沿途地形地物状况，自选临时水井位置、深度、管径、出水量及水质 3. 利用永久性排水设施的可能性，施工排水去向、距离及坡度，有无洪水影响，防洪设施情况	1. 确定生活、生产供水方案 2. 确定工地排水方案及防洪设施 3. 拟定供排水设施的施工进度计划
2	供电	1. 当地电源位置、引入可能性，供电量、电压、导线截面及电费，引入方向、接线地点及到工地距离，沿途地形地物情况 2. 建设单位及施工单位自有发、变电设备型号、数量及容量 3. 利用邻近电讯设施的可能性，电话、电报局等到工地距离，可能增设的电信设备、线路情况	1. 确定供电方案 2. 确定通信方案 3. 拟定供电、通信设施的施工进度计划
3	蒸汽等	1. 蒸汽来源、供应量、接管地点、管径、埋深，到工地距离，沿途地形地物情况，蒸汽价格 2. 建设单位、施工单位自有锅炉型号、数量及能力，所需燃料及水质标准 3. 当地或建设单位可能提供的压缩空气、氧气的能力，到工地距离	1. 确定生产、生活用气方案 2. 确定压缩空气、氧气供应计划

（4）劳动力与生活条件的调查资料可向当地劳动、商业、卫生、教育、邮电、交通等主管部门调查，作为拟劳动力调配计划，建立施工生活基地，确定临时设施面积的依据，见表6-8。

劳动力与生活条件调查的项目 表6-8

序号	调查项目	调查内容	调查目的
1	社会劳动力	1. 少数民族地区风俗习惯 2. 当地能提供的劳动力人数、技术水平及来源 3. 上述人员的生活安排	1. 拟定劳动力计划 2. 安排临时设施
2	房屋设施	1. 必须在工地居住的单身人数与户数 2. 能作为施工用的现有房屋数量、面积、结构、位置及水、暖、电卫设备情况 3. 上述建筑物适宜用途	1. 确定原有房屋为施工服务的可能性 2. 安排临时设施
3	生活服务	1. 文化教育、消防治安等机构能为施工提供的支援 2. 邻近医疗单位到工地距离，可能就医情况 3. 周围是否有有害气体、污染情况，有无地方病等	安排职工生活基地，解除后顾之忧

6.1.3 施工技术资料的准备

1. 施工技术资料准备的意义

施工技术资料准备即通常所说的“内业”工作，它是施工准备的核心，指导着现场施工准备工作，对于保证建筑产品质量，实现安全生产，加快工程进度，提高工程经济效益都具有十分重要的意义。任何技术差错和隐患都可能引起人身安全和质量事故，造成生命财产和经济的巨大损失，因此，必须重视做好施工技术资料准备。

2. 施工技术资料准备的内容

施工技术资料准备的主要内容包括：熟悉和审查施工图纸，编制施工组织设计，编制施工图预算和施工预算等。

（1）熟悉和审查施工图纸

施工图全部（或分阶段）出图以后，施工单位应依据建设单位和设计单位提供的初步设计或扩大初步设计（技术设计）、施工图设计、建筑总平面图、土方竖向设计和城市规划等资料文件，调查、收集的原始资料等，组织有关人员对施工图纸进行学习和审查，使参与施工的人员掌握施工图的内容、要求和特点，同时发现施工图存在的问题，以便在图纸会审时统一提出解决，确保工程施工顺利进行。

1）熟悉图纸阶段。

由施工项目经理部组织有关工程技术人员认真熟悉图纸，了解设计总图与建设单位要求以及施工应达到的技术标准，明确工程流程。熟悉图纸时应按以下要求进行：

① 先精后细。先看平、立、剖面图，了解整个工程概貌，对总的长、宽、轴线尺寸、标高、层高、总高有大体印象，再看细部做法，核对总尺寸与细部尺寸、位置、标高是否相符，门窗表中的门窗型号、规格、形状、数量是否与结构相符等。

② 先小后大。先看小样图，后看大样图。核对平、立、剖面图中标注的细部做法，与大样图做法是否相符;所采用的标准构件图集编号、类型、型号，与设计图纸有无矛盾，索引符号有无漏标，大样图是否齐全等。

③ 先建筑后结构。先看建筑图，后看结构图。把建筑图与结构图互相对照，核对轴线尺寸、标高是否相符，查对有无遗漏尺寸，有无构造不合理处。

④ 先一般后特殊。先看一般部位和要求，后看特殊部位和要求。特殊部位一般包括地基处理方法、变形缝设置、防水处理要求和抗震、防火、保温、隔热、防尘、特殊装修等技术要求。

⑤ 图纸与说明结合。在看图时应对照设计总说明和图中的细部说明，核对图纸和说明有无矛盾，规定是否明确，要求是否可行，做法是否合理等。

⑥ 土建与安装结合。看土建图时，应有针对性地看安装图，核对与土建有关的安装图有无矛盾，预埋件、预留洞、槽的位置、尺寸是否一致，了解安装对土建的要求，以便考虑在施工中的协作配合。

⑦ 图纸要求与实际情况结合。核对图纸有无不符合施工实际处，如建筑物相对位置、场地标高、地质情况等是否与设计图纸相符，对一些特殊施工工艺，施工单位能否做到等。

2）自审图纸阶段。

施工项目经理部组织各工种人员对本工种有关图纸进行审查，掌握和了解图纸细节；在此基础上，由总承包单位内部的土建与水、暖、电等专业，共同核对图纸，消除差错，协商施工配合事项；最后总承包单位与分包单位在各自审查图纸基础上，共同核对图纸中的差错及协商有关施工配合问题。自审图纸时可按以下要求进行：

① 审查拟建工程地点，建筑总平面图同国家、城市或地区规划是否一致，建筑物或构筑物的设计功能和使用要求是否符合环卫、防火及美化城市方面的要求。

② 审查设计图纸是否完整齐全，是否符合国家有关技术规范要求。

③ 审查建筑、结构、设备安装图纸是否相符，有无“错、漏、碰、缺”，内部结构和工艺设备有无矛盾。

④ 审查地基处理与基础设计同拟建工程地点的工程地质和水文地质等条件是否一致，建筑物或构筑物与原地下构筑物及管线之间有无矛盾。深基础防水方案是否可靠，材料设备能否解决。

⑤ 明确拟建工程的结构形式和特点，复核主要承重结构的承载力、刚度和稳定性是否满足要求，审查设计图纸中形体复杂、施工难度大和技术要求高的分部分项工程或新结构、新材料、新工艺在施工技术和管理水平上能否满足质量和工期要求，选用的材料、构配件、设备等能否解决。

⑥ 明确建设期限，分期分批投产或交付使用的顺序和时间，工程所用的主要材料、设备的数量、规格、来源和供货日期。

⑦ 明确建设单位、设计单位和施工单位等之间的协作、配合关系，以及建设单位可以提供的施工条件。

⑧ 审查设计是否考虑施工的需要，各种结构的承载力、刚度和稳定性是否满足设置内爬、附着、固定式塔式起重机等使用的要求。

3）图纸会审阶段。

一般工程由建设单位组织并主持会议，设计单位交底，施工单位、监理单位参加。重点工程或规模较大及结构、装修较复杂的工程，如有必要可邀请各主管部门、消防、防疫与协作单位参加。

图纸会审的一般流程：设计单位做设计交底，施工单位对图纸提出问题，有关单位发表意见，与会者讨论、研究、协商，逐条解决问题达成共识，组织会审的单位汇总成文，各单位会签，形成图纸会审纪要，见表6-9。图纸会审纪要作为与施工图纸具有同等法律效力的技术文件使用，并成为指导项目施工以及进行项目施工结算的依据。

图纸会审应注意以下问题：

① 设计是否符合国家有关方针、政策和规定。

② 设计规模、内容是否符合国家有关的技术规范要求，尤其是强制性标准的要求，

是否符合环境保护和消防安全的要求。

施工图纸会审记录 **表 6-9**

会审日期：　　年　　月　　日　　　　　　　　　　　　　　　　共　页　　第　页

工程名称					
参加会审单位（盖公章）	建设单位	勘察单位	设计单位	监理单位	施工单位
参加会审人员					

③ 建筑设计是否符合国家有关的技术规范要求，尤其是强制性标准的要求，是否符合环境保护和消防安全的要求。

④ 建筑平面布置是否符合核准的按建筑红线划定的详图和现场实际情况；是否提供符合要求的永久水准点或临时水准点位置。

⑤ 图纸及说明是否齐全、清楚、明确。

⑥ 结构、建筑、设备等图纸本身及相互间有否错误和矛盾，图纸与说明之间有无矛盾。

⑦ 有无特殊材料（包括新材料）要求，其品种、规格、数量能否满足需要。

⑧ 设计是否符合施工技术装备条件，如需采取特殊技术措施时，技术上有无困难，能否保证安全施工。

⑨ 地基处理及基础设计有无问题，建筑物与地下构筑物、管线之间有无矛盾。

⑩ 建（构）筑物及设备的各部位尺寸、轴线位置、标高、预留孔洞及预埋件、大样图及做法说明有无错误和矛盾。

（2）编制施工组织设计

施工组织设计是施工单位在施工准备阶段编制的指导拟建工程从施工准备到竣工验收乃至保修回访的技术经济的综合性文件，也是编制施工预算、实行项目管理的依据，是施工准备工作的主要文件。它是在投标书的施工组织设计的基础上，结合所收集的原始资料等，根据施工图纸及会审纪要，按照编制施工组织设计的基本原则，综合建设单位、监理单位、设计单位的具体要求进行编制，以保证工程好、快、省、安全、顺利地完成。

施工单位必须在约定的时间内完成施工组织设计的编制与自审工作，并填写施工组织设计报审表，报送项目监理机构。总监理工程师应在约定的时间内，组织专业监理工程师审查，提出审查意见后，由总监理工程师审定批准，需要施工单位修改时，由总监理工程师签发书面意见，退回施工单位修改后再报审，总监理工程师应重新审定，已审定的施工组织设计由项目监理机构报送建设单位。施工单位应按审定的施工组织设计文件组织施工，如需对其内容做较大变更，应在实施前将变更书面内容报送项目监理机构重新审定。对规模大、结构复杂或属新结构、特种结构的工程，专业监理工程师提出审查意见后，由总监理工程师签发审查意见，必要时与建设单位协商，组织有关专家会审。

（3）编制施工图预算和施工预算

1）编制施工图预算。

施工图预算是根据施工图纸计算的工程量，套用有关的预算定额或单价及其取费标准编制的建筑安装工程造价的经济文件。它是施工单位与建设单位签订施工承包合同、进行工程结算和成本核算的依据。

2）编制施工预算。

施工预算是施工单位根据施工合同价款、施工图纸、施工组织设计或施工方案、施工定额等文件编制的企业内部经济文件，它直接受施工合同中合同价款的控制，是施工前的一项重要准备工作。它是施工企业内部控制各项成本支出、考核用工、签发施工任务书、限额领料，基层进行经济核算、进行经济活动分析的依据。

6.1.4 施工现场的准备

1. 现场准备工作的重要性

施工现场是施工的全体参加者为了夺取优质、高速、低耗的目标，而有节奏、均衡、连续地进行战术决战的活动空间。施工现场准备即通常所说的室外准备（外业准备），主要是为了给项目施工创造有利的施工条件和物资保证，是确保工程按计划开工和顺利进行的重要环节。施工现场准备工作应按合同约定与施工组织设计的要求进行。

2. 现场准备工作的范围与内容

（1）施工现场准备工作的范围

施工现场准备工作由两个方面组成，一是建设单位应完成的施工现场准备工作；二是施工单位应完成的施工现场准备工作。建设单位与施工单位的施工现场准备工作均就绪时，施工现场就具备了施工条件。建设单位应按合同条款中约定的内容和时间完成相应的现场准备工作，也可以委托施工单位完成，但双方应在合同专用条款内进行约定，其费用由建设单位承担。施工单位应按合同条款中约定的内容和施工组织设计的要求完成施工现场准备工作。

（2）现场准备工作的内容

1）拆除障碍物。

施工现场内的一切地上、地下障碍物，都应在开工前拆除。这项工作一般是由建设单位完成，但也可委托施工单位完成。如果由施工单位完成这项工作，应事先摸清现场情况，尤其在城市老城区中，由于原有建筑物和构筑物情况复杂，并且往往资料不全，在拆除前需要采取相应措施，防止发生事故。

拆除房屋等建筑物时，一般应先切断水源、电源，再进行拆除。若采用爆破拆除时，必须经有关部门批准，由专业爆破单位与有资格的专业人员承担。拆除架空电线（电力、通信）、地下电缆（包括电力、通信）时，应先与电力、通信部门联系并办理有关手续后方可进行。拆除自来水、污水、煤气、热力等管线时，应先与有关部门取得联系，办好手续后由专业公司完成。场地内若有树木，需报园林部门批准后方可砍伐。拆除障碍物留下的渣土等杂物应清除出场。运输时应遵守交通、环保部门的有关规定，运土车辆应按指定路线和时间行驶，并采取封闭运输车或在渣土上直接洒水等措施，以免渣土飞扬而污染环境。

2）建立现场测量控制网。

由于施工工期长，现场情况变化大，因此，保证控制网点的稳定、正确，是确保施工质量的先决条件，特别是在城区施工现场，由于障碍多、通视条件差，给测量工作带来一定难度。进行现场控制网点的测量时应根据建设单位提供的、规划部门给定的永久性坐标和高程，按建筑总图的要求，妥善设立现场永久性标桩，为施工全过程的投测创造条件。

控制网一般采用方格网，网点的位置应视工程范围大小和控制精度而定。建筑方格网多由 100 ～ 200cm 的正方形或矩形组成，如果土方工程需要，还应测绘地形图，通常这项工作由专业测量队完成，但施工单位还需根据施工具体需要做一些加密网点等补充工作。

测量放线时，应校验和校正经纬仪、水准仪、钢尺等测量仪器;校核结线桩与水准点，制定切实可行的测量方案，包括平面控制、标高控制、沉降观测和竣工测量等工作。建筑物定位放线，一般通过施工图纸中的平面控制轴线确定建筑物位置，测定并经自检合格后提交有关部门和建设单位或监理人员验线，以保证定位的准确性。沿红线的建筑物放线后，还要由城市规划部门验线以防止建筑物压红线或超红线，为正常顺利地施工创造条件。

3）“三通一平”

“三通一平”指在施工现场范围内，接通施工用水、用电、道路和平整场地的工作。实际上，施工现场往往不止需要水通、电通、路通，如需要蒸汽供应，架设热力管线，称“热通”；通电话作为通信联络工具，称“话通”；通煤气称“气通”等，但最基本的还是“三通”。

① 平整场地

清除障碍物后，即可进行场地平整工作，按照建筑总平面、施工总平面、勘测地形图和场地平整施工方案等技术文件的要求，通过测量，计算出填挖土方工程量，设计土方调配方案，确定平整场地的施工方案，组织人力和机械进行场地平整。应尽量做到挖填方量趋于平衡，总运输量最小，便于机械施工和充分利用建筑物挖方填土，并应防止利用地表土、软弱土层、草皮、建筑垃圾等做填方。

② 路通

施工现场的道路是组织物资进场的动脉，拟建工程开工前，必须按照施工总平面图要求，修建必要的临时道路。为了节约临时工程费用，缩短施工准备工作时间，应尽量利用原有道路设施或拟建永久性道路，形成畅通的运输网络，使现场施工道路的布置确保运输和消防用车等的行驶畅通。临时道路的等级，可根据交通流量和运输车辆确定。

③ 水通

施工用水包括生产、生活与消防用水，应按施工总平面图的规划进行安排，施工给水尽可能与永久性的给水系统结合起来。临时管线的铺设，既要满足施工用水的需要，又要施工方便，并且尽量缩短管线的长度，以降低铺设的成本。

④ 电通

电是施工现场的主要动力来源，施工现场用电包括施工动力用电和照明用电。由于施工供电面积大、启动电流大、负荷变化多和手持式用电机具多，施工现场临时用电要考虑安全和节能要求。开工前应按照施工组织设计要求，接通电力和电讯设施，应首先考虑从建设单位给定的电源上获得，如供电能力不足，则应考虑在现场建立自备发电系统，确保施工现场动力设备和通信设备的正常运行。

4）搭设临时设施

现场生活和生产用的临时设施，应按照施工平面布置图的要求进行，临时建筑平面图及主要房屋结构图都应报请城市规划、市政、消防、交通、环境保护等有关部门审查批准。

为了保证行人安全及文明施工，同时便于施工，应用围墙（围挡）将施工用地围护起来，围墙（围挡）的形式、材料和高度应符合市容管理的有关规定和要求，并在主要出入口设置标牌挂图，标明工程项目名称、施工单位、项目负责人等。

所有生产及生活用临时设施，包括各种仓库、搅拌站、加工作业棚、宿舍、办公用房、食堂、文化生活设施等，均应按批准的施工组织设计组织搭设，并尽量利用施工现场或附近原有设施（包括要拆迁但可暂时利用的建筑物）和在建工程本身供施工使用的部分用房，尽可能减少临时设施的数量，以便节约用地、节省投资。

6.1.5 资源的准备

资源准备指的是施工所需的劳动力组织准备和施工机具设备、建筑材料、构配件、成品等物资准备。它是一项复杂而细致的工作，直接关系到工程的施工质量、进度、成本、安全，因此资源准备是施工准备工作中一项重要工作内容。

1. 劳动力组织准备

（1）项目组织机构组建

实行项目管理的工程，建立项目组织机构就是建立项目经理部。高效率的项目组织机构是为建设单位服务的，是为项目管理目标服务的。这项工作实施的合理与否关系着工程能否顺利进行。施工单位建立项目经理部，应针对工程特点和建设单位要求，根据有关规定进行。

1）项目组织机构的设置原则。

施工准备与资源配置 - 劳动力准备

① 用户满意原则

施工单位应根据建设单位的要求和合同约定组建项目组织机构，让建设单位满意放心。

② 全能配套原则

项目经理应会管理、善经营、懂技术，具有较强的适应能力与应变能力和开拓进取精神。项目组织机构的成员要有施工经验、创造精神、工作效率高。做到既合理分工又密切协作，人员配置应满足施工项目管理的需要，如大型项目，管理人员必须具有一级项目经理资质，管理人员中的高级职称人员不应低于 10%。

③ 精干高效原则

项目组织机构应尽量压缩管理层次，因事设职，因职选人，做到管理人员精干、一职多能、人尽其才、恪尽职守，以适应市场变化要求。避免松散、重叠、人浮于事。

④ 管理跨度原则

管理跨度过大，会造成鞭长莫及且心有余而力不足；管理跨度过小，人员增多，则造成资源浪费。因此，项目组织机构各层面的设置是否合理，要看确定的管理跨度是否科学，也就是应使每一个管理层面都保持适当工作幅度，以使其各层面管理人员在职责范围内实施有效的控制。

⑤ 系统化管理原则

建设项目是由许多子系统组成的有机整体，系统内部存在大量的“结合”部，项目组织机构各层次的管理职能的设计应形成一个相互制约、相互联系的完整体系。

2）项目组织机构的设立步骤

① 根据施工单位批准的“施工项目管理规划大纲”，确定项目组织机构的管理任务和组织形式；

② 确定项目组织机构的层次，设立职能部门与工作岗位；

③ 确定项目组织机构的人员、拟定工作职责、权限；

④ 由项目经理根据“项目管理目标责任书”进行目标分解；

⑤ 组织有关人员制定规章制度和目标责任考核、奖惩制度。

3）项目组织机构的组织形式

应根据施工项目的规模、结构复杂程度、专业特点、人员素质和地域范围确定，并应符合下列规定：

① 大中型项目宜按矩阵式项目管理组织设置项目组织机构；

② 远离企业管理层的大中型项目宜按事业部式项目管理组织设置项目组织机构；

③ 小型项目宜按直线职能式项目管理组织设置项目组织机构。

（2）组织精干的施工队伍

1）组织施工队伍

组织施工队伍时应认真考虑专业工程的合理配合，技工和普工的比例要满足合理的劳动组织要求。按组织施工的方式要求，确定建立混合施工队组或是专业施工队组及其数量。组建施工队组应坚持合理、精干的原则，同时制定出该工程的劳动力需用量计划。

2）集结施工力量，组织劳动力进场

项目组织机构组建后，按照开工日期和劳动力需要量计划组织劳动力进场。

（3）优化劳动组合与技术培训

针对工程施工要求，强化各工种的技术培训，优化劳动组合，主要抓好以下工作：

1）针对工程施工难点，组织工程技术人员和工人队组中的骨干力量，进行类似的工程的考察学习。

2）做好专业工程技术培训，提高对新工艺、新材料使用操作的适应能力。

3）强化质量意识，抓好质量教育，增强质量观念。

4）工人队组实行优化组合、双向选择、动态管理，最大限度地调动职工的积极性。

5）认真全面地进行施工组织设计的落实和技术交底工作。

施工组织设计、计划和技术交底的目的是把施工项目的设计内容、施工计划和施工技术等要求，详尽地向施工队组和工人讲解交代。这是落实计划和技术责任制的好办法。

施工组织设计、计划和技术交底的时间在单位工程或分部（项）工程开工前及时进行，以保证严格按照施工图纸、施工组织设计、安全操作规程和施工验收规范等要求进行施工。

施工组织设计、计划和技术交底的内容有：

施工进度计划、月（旬）作业计划；施工组织设计，尤其是施工工艺、质量标准、安全技术措施、降低成本措施和施工验收规范的要求；新结构、新材料、新技术和新工艺的实施方案和保证措施；图纸会审中所确定的有关部位的设计变更和技术核定等事项。

交底工作应该按照管理系统逐级进行，由上而下直到工人队组。

交底的方式有书面形式、口头形式和现场示范形式等。

施工队组、工人接受施工组织设计、计划和技术交底后，要组织其成员进行认真的分析研究，弄清关键部位、质量标准、安全措施和操作要领。必要时应该进行示范，并明确任务及做好分工协作，同时建立健全岗位责任制和保证措施。

（4）建立健全各项管理制度

施工现场的各项管理制度是否建立、健全，直接影响其各项施工活动的顺利进行。有章不循，其后果是严重的，而无章可循更是危险的。为此必须建立健全工地的各项管理制度。

主要内容包括：项目管理人员岗位责任制度；项目技术管理制度；项目质量管理制度；项目安全管理制度；项目计划、统计与进度管理制度；项目成本核算制度；项目材料、机械设备管理制度；项目现场管理制度；项目分配与奖励制度；项目例会及施工日志制度；目分包及劳务管理制度；项目组织协调制度；项目信息管理制度。

项目组织机构自行制定的规章制度与施工单位现行的有关规定不一致时，应报送施工单位或其授权的职能部门批准。

（5）做好分包安排

对于本施工单位难以承担的一些专业项目，如深基础开挖和支护、大型结构安装和设备安装等项目，应及早做好分包或劳务安排，加强与有关单位的沟通与协调，签订分包合同或劳务合同，以保证按计划组织施工。

（6）组织好科研攻关

凡工程施工中采用带有试验性质的一些新材料、新产品、新工艺项目，应在建设单位、主管部门的参与下，组织有关设计、科研、教学等单位共同进行科研工作。并明确相互承担的试验项目、工作步骤、时间要求、经费来源和职责分工。所有科研项目，必须经过技术鉴定后，再用于施工生产活动。

2. 施工物资准备

施工物资准备是指施工中必须有的劳动手段（施工机械、工具）和劳动对象（材料、配件、构件）等的准备。

工程施工所需的材料、构（配）件、机具和设备品种多且数量大，能否保证按计划供应，对整个施工过程的工期、质量和成本，有着举足轻重的作用。各种施工物资只有运到现场并有必要的储备后，才具备必要的开工条件。因此，要将这项工作作为施工准备工作的一个重要方面来抓。

施工准备与资源配置－物资准备

施工管理人员应尽早地计算出各阶段对材料、施工机械、设备、工具等的需用量，并说明供应单位、交货地点、运输方式等，特别是对预制构件，必须尽早地从施工图中摘录出构件的规格、质量、品种和数量，制表造册，向预制加工厂订货并确定分批交货清单、交货地点及时间，对大型施工机械、辅助机械及设备要精确计算工作日，并确定进场时间，做到进场后立即使用，用毕后立即退场，提高机械利用率，节省机械台班费及停留费。

物资准备的具体内容有材料准备、构（配）件及设备加工订货准备、施工机具准备、生产工艺设备准备、运输设备和施工物资价格管理等。

（1）材料准备

1）根据施工方案、施工进度计划和施工预算中的工料分析，编制工程所需材料的需用量计划，作为备料、供料和确定仓库、堆场面积及组织运输的依据；

2）根据材料需用量计划，做好材料的申请、订货和采购工作，使计划得到落实；

3）组织材料按计划进场，按施工平面图和相应位置堆放，并做好合理储备、保管工作；

4）严格进场验收制度，加强检查、核对材料的数量和规格，做好材料试验和检验工作，保证施工质量。

（2）构配件及设备加工订货准备

1）根据施工进度计划及施工预算所提供的各种构配件及设备数量，做好加工翻样工作，并编制相应的需用量计划。

2）根据各种构配件及设备的需用计划，向有关厂家提出加工订货计划要求，并签订订货合同。

3）组织构配件和设备按计划进场，按施工平面布置图做好存放及保管工作。

（3）施工机具准备

1）各种土方机械，混凝土、砂浆搅拌设备，垂直及水平运输机械，钢筋加工设备、木工机械、焊接设备、打夯机、排水设备等应根据施工方案，明确施工机具配备的要求、数量以及施工进度安排，并编制施工机具需用量计划。

2）拟由本施工单位内部负责解决的施工机具，应根据需用量计划组织落实，确保按期供应进场。

3）对施工单位缺少且施工又必需的施工机具，应与有关单位签订订购或租赁合同，以满足施工需要。

4）对于大型施工机械（如塔式起重机、挖土机、桩基设备等）的需求量和时间，应加强与有关方面（如专业分包单位）的联系，以便及时提出要求，落实后签订有关分包合同，并为大型机械按期进场做好现场有关准备工作。

5）安装、调试施工机具。按照施工机具需要量计划，组织施工机具进场，根据施工总平面图将施工机具安置在规定的地方或仓库。对于施工机具要进行就位、搭棚、接电源、保养、调试工作。对所有施工机具都必须在使用前进行检查和试运转。

（4）生产工艺设备准备

订购生产用的生产工艺设备，要注意交货时间与土建进度密切配合。因为某些庞大设备的安装往往需要与土建施工穿插进行，如果土建全部完成或封顶后，设备安装将面临极大困难，故各种设备的交货时间要与安装时间密切配合，它将直接影响建设工期。

在准备时，应按照施工项目工艺流程及工艺设备的布置图，提出工艺设备的名称、型号、生产能力和需要量，确定分期分批进场时间和保管方式，编制工艺设备需要量计划，为组织运输、确定堆场面积提供依据。

（5）运输准备

1）根据上述四项需用量计划，编制运输需用量计划，并组织落实运输工具。

2）按照上述四项需用量计划明确的进场日期，联系和调配所需运输工具，确保材料、构（配）件和机具设备按期进场。

（6）强化施工物资价格管理

1）建立市场信息制度，定期收集、披露市场物资价格信息，提高透明度。

2）在市场价格信息指导下，“货比三家”，选优进货；对大宗物资的采购要采取招标采购方式，在保证物资质量和工程质量的前提下，降低成本、提高效益。

6.1.6 季节性施工准备

由于建筑产品与建筑施工的特点，建筑工程施工绝大部分工作是露天作业，受气候影响比较大，因此，在冬期、雨期及夏季施工中，必须从具体条件出发，正确选择施工方法，合理安排施工项目，采取必要的防护措施，做好季节性施工准备工作，以保证按期、保质、安全地完成施工任务，取得较好的技术经济效果。季节性施工准备工作的主要内容有冬期施工准备、雨期施工准备及夏季施工准备。

1. 冬期施工准备工作

（1）应采取的组织措施。

1）合理安排冬期施工项目。冬期施工条件差，技术要求高，费用增加，因此要合理安排施工进度计划，尽量安排保证施工质量且费用增加不多的项目在冬期施工，如吊装、打桩，室内装饰装修等工程；而费用增加较多又不容易保证质量的项目则不宜安排在冬期施工，如土方、基础、外装修、屋面防水等工程。

施工准备与资源配置 - 冬期施工准备

2）编制冬期施工方案。进行冬期施工的施工活动，在入冬前应组织专人编制冬期施工方案，结合工程实际情况及施工经验等进行，可依据《建筑工程冬期施工规程》JGJ 104—2011。

冬期施工方案编制原则是：确保工程质量经济便是使增加的费用为最少；所需的热源和材料有可靠的来源，并尽量减少能源消耗；确实能缩短工期。冬期施工方案应包括：施工程序，施工方法，现场布置，设备、材料、能源、工具的供应计划，安全防火措施，测温制度和质量检查制度等。冬期施工方案编制完成并审批后，项目经理部应组织有关人员学习，并向队组进行交底。

3）组织人员培训。进入冬期施工前，对掺外加剂人员、测温保温人员、锅炉司炉工和火炉管理人员，应专门组织技术业务培训，学习本工作范围内的有关知识，明确职责，经考试合格后，方准上岗工作。

4）经常与当地气象台站保持联系，及时接收天气预报，防止寒流突然袭击。

5）安排专人测量冬季施工期间的室外气温、暖棚内气温、砂浆温度、混凝土的温度并做好记录。

（2）施工图纸的准备

凡进行冬期施工的施工活动，必须复核施工图纸，查对其是否能适应冬期施工要求。如墙体的高厚比、横墙间距等有关的结构稳定性，现浇改为预制以及工程结构能否在冷状态下安全过冬等问题，应通过施工图纸的会审加以解决。

（3）施工现场条件的准备

1）根据实物工程量，提前组织有关机具、外加剂和保温材料、测温材料进场。

2）搭建加热用的锅炉房、搅拌站、敷设管道，对锅炉进行试火试旺，对各种加热的材料、设备要检查其安全可靠性。

3）计算变压器容量，接通电源。

4）对工地的临时给水排水管道及白灰膏等材料做好保温防冻工作，防止道路积水成冰，及时清扫积雪，保证运输道路畅通。

5）做好冬期施工的混凝土、砂浆及掺外加剂的试配试验工作，提出施工配合比。

6）做好室内施工项目的保温，如先完成供热系统，安装好门窗玻璃等，以保证室内其他项目能顺利施工。

（4）安全与防火工作。

1）冬期施工时，应针对路面、坡面以及露天工作面采取防滑措施。

2）天降大雪后必须将架子上的积雪清扫干净，并检查马道平台，如有松动下沉现象，务必及时处理。

3）施工时如接触汽源、热水，要防止烫伤；使用氯化钙、漂白粉时，要防止腐蚀皮肤。

4）施工中使用有毒化学品，如亚硝酸钠，要严加保管，防止突发性误食中毒。

5）对现场火源要加强管理；使用天然气、煤气时，要防止爆炸；使用焦炭炉、煤炉或天然气、煤气时，应注意通风换气，防止煤气中毒。

6）电源开关、控制箱等设施要加锁，并设专人负责管理，防止漏电、触电。

2. 雨期施工准备

（1）合理安排雨期施工项目

为避免雨期窝工造成的工期损失，一般情况下，在雨期到来之前，应多安排完成基础、地下工程、土方工程、室外及屋面工程等不宜在雨期施工的项目；多安排室内工作在雨期施工。

（2）加强施工管理，做好雨期施工的安全教育

施工准备与资源配置-雨期施工准备

要认真编制雨期施工技术措施，如雨期前后的沉降观测措施，保证防水层雨期施工质量的措施，保证混凝土配合比、浇筑质量的措施，钢筋除锈的措施等，认真组织贯彻实施。加强对职工的安全教育，防止各种事故发生。

（3）防洪排涝，做好现场排水工作。

工程地点若在河流附近，上游有大面积山地丘陵，应有防洪排涝准备。施工现场雨期来临前，应做好排水沟渠的开挖，准备好抽水设备，防止场地积水和地沟、基槽、地下室等浸水，对工程施工造成损失。

（4）做好道路维护，保证运输畅通。雨期前检查道路边坡排水，适当提高路面，防止路面凹陷，保证运输畅通。

（5）做好现场物资的储存与保管

雨期到来前，应多储存物资，减少雨期运输量，以节约费用。要准备必要的防雨器材，库房四周要有排水沟渠，防止物资淋雨浸水而变质，仓库要做好地面防潮和屋面防漏雨工作。

（6）做好机具设备等防护

雨期施工对现场的各种设施、机具要加强检查，特别是脚手架、垂直运输设施等，要采取防倒塌、防雷击、防漏电等一系列技术措施，现场机具设备（焊机、闸箱等）要有防雨措施。

3. 夏季施工准备

（1）编制夏季施工项目的施工方案

夏季施工条件差、气温高、干燥，针对夏季施工的这一特点，对于安排在夏季施工的项目，应编制夏季施工的施工方案及采取的技术措施。如对于大体积混凝土在夏季施工，必须合理选择浇筑时间，做好测温和养护工作，以保证大体积混凝土的施工的质量。

施工准备与资源配置-夏季施工准备

（2）现场防雷装置的准备

夏季经常有雷雨，工地现场应有防雷装置，特别是高层建筑和脚手架等要按规定设临时避雷装置，并确保工地现场用电设备的安全运行。

（3）施工人员防暑降温工作的准备

夏季施工，还必须做好施工人员的防暑降温工作，调整作息时间，从事高温工作的场所及通风不良的地方应加强通风和降温措施，做到安全施工。

6.2 施工准备工作与资源配置实训

6.2.1 施工准备工作计划实训

1. 实训背景

（1）施工准备工作内容

1）施工技术准备

A. 编制施工进度控制方案，包括：分解工程进度控制目标，编制施工作业计划；认真落实施工资源供应计划，严格控制工程进度计划目标；协调各施工部门之间关系，做好组织协调工作；收集工程进度控制信息，做好工程进度跟踪监控工作；以及采取有效控制措施，保证工程进度控制目标。

B. 编制施工质量控制方案，包括：分解施工质量控制目标，建立健全施工质量体系；认真确定分项工程质量控制点，落实其质量控制措施；跟踪监控施工质量，分析施工质量变化状况；采取有效质量控制措施，保证工程质量控制目标。

C. 编制施工成本控制方案，包括：分解施工成本控制目标，确定分项工程施工成本控制标准；采取有效成本控制措施，跟踪监控施工成本；全面履行承包合同，减少业主索赔机会；按时结算工程价款，加快工程资金周转；收集工程施工成本控制信息，保证施工成本控制目标。

D. 做好施工图纸的熟悉、审核工作，完成图纸会审，预算等工作，做好工程技术交底工作，包括：单项（位）工程施工组织设计、施工方案和施工技术标准交底。

2）劳动组织准备

A. 建立工作队组，包括：根据施工方案、施工进度和劳动力需用量计划要求，确定工作队组形式，并建立队组领导体系，在队组内部工人技术等级比例要合理，并满足劳动组合优化要求。

B. 做好劳动力培训工作，它包括：根据劳动力需要量计划，组织劳动力进场，组建好工作队组，并安排好工人进场后生活，按工作队组编制组织上岗前培训。

3）施工物资准备

施工工具准备，建筑原材料准备，成品、半成品准备，施工机械设备准备，大型临时设施准备。

4）施工现场准备

清除现场障碍物，实现“三通一平”；现场控制网测量；建造各项施工设施；做好冬雨期施工准备；组织施工物资和施工机具进场。

现场准备

（2）某高层建筑工程进度计划横道图如图 6-2 所示，桩基础、地下一层、主体框架结构共十五层，总工期为 470 天。

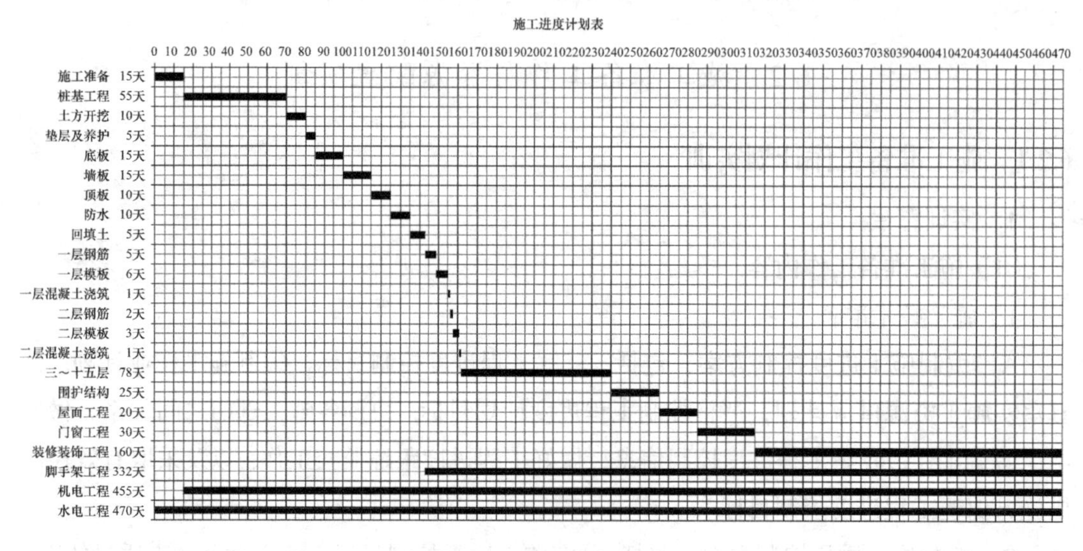

图 6-2 施工进度计划横道图

2. 训练目的

工程项目施工准备是施工项目生产经营的重要组成部分，是拟对所建工程目标，资源供应和施工方案的选择及其空间布置和时间排列等诸方面所进行的施工决策。

如果预见性地做了充分准备，那么对发挥企业优势、合理供应资源、加速施工速度、提高工程质量，降低工程成本、保证工程合同履约和增加企业经济效益，都有重要的作用。凡是重视施工准备工作，积极为拟建工程创造一切施工条件，其工程的施工就能顺利有序地进行。凡是不重视施工准备，就会给工程施工带来种种麻烦和损失，就会出现工序施工不衔接，打乱仗的局面。工程项目施工准备的好坏是土建施工和设备安装得以顺利进行的根本保证，为赢得社会信誉具有重要意义。

3. 训练任务

根据上述提供的背景资料，对整个施工准备进行分析，按照施工技术准备、劳动组织准备、施工现场准备、施工物资准备四方面完成施工准备工作计划，并把详细的准备内容和完成时间与责任人填写于表 6-10 中，完成施工准备工作计划表。

施工准备工作计划表　　表 6-10

序号	准备工作名称	准备工作内容	完成时间	负责人
1			×年×月×日	×××
2				
3				
4				

4. 训练成果

根据任务要求，以电子版或打印稿形式，提交完成施工准备工作计划表的成果。

6.2.2 BIM图纸会审模拟实训

1. 训练背景

熟悉与审查图纸

所有工程开工之前，需识图审图，再进行图纸会审工作，识图审图的程序是：业主或监理方主持人发言→设计方图纸交底→施工方、监理方代表提问题→逐条研究→形成会审记录文件→签字、盖章后生效。

（1）一般图纸会审的要点

施工单位、监理单位及其他各个专业的工程技术人员针对自己发现的问题或对图纸的优化建议以文字性汇报材料分发会审人员讨论；图纸会审会议由业主或监理主持，主持单位应做好会议记录及参加人员签字。图纸会审每个单位提出的问题或优化建议在会审会议上必须经过讨论作出明确结论；对需要再次讨论的问题，在会审记录上明确最终答复日期。

图纸会审参加单位及人员：一般情况下，下列人员必须参加图纸会审，建设单位：现场负责人员及其他技术人员；设计单位：设计院总工程师、项目负责人及各个专业设计负责人；监理公司：项目总监、副总监及各个专业监理工程师；施工单位：项目经理、项目副经理、项目总工程师及各个专业技术负责人；其他相关单位：技术负责人。

（2）BIM的图纸会审实施要点

传统的图纸会审主要是通过各专业人员通过熟悉图纸，发现图纸中的问题，业主汇总相关图纸问题，并召集监理、设计单位以及项目经理部项目经理、生产经理、商务经理、技术员、施工员、预算员、质检员等相关人员一起对图纸进行审查，针对图纸中出现的问题进行商讨修改，最后形成会审纪要。

基于BIM的图纸会审与传统的图纸会审相比，应注意以下几个方面：

1）在发现图纸问题阶段，各专业人员进行相应的熟悉图纸，在熟悉图纸的过程中，发现部分图纸问题，在熟悉图纸之后，相关专业人员开始依据施工图纸创建施工图设计模型，在创建模型的过程中，发现图纸中隐藏的问题，并将问题进行汇总，在完成模型创建之后通过软件的碰撞检查功能，进行专业内以及各专业间的碰撞检查，发现图纸中的设计问题，这项工作与深化设计工作可以合并进行。

2）在多方会审过程中，将三维模型作为多方会审的沟通媒介，在多方会审前将图纸中出现的问题在三维模型中进行标记，会审时，对问题进行逐个的评审并提出修改意见，可以大大地提高沟通效率。

3）在进行会审交底过程中，通过三维模型就会审的相关结果进行交底，向各参与方展示图纸中某些问题的修改结果。

4）基于BIM的图纸会审的优势，BIM的图纸会审有着不可忽视的优势。首先，基于BIM的图纸会审会发现传统二维图纸会审所难以发现的许多问题，传统的图纸会审都是在二维图纸中进行图纸审查，难以发现空间上的问题，BIM的图纸会审是在三维模型中进行的，各工程构件之间的空间关系一目了然，通过软件的碰撞检查功能进行检查，可以很直观地发现图纸不合理的地方。其次，基于 BIM 的图纸会审通过在三维模型中进行漫游审查，以第三人的视角对模型内部进行查看，发现净空设置等问题以及设备、管道、管配件的安装、操作、维修所必需空间的预留问题。

图纸审核重点：

（1）图纸的规范性；

（2）建筑功能设计；

（3）建筑造型与立面设计；

（4）结构安全性；

（5）材料代换的可能性；

（6）各专业协调一致情况；

（7）施工可行性。

2. 训练目的

通过 BIM 工程师在施工图深化设计阶段与深化设计单位协同工作。只在施工深化设计阶段，为业主验证深化系统的可行性和检查图纸错漏碰缺问题，减少现场施工的拆改、返工。

同时对图纸会审训练的学习，使学生认识到图纸会审的目的，重视图纸在施工过程的重要性，掌握图纸会审的程序，明确施工单位、建设单位有关施工人员进一步了解设计意图和设计要点而履行的一项制度。进而通过图纸会审可以澄清疑点，消除设计缺陷，统一思想，使设计达到经济、合理的目的。图纸会审是解决图纸设计问题的重要手段，对减少工程变更，降低工程造价，加快工程进度，提高工程质量都起着重要的作用。通过图纸会审，使设计符合有关规范要求。

3. 训练任务

根据图纸，分组先熟悉再对建筑施工图、结构施工图进行审核，提出的问题或优化建议，并通过角色扮演分别以设计院、施工单位、监理单位、建设单位的身份模拟图纸会审，由监理对图纸会审详细的内容做完整的记录，完成表 6-11 的填写。

施工图纸会审记录 **表 6-11**

会审日期：　　年　　月　　日　　　　　　　　　　共　页　　第　页

<table>
<tr><td>工程名称</td><td colspan="5"></td></tr>
<tr><td></td><td colspan="2"></td><td colspan="3"></td></tr>
<tr><td>参加会审单位
（盖公章）</td><td>建设单位</td><td>勘察单位</td><td>设计单位</td><td>监理单位</td><td>施工单位</td></tr>
<tr><td>参加会审人员</td><td colspan="2"></td><td colspan="3"></td></tr>
</table>

4. 训练成果

根据训练任务要求，填写好上述的施工图纸会审记录表，以电子版或打印稿形式，提交完成的成果。

思考题与习题

1. 试述施工准备工作的意义。
2. 简述施工准备工作的分类和主要内容。
3. 熟悉图纸有哪些要求？图纸会审应包括哪些内容？
4. 施工现场准备包括哪些内容？
5. 如何做好季节性施工准备工作？

7 进度、质量和安全管理

知识点：施工项目进度管理的目标、任务、措施和BIM的应用；施工项目质量管理的目标、任务、影响因素、质量控制以及BIM的应用；施工项目安全管理的目标、任务以及BIM的应用。

教学目标：通过进度、质量和安全管理的学习，使学生了解施工项目管理中进度、质量和安全这三方面的主要目标和任务，了解BIM技术在三方面的应用，便于更好地对施工项目进行控制。

7.1 施工项目进度管理

7.1.1 施工项目进度管理的目标和任务

1. 进度管理的目标

进度管理的目标是通过控制从而实现工程项目的进度目标。施工企业作为工程实施的重要参与方，承担着进度管理的绝大多数任务，因此工期任务十分紧迫，数百天的连续施工，一天两班制施工，甚至24小时连续施工也时又发生。如果不是正常有序地施工，而是盲目赶工，难免会出现施工质量和施工安全问题，同时也不免会增加施工成本。因此，施工进度控制不仅关系到施工进度目标的实现，还会影响到施工项目的质量和成本。对于施工企业而言，必须坚持在确保工程质量的前提下，控制工程的进度。

2. 进度管理的任务

施工企业进度管理的任务是根据施工任务委托合同对施工进度的要求控制施工进度，从而履行施工合同的义务。同时施工企业要根据项目的特点和进度控制的需要，编制具有指导性、控制性和施工性的进度计划，以及按照不同计划周期（年度、季度、月度和旬）的施工计划。

7.1.2 施工项目进度控制的措施

施工进度控制方法

1. 进度控制的组织措施

组织是目标能否实现的关键因素，为实现进度目标，应健全项目管理的组织体系，在现场有专门的部门和人员负责进度控制工作。进度控制的主要工作环节包括进度目标的分析和论证、编制进度计划、执行计划、跟踪计划的执行情况、采取纠偏措施以及调整进度计划。这些工作任务在项目管理组织中要予以职能分工和任务分工。

2. 进度控制的技术措施

进度控制的技术措施包括对实现进度目标有利的设计技术和施工技术的选用。不同的施工技术方案会对工程进度产生不同的影响。在施工技术方案评审和选用时，应对施工技术方案与工程进度的关系进行分析比较。在工程进度受到阻碍时，要及时分析是否存在影响施工技术方案的因素，为实现进度目标有无技术方案变更的可能性。除此之外，还要对施工技术方案的技术先进性和经济合理性进行评估，在方案影响进度时，有无可替代方案的可能。

3. 进度控制的管理措施

进度控制的管理措施会涉及管理的方法、思想、手段、合同管理和风险管理等。在合理组织的前提下，科学地管理对进度目标的实现十分重要。施工项目在进度管理方面存在的主要问题包括：动态控制的缺乏，重视计划的编制而忽略计划的动态调整；进度计划系统性的缺乏，编制各种独立而互不联系的计划而不能形成计划系统；多方案比较与优选的缺乏，合理的进度计划应体现资源的合理使用、工作面的合理安排，从而有利于施工工期的缩短，提高施工质量。

在管理过程中，用网络计划图的方法编制施工进度计划，则必须分析和考虑工作之间的逻辑关系，通过网络图的计算可发现关键工作和关键线路，也可以了解非关键工作可使用时差。合同的选择要尽量避免过多的合同交界面而影响工程的进展。除此之外，为了实现进度目标，还要分析影响施工进度的风险因素，并采取风险管理措施（如合同风险、资源风险、技术风险、组织风险）。

4. 进度控制的经济措施

进度控制的经济措施涉及资金需求计划、资金供应条件和经济激励措施。为了保证进度目标的实现，需要编制与进度计划相适应的资源需求计划，包括资金需求计划和其他资源需求计划，从而能清楚反映施工各阶段所需要的资源情况。通过资源需求的分析，对资源条件不具备的情况下，可以及早对进度计划进行调整。资金的供应条件包括可能的资金总供应量、资金来源以及资金供应的时间，在工程预算中需要考虑加快进度所需要的资金，其中包括为实现进度目标而要采取的经济激励措施所需要的费用。

7.1.3 BIM 施工项目进度控制方法

利用基于 BIM 技术的 BIM5D 系统，集成项目管理过程数据的采集管理系统，可以用于现场管理。其中 BIM5D 系统输入的模型，是来自不同专业并且基于 BIM 技术的设计模型和算量模型，这些集成的模型能为施工方提供进度分析优化的功能。具体实施如下：

（1）建立BIM模型标准

在这个阶段主要是完成所采用的BIM模型的标准，包括设计模型标准和数据模型标准。

（2）创建各专业BIM主体模型并进行整合

在BIM综合平台输入的模型来自不同专业，在完成主要专业BIM模型的创建后，其他模型根据要求进行构建及整合。

（3）完成BIM综合数据平台的搭建，使得设计和施工之间的数据能够互通，以便工程量能够统计以及进度计划能够编排展示。

BIM综合数据平台一般采用BIM5D系统，集成项目管理过程的所有数据，便于使用BIM技术进行进度管理，这种系统一般适用于总承包项目的现场管理。在平台搭建完善后，设计和施工两大环节之间的数据能够打通交换，从而实现工程量的统计、进度计划编排展示等BIM专业应用。

（4）利用BIM综合数据平台进行可视化的预算、进度管理、资源消耗、成本核算。

（5）完成竣工三维建筑信息模型

进度管理贯穿于工程整个施工周期，是保证工程履约的重要组成部分。如何能够在有限的时间里合理优化进度工期，确保项目保质保量顺利交付，是BIM进度管理的核心问题。其中，影响进度控制的因素主要如下：

1）施工工序较多，编制的进度计划没有充分考虑劳动力情况，因此缺乏可操作性。

2）进度管理涉及项目所有部门，部门之间的信息传递容易混乱和遗漏。

3）现场进度信息分散，收集困难，时刻跟踪计划并作出决策比较困难。

4）大量精力集中在现场协调管理，缺乏对阶段进度管理的总结和优化。

利用BIM 5D系统能进行智能化管理，能很大程度上避免以上因素对施工进度管理的影响。

7.2 施工项目质量管理

7.2.1 施工项目质量管理目标和任务

1. 质量管理的目标

我国标准《质量管理体系基础和术语》GB/T 19000—2008/ISO 9000：2005指出质量的定义：即一组固有特性满足要求的程度。深入一步可以认为是产品本身的质量，同时也是产品生产过程的工作质量以及质量管理体系运行的质量。施工项目的质量要求是由业主提出，包括项目的定义、规模、使用功能、规格、档次和标准。项目的质量控制，需要在项目实施的整个过程中做好各个环节的管理，包括勘察设计、招标采购、施工安装和竣工验收等各个阶段。作为施工企业，质量管理目标的实现主要是在施工安装阶段。

同时对整个项目而言，最终质量目标是由工程实体的质量来体现，而实体质量是由施工作业过程来形成的，因此施工质量的控制对项目质量至关重要。通过对施工质量目标的控制，使项目的安全性、耐久性、可靠性等满足国际法律、行政法规、技术标准和规范，并达到业主方的要求。

2. 质量管理的任务

作为施工企业，需要对施工项目的质量负责。因此，施工企业需要建立质量责任制，确定项目经理、技术负责人和施工管理负责人。如果施工项目实行工程总承包的，总承包单位需要对整体施工项目质量负责。若总承包单位依法将部分施工任务分包给其他专业单位，则分包单位需要依照分包合同约定对其分包工程的质量向总包单位负责，总承包单位和分包单位对分包工程的质量承担连带责任。

施工企业必须建立施工质量检验制度，严格控制每一道工序，做好隐蔽工程的质量检查和记录。施工企业必须按照工程设计图纸和施工技术标准进行施工，不得擅自修改工程设计，不得偷工减料。同时对建筑材料、构配件、设备进行必要的检验，未经检验或检验不合格的材料，不得使用。对施工中出现的质量问题或验收不合格的工程，必须负责返修。

施工企业应当建立教育培训制度，对作业人员进行教育培训，未经教育培训或考核不合格的人员，不得上岗作业。

7.2.2 施工项目质量影响因素分析

1. 施工项目质量的基本特征

作为施工项目，最终是形成符合质量要求的建筑产品。建筑产品的质量特征包括适用性、可靠性、耐久性、安全性、经济性和环境协调性。作为施工企业，在施工过程中，最应该把握的是项目的安全、可靠、耐久的质量特征。在满足使用功能的同时，能在正常使用条件下达到安全可靠的标准。

施工项目质量
影响因素分析

2. 施工项目质量的形成过程

工程项目质量目标实现最重要和最关键的过程是施工阶段，包括施工准备和施工作业两部分。施工企业需要按照质量策划的要求，制定施工项目的质量标准，实施目标管理、工程监控、阶段考核，严格按照设计图纸和施工技术标准施工，把特定的劳动对象转化成符合质量标准的建筑产品。因此，施工项目的质量形成过程主要贯穿于施工过程。

3. 施工项目质量影响因素

施工项目质量的影响因素包括客观因素和主观因素。其中主要有机械因素、材料因素、人的因素、方法因素和环境因素。

（1）机械因素

机械包括工程设备、施工机械和各类工器具。工程设备是构成工程实体部分的各类设备，是构成永久工程的一部分，例如电梯、通风设备、泵机、消防和环保设备等。它们的质量好坏会直接影响到工程的使用功能。施工机械和各类工器具是施工作业过程中所需要的，包括吊装设备、运输设备、测量仪器、操作工具和施工安全设施等。合理选择和使用施工机械将直接影响施工质量。

（2）材料因素

施工材料包括施工用料和工程材料，主要指原材料、半成品、成品、构配件和周转材料。施工材料是构成工程的基础，其质量的优劣将会影响工程质量。因此要加强对材料质量的控制。

（3）人的因素

在施工项目质量管理中，人的因素起着关键性作用。影响工程质量人的因素可以从两方面考虑，一是项目管理者和作业人员的个人质量意识；二是施工企业整体的质量管理组织能力。我国实行建筑企业经营资质管理制度，市场准入制度、职业资格注册制度、作业人员持证上岗制度，这些制度都是对人的素质和能力进行必要的控制。

（4）方法因素

方法因素对于项目施工而言主要指施工技术和方法，工程检测和试验技术等。技术方案和工艺水平的高低，决定了项目质量的优劣。

（5）环境因素

环境因素主要包括自然环境因素、社会环境因素、管理环境因素和作业环境因素。自然环境主要指工程地质、水文、气象条件、地下障碍物等影响项目质量的因素。例如地下水位高的地区，在雨季施工开挖基坑，若遇到连续降水，就可能会引起基坑坍塌或地基受水浸泡影响承载力。社会环境因素主要指对项目质量造成影响的各种社会环境因素。例如建设法律法规的健全程度以及执法力度；建筑承包市场的发育程度及其交易行为的规范程度等。管理环境因素指的是参建单位的质量管理体系、质量管理制度。作业环境因素指的是项目现场平面和空间环境条件，例如施工照明、通风、安全防护设施、现场给排水以及现场道路运输等。

7.2.3 施工项目质量控制

1. 施工项目质量控制基本依据

施工项目质量控制的基本依据主要包括：共同性依据，基本法规、政府部门颁布的规范性文件，如《建筑法》和《建设工程质量管理条例》；专业技术性依据，如规范、标准、规程；项目专用性依据，如工程建设合同、勘察设计文件、图纸会审记录、工程联系单和技术变更通知等。

2. 施工项目质量控制基本环节

（1）施工前质量控制

在正式开始施工前，通过编制施工质量计划，制定施工方案，设置质量管理点，落实质量责任等进行主动控制。分析导致质量目标偏离的各种影响因素，针对这些影响因素制定有效的预防措施，防患于未然。

（2）施工过程质量控制

施工过程是质量形成的关键阶段，在此阶段，对影响施工的各种因素进行全面的动态控制，控制质量活动主体的自我控制和他人监控的控制方式。自我控制指的是作业人员在施工过程中对自己质量行为的约束和技术能力的发挥，从而完成符合预订质量目标的作业任务。他人监控是对作业人员的质量活动过程和结果，由来自企业内部管理者和外部相关方面进行监督检查，如现场监理机构、政府质量监督部门。

（3）施工结束后质量控制

施工结束后的质量控制是指事后对质量进行把关，使不合格的工序不流入下一道工序。主要包括对质量活动结果的评价、认定；对工序质量偏差的纠正；对不合格产品进行整改和处理。控制的重点是发现施工质量方面的缺陷，并通过分析提出施工质量改进的措施，保持质量处于受控状态。

3. 施工生产要素的质量控制

施工生产要素是施工质量形成的物质基础，质量含义包括：作为劳动主体的施工作业人员，施工的管理者的素质及其组织效果；作为劳动对象的建筑材料、构配件、半成品、设备等的质量；作为劳动方法的施工工艺及技术措施的水平；作为劳动手段的施工机械、设备、工具等的技术性能；现场水文、地质、气象等自然环境，照明、通风、安全等施工作业环境的管理。

（1）施工作业人员的质量控制

施工作业人员的质量包括工程施工各类人员的施工技能、文化素养、心理行为等个体素质，以及合理组织和激励发挥个体潜能综合形成的群体素质。企业在人员选择过程中择优录用，加强技能教育培训。合理组织人员，并严格考核辅以必要的激励机制，使施工作业人员的潜能能够充分得到发挥，在质量控制中发挥主体自控作用。同时，施工企业必须执行执业注册制度和作业人员持证上岗制度，对项目现场的管理者进行教育和培训，使之质量意识和组织管理能力能够满足施工质量控制的要求。对分包单位进行严格的资质考核，其资质必须与分包工程相适应。

（2）施工材料的质量控制

施工原材料、构配件、半成品及设备的质量直接关系到工程实体质量的优劣。因此加强原材料、构配件、半成品及设备的质量控制，是提高工程质量的必要条件。对其进行质量控制，主要包括把控材料设备性能、标准、技术参数与设计文件的符合性；把控材料、设备的技术性能指标与标准规范要求的符合性；把控材料、设备进场试验程序的正确性及质量文件资料的完备性。

（3）施工工艺的质量控制

施工工艺的先进合理是直接影响工程质量的关键因素。在施工质量控制体系中，制定和采用技术先进、经济合理、安全可靠的施工工艺和方案，是工程质量控制的重要环节，对施工工艺的控制主要包括：正确分析工程特征、技术关键和环境条件，明确质量目标、控制重点、验收标准；合理选用施工机械设备和设置施工临时设施；合理布置现场施工总平面图和各阶段施工平面图；制定有效的施工技术和组织方案。

（4）施工机械的质量控制

施工过程中使用的各类机械包括起重运输设备、人货两用电梯、加工机械、操作工具、测量仪器和施工安全设施等。合理选择和正确使用施工机械是施工质量得以保证的重要措施。对机械设备首先应根据工程需要从设备选型、主要性能参数及使用操作等方面加以控制，符合安全、适用、经济和环境等方面的要求。对施工中使用的模具、脚手架、吊装需要按设计及施工要求进行专项设计，对其设计方案、制作质量及验收作为重点控制。

（5）施工环境因素控制

施工环境因素主要包括自然环境因素、管理环境因素和作业环境因素。环境因素对施工质量的影响具有不确定性的特点和明显的风险特性。要减少对其施工质量的不利影响，最关键是采取预防风险的方法。对水文和地址方面的影响因素，应根据设计要求，分析岩土地质资料，预测不利因素，并采取相应的措施，如基坑降水、排水、加固围护等方案；对管理环境的影响因素，主要制定好质量管理制度、质量保证体系、和各参建单位之间的协调工作，建立现场统一的施工组织系统和质量管理运行机制；对作业环境因素的控制主要是做好现场的给水排水，施工照明、通风、安全防护设施，现场交通运输，作业环境因素要与施工组织设计和方案相适应，使施工能顺利进行。

4. BIM技术在施工项目质量控制中的应用

利用BIM技术对施工过程进行质量控制是该技术对传统施工带来的巨大变革，能够解决传统施工中无法避免的问题。特别是针对现代社会中使用较多的大空间、大跨度、受力体系、形体关系相对复杂的建筑，BIM技术更是带来了前所未有的技术应用。BIM技术在施工质量控制中的应用主要体现在施工深化设计、构件碰撞检测、施工工序管理、施工动态模拟、施工方案优化、安装质量管控和三维扫描复查等方面。其中：

（1）构件碰撞检测

在传统图纸设计中，在结构、水暖电力等各专业设计图纸汇总后，由总工程师人工发现和协调问题，因此人为失误在所难免，往往会造成建设投资浪费、影响施工进度。使用BIM碰撞检测可以有效避免此类问题出现。一般情况下，首先进行土建碰撞检测；其次进行设备内部各专业碰撞检测；再次进行结构与给水排水、暖、电专业碰撞检测；最后结构各管线之间的交叉问题。

（2）施工工序管理

利用BIM技术可以对工序活动投入对质量和工序活动的效果进行更好的控制，主要工作是通过BIM确定工序质量工作计划和设置工作质量控制点，实行重点控制。

（3）施工动态模拟及施工方案优化

对于施工规模大，复杂程度高的项目，可以采用基于BIM技术的4D施工动态模拟，可以直观、精确地反映整建筑施工过程，从而比较不同施工方案并进行优化，有效缩短工期、降低成本、提高质量。

（4）三维扫描复查

在施工过程中，可以对在建主体结构进行三维数字激光扫描，扫描后形成建筑结构的点云模型，将BIM模型与点云模型进行比较，可以直观看出已施建筑与拟建模型之间是否有偏差，各构件的垂直、水平、角度是否满足要求。如有不符合要求的位置，及时进行整改，确保后续的施工质量。

7.3 施工项目安全管理

7.3.1 施工项目安全管理目标和任务

1. 安全管理的目标

安全管理的目标是在日常生产活动中，通过一系列的安全管理活动，对影响生产的安全因素进行状态控制，使生产过程中的不安全行为和状态尽可能减少，并且不引发事故，从而保证生产活动中的人员的健康和安全。对于建筑施工企业，安全管理是通过施工过程中对人、物、环境的状态管理和控制，防止和尽可能减少生产安全事故、保护生产者的健康和安全；控制影响或可能影响工程场所内的员工或其他工作人员、访问者或任何其他人员的健康安全的条件和因素；避免因管理不当对在组织控制下的人员健康和安全造成危害。

2. 安全管理的任务

施工企业在生产活动中必须对本企业的安全生产负全面责任。企业代表人是安全生产的第一负责人，项目经理是施工项目安全生产的主要负责人。施工企业需要具备安全生产的资质条件，取得安全生产许可证，设立安全机构，并配备相应数量的安全人员。除此之外，企业要建立职业健康安全体系和各项安全生产规章制度。对于项目则要编制切实可行的安全生产计划，制定安全保障措施，实施安全教育培训制度。施工项目实行总承包的，总承包单位对施工现场的安全生产管理负主要责任，同时分包单位要服从总承包单位的安全管理，并在分包合同中明确各自的安全生产方面的权利和义务。如果分包单位不服从管理导致生产安全事故的，分包单位需要承担主要责任。

7.3.2 施工项目安全生产管理

1. 安全生产管理制度

由于施工项目往往规模比较大，周期长，施工环境复杂多变，同时参与人员较多，因此，安全生产管理的难度比较大。通过建立各种制度，规范施工项目人员的生产行为，对提高施工项目的安全生产管理水平十分重要。《中华人民共和国安全生产法》（以下简称《安全生产法》）、《建筑法》、《建设工程安全生产许可证管理规定》、《建设工程安全生产管理条例》、《安全生产许可证条例》等法律法规和部门规章制度对政府、相关企业及相关人员的建设工程安全生产管理进行了全面的规范，确立了一系列建设工程安全生产管理制度。目前被用于执行的安全生产管理制度包括：安全生产许可证制度；安全生产责任制度；政府安全生产监督检查制度；安全生产教育培训制度；安全措施计划制度；特种作业人员持证上岗制度；专项施工方案专家论证制度；施工起重机械使用登记制度；安全检查制度；生产安全事故报告和调查处理制度；危及施工安全工艺、设备、材料淘汰制度；安全预评价制度和意外伤害保险制度。

2. 施工安全BIM技术措施

利用BIM技术可以对施工项目进行三维可视化操作，从而可以直观准确的展示施工过程中可能存在的安全隐患。同时，对施工过程中存在安全隐患的重要位置，利用模型加以标识和管理，并在施工交底和施工过程中进行演示，使工程人员在进入现场前就对其有直观的认识和把控。因此，使用BIM技术对施工安全进行管理过程需要创建和管理信息，能够快速掌握建筑物的运营情况，对突发事件进行迅速处理。BIM技术在施工安全应用中主要用于施工前的准备阶段和正式施工阶段。

（1）施工准备阶段

在施工准备阶段，可以利用BIM对施工环境进行空间划分，排除安全隐患；BIM模型结合有限元分析软件，对主要承重构件进行受力计算，从而排除施工安全；BIM模型结合相关安全规划技术软件，可以在虚拟环境中发现并排除安全隐患，如水平洞口危险源自动识别；通过深化设计，可以对土建专业和机电管线进行碰撞检测及优化。

施工安全技术措施

（2）施工阶段

在施工阶段，可以利用BIM技术结合自动化监测仪器建立三维可视化动态监测系统，从而及时了解施工过程中结构的工作状态，发现结构未知的损伤。通过三维虚拟环境下漫游来查看现场的各类潜在危险源，查看监测位置的应力状态，对基坑进行动态监测管理。

7.4 施工项目进度、质量和安全管理实训

7.4.1 施工项目进度管理实训

1. 实训背景

建筑工程项目进度的控制是项目施工过程中的重点控制内容之一，它是保证施工项目按期完成，合理安排资源供应，节约工程成本的重要措施。建筑工程施工项目进度管理是在确认的进度计划基础上实施工程各项具体工作，在一定的控制期内检查实际进度完成情况，并与进度计划相比较，若出现偏差，便分析其产生的原因和对工期的影响程度，找出必要的调整措施，修改原计划，不断如此循环，直到工程项目竣工验收。通过进度管理，在实现既定工期目标的基础上，或者在保证施工质量和不因此增加施工成本的条件下，尽可能缩短施工工期。

2. 训练目的

通过本次实训，学生能了解施工项目进度管理的概念、管理架构、管理目标的确定，熟悉进度计划的表示方式，熟悉进度计划实施与检查的内容，掌握进度计划的调整方法。

施工进度控制

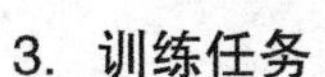
3. 训练任务

根据实训背景中的项目，结合施工部署和进度计划，以及施工条件，编制一套施工进度图。

4. 训练成果

根据训练要求，完成施工进度组织管理架构图，职责分工表和进度管理措施，以电子版或打印稿形式提交完成的成果。

7.4.2 施工项目质量管理实训

1. 实训背景

建筑工程质量不仅关系到建设工程的适用性、可靠性、耐久性和项目投资效益，而且直接关系到人民群众生命和财产的安全，因此需要加强工程施工质量管理，预防和正确处理可能发生的工程质量事故，保证工程质量达到预期目标。

2. 训练目的

通过本次实训，学生能了解施工项目质量管理的概念，熟悉施工质量控制点。掌握施工质量的主要保证措施。

3. 训练任务

根据实训背景中的项目，编制施工质量控制点、施工准备阶段、施工阶段的质量保证措施。

4. **训练成果**

根据训练要求，完成质量控制点表格绘制，编写施工准备阶段和施工阶段质量保证措施，以电子稿或打印稿形式提交完成的成果。

7.4.3 施工项目安全管理实训

1. **实训背景**

建筑工程施工安全管理的目的是安全生产，因此施工安全管理要符合国家安全管理的方针，即“安全第一，预防为主”。施工过程必须要保证人的安全，采取重要手段和正确的措施方法进行安全控制，尽量把安全事故消灭在萌芽状态，减少一般事故和轻伤事故，杜绝重大特大安全事故的发生。

2. **训练目的**

通过本次实训，学生能了解安全管理的目标，安全管理保证体系，以及安全管理的基本要求和任务。熟悉施工阶段的安全技术措施，掌握安全事故的分类和处理程序。

3. **训练任务**

根据实训背景中的项目，绘制现场安全管理组织机构图，编制安全管理职责分工表，编写现场安全保证措施。

4. **训练成果**

根据训练要求，编制安全管理组织机构图，安全职责分工表，安全保证措施，以电子稿或打印稿形式提交完成的成果。

思考题与习题

1. 工程项目进度控制的措施有哪些？
2. 工程项目进度控制计划的种类有哪些？
3. 质量控制的原则是什么？
4. 施工质量管理的特点是什么？
5. 一般工程质量事故的处理方法是什么？
6. 建立安全生产管理体系的原则是什么？
7. 简述安全生产管理的内容。

参考文献

[1] 张廷瑞 . 建筑工程施工组织 . 哈尔滨：哈尔滨工业大学出版社 . 2015.

[2] 陈蓓，陆永涛，李玲 . 基于 BIM 技术的施工组织设计 . 武汉：武汉理工大学出版社 . 2018.

[3] 危道军 . 建筑施工组织 . 北京：中国建筑工业出版社 . 2008.

[4] 中国建筑学会建筑统筹管理分会 . 网络计划技术大全 . 北京 . 地震出版社 . 1993.

[5] 李思康，李宁，冯亚娟 . BIM 施工组织设计 . 北京：化学工业出版社 . 2018，4.

[6] 中华人民共和国住房和城乡建设部 .《建筑工程施工质量验收统一标准（GB 50300—2013）》. 北京：中国建筑工业出版社 . 2014.

[7] 陈正，穆新盈等 . 建筑工程项目管理 [M]. 南京：东南大学出版社，2017.

[8] 住建部，人社部 . 一级建造师执业资格考试大纲 [M]. 北京：中国建筑工业出版社，2016.

[9] BIM 工程技术人员专业技能培训用书编委会 . BIM 应用案例分析 [M]. 北京：中国建筑工业出版社，2016.

[10] 钟炜，纪颖波 . 建筑信息模型（BIM）在工程项目中的应用及实训指南 [M]. 天津：天津出版传媒集团，2015.